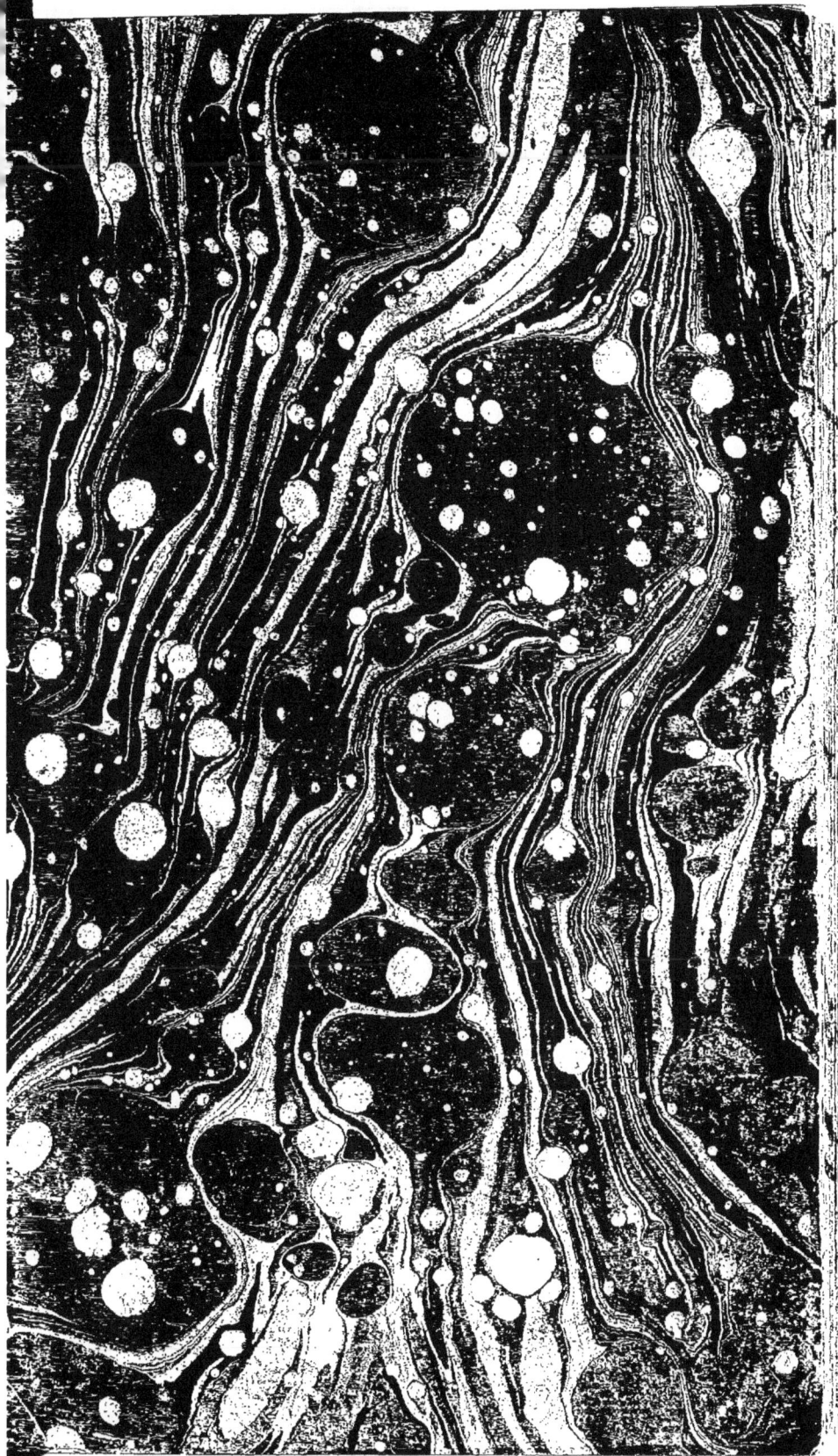

S 797.
7 H.
à conserver

9739

SYSTÊME

DE LA

NATURE

DE

CHARLES DE LINNÉ.

SYSTÊME

DE LA

NATURE

DE

CHARLES DE LINNÉ.

CLASSE PREMIERE

REGNE ANIMAL,

Contenant les Quadrupèdes Vivipares & les Cétacées.

TRADUCTION FRANÇOISE

Par Mr. *VANDERSTEGEN de PUTTE*, ancien Echevin de la ville de Bruxelles.

D'après la 13me. Édition latine, mise au jour, augmentée & corrigée par J. F. GMELIN.

Se vend à *BRUXELLES*, Chez LEMAIRE, Imprimeur-Libraire, rue de l'Impératrice.

1793

Seigneur, je dirai tes merveilles ; & que les générations célebrent la puiffance de ton bras.

David.

EMPIRE

DE LA

NATURE.

Sortant comme d'un profond fommeil, je leve les yeux, ils s'ouvrent & mes fens font frappés d'étonnement à l'afpect de l'immenfité du Dieu éternel, infini, tout-puiffant qui m'environne ; partout, je vois fes traces empreintes dans les chofes qu'il a créées ; partout, jufques dans les objets les plus petits & prefque nuls, quelle fageffe ! quelle puiffance ! quelle inconcevable perfection ! J'obferve les animaux portés fur les végétaux, les végétaux fur le regne mineral, celui-ci fur le globe, qui roule en fa marche invariable autour du foleil, dont il reçoit la vie. Je vois enfin ce foleil lui-même tourner alentour d'un axe avec les autres aftres ; & l'incompréhenfible amas d'étoiles fufpendu dans le vuide, dans l'efpace fans bornes, foutenu par la volonté feule du premier Moteur, de l'Etre des Etres, la Caufe des caufes, le Confervateur, le Souverain de l'univers, le Seigneur & l'Artifan de l'Edifice du monde. Voulez-vous le nommer le Destin, vous le pouvez, c'eft de lui que tout dépend. Voulez-vous le nommer la Nature, vous le pouvez encore, il eft l'Auteur & le Pere de toutes chofes. Voulez-vous le défigner par le

A

nom de P R O V I D E N C E, c'est encore lui dont l'intelligence préfide à l'Univers. Il eft tout S E N S, il eft tout Œ I L, il eft tout O R E I L L E, tout A M E, tout E S P R I T, tout S O I ; fon effence eft un abime où fe perd l'entendement humain ; il eft feul D I E U, éternel, immenfe, non créé, ni engendré ; fans lui, rien ne feroit, fa puiffance a tout formé ; il fe dérobe à nos yeux éblouis, mais il fe manifefte à la penfée, & caché à nos fens dans fon impénétrable retraite, ce n'eft qu'à l'efprit qu'il fe découvre.

Le M O N D E comprend tout ce qui fous le ciel peut parvenir au moyen des fens à notre connoiffance ; ce font les Aftres, les Elémens & la Terre tournant avec une indicible velocité. Cette imperturbable viteffe ne peut être que l'effet d'une loi éternelle ; cet ordre, cet enchaînement ne fauroit venir du hazard & une rencontre fortuite ne feroit point que le pefant globe de la terre, mû avec tant de célérité, paroîtroit cependant le fpectateur immobile du ciel, qui femble fe précipiter autour de lui.

Les A S T R E S font des corps lumineux, très-éloignés de nous ; ce font ou des E T O I L E S, refplendiffantes de la lumiere qui leur eft propre, comme le S O L E I L, & les E T O I L E S F I X E S ; ou des P L A N È T E S qui empruntent leur éclat des premieres. Les principales Planètes folaires font : S A T U R N E, J U P I T E R, M A R S, la T E R R E, V E N U S, M E R C U R E. Les Planètes fecondaires font les fatellites des autres, telle eft la L U N E à l'égard de la Terre. Ce magnifique ouvrage ne fauroit fubfifter fans un fouverain modérateur, ni le cours de ces corps être produit par une impulfion aveugle, car ce que le hazard dirigeroit, fe feroit bientôt entrechoqué & troublé.

Les ÉLÉMENS font des corps très fimples qui compofent l'atmofphere des planètes & qui rempliffent peut - être l efpace entre les Aftres.

Le FEU lumineux, réjaillïffant, chaud, volatil, vivifiant.

L'AIR tranfparent, élaftique, fec, affluant, productif.

L'EAU diaphane, fluide, humide, filtrante, conceptive.

La TERRE opaque, fixe, froide, tranquille, ftérile.

Ainfi tout l'accord du Monde eft formé de chofes difcordantes.

La TERRE eft ce globe planétaire, tournant fur lui-même en vingt-quatre heures, faifant pendant l'efpace d'un an une circonvolution autour du foleil, entouré & comme voilé par une atmofphère d'élémens, portant à fa furface le prodigieux affemblage des objets Naturels que nous nous étudions à connoître. Ce Globe eft divifé en terre & eau, fa partie la plus baffe eft couverte par cet élément liquide, où il forme les mers, qui fe retréciffent infenfiblement; tandis qu'il abandonne peu à peu la partie plus élevée & la change en continent fec & habitable. Les vapeurs des eaux raffemblées par les vents en nuages, l'arrofent, & de fuite les hautes montagnes, couvertes d'une neige éternelle, produifent les fources qui, fe raffemblant en fleuves intariffables, ajoutent en leur cours le boire à l'aliment terreftre pour la nour-

riture commune de fes habitans , en même
temps que l'Air met en mouvement le Feu qui
les vivifie par fa chaleur. L'influence & le re-
cours des Élémens font alternatifs , ce qui périt
à l'un , paffe à l'autre , & tous leurs change-
mens font réciproques.

La N A T U R E eft la loi immuable de DIEU,
par laquelle chaque chofe eft ce qu'elle eft , &
agit comme elle doit agir. Elle eft l'ouvriere
univerfelle , ufant toujours de fes droits , fa-
vante , & reçevant d'elle-même fa fcience ; elle
ne va point par fauts , travaille en cachette ,
tient en toutes fes opérations la marche la plus
profitable ; ne fait rien en vain , rien d'inutile ,
donne chaque chofe à chaque chofe & tout à
tous , & parcourt opiniâtrement fa route accou-
tumée. Tout vient à point à la Nature pour
l'accompliffement de fes ouvrages.

Les E T R E S - N A T U R E L S font tous
les corps fortis de la main du Créateur , & qui
conftituent la Terre par leur affemblage ; ils
forment les trois R E G N E S D E L A N A T U R E,
dont les limites rentrent l'une dans l'autre par
les Zoophytes , (ou animaux-plantes-pierres)

Les P I E R R E S font des corps aggrégés ,
fans vie ni fentiment.

Les V É G É T A U X font des corps organifés ,
ayant vie , fans fentiment.

Les A N I M A U X font des corps organifés ,
ayant vie & fentiment , & qui fe meuvent
fpontanément.

La Nature ne compofe point fon ouvrage fur un feul modele, mais elle fe joue dans fon inépuifable variété ; elle fait fuccéder l'une forme à l'autre, ne fe contente pas d'un feul type, mais fe plaît à jouir immutablement de toute fa force.

Les REGNES de la Nature, qui font l'enfemble de notre Planète, font encore au nombre ternaire dans les rapports fuivans ;

Le MINÉRAL, groffier, occupe l'intérieur de la furface, où il eft formé dans les terres par des fels, où il cft mêlé au hazard, où il fe modifie par accident.

Le VÉGÉTAL, verdoyant, couvre la fuperficie, où il pompe les fucs terreftres par fes plus tendres racines, où il refpire les fubftances éthérées au moyen de fes feuilles agitées ; où il célebre des nôces folemnelles par l'union des fexes dans fes fleurs épanouies, & produit des femences qui aux temps préfcrits feront confiées au fein fécond de la terre.

L'ANIMAL, pourvu de fens, fait l'ornement des parties extérieures ; où il fe meut volontairement, où il refpire, où il engendre ; il y eft preffé par la faim impatiente, excité par l'amoureux defir, troublé par la trifte douleur. En dépouillant les végétaux, en devenant tour à tour la proie l'un de l'autre, il conferve à tous les genres le nombre proportionnel qui en affure la durée.

L'HOMME, doué de fageffe, le plus

A 3

parfait ouvrage de la Création , & son dernier
& principal objet, portant en lui des indices
étonnans de la Divinité, habite la surface de la
terre ; il juge d'après l'impulsion des sens du
méchanisme de la nature , il est capable d'en
admirer la beauté , & doit au Créateur son
juste tribut d'adoration. En retrogradant de génération en génération , il faut qu'il s arrête à
un premier Auteur ; en avançant de même
dans l'ordre successif des productions , il apperçoit la Nature qui en suit les loix ; il est invité
à cette double contemplation par la beauté ,
l'arrangement , le lien , la cause finale , l'utilité
des corps naturels. Ici la Toute-puissance an-
noblit le minéral par l'existence des végétaux,
les végétaux par celle des animaux , & ceux-ci
enfin par l'existence de l'homme , pour qu'il
réfléchisse vers la Majesté suprême les rayons
de sagesse qu'elle fait briller de toutes parts.
Ainsi l'univers entier est rempli de la gloire divine , lorsqu'au moyen de l'homme toutes les
œuvres créées rendent hommage au Dieu de
l'univers. Tiré par sa main vivifiante, d'un
vil limon, l'homme a pour but de sa création
de contempler son Auteur ; c'est un hôte re-
connoissant, logé ici-bas pour célébrer à jamais
l'Etre des Etres.

Cette contemplation de la Nature est un commencement de la volupté céleste, l'esprit qui
s'y livre se promène dans un séjour de lumiere
& passe la vie comme dans un ciel terrestre.
C'est surtout alors que l'homme apperçoit
quel amour , quelles actions de graces, il est
redevable à la Divinité ; c'est pour cette fin
qu'il existe , & l'étude de la Nature est un cha-

min sûr & facile qui mène à l'admiration de Dieu.

La SAGESSE humaine, foible rayon de la lumiere divine, eft le principal attribut de l'homme; c'eft par elle, qu'il juge fainement de l'impulfion des fens, ceux-ci lui tranfmettent les impreffions des objets naturels environnans. Donc le premier degré de la Sageffe eft de connoître les chofes mêmes. Cette connoiffance confifte dans l'idée vraie des objets, par laquelle on diftingue les corps femblables d'avec les diffemblables au moyen des caractleres propres, qui leur font empreints par le Créateur. Et afin de pouvoir communiquer aux autres cette connoiffance, il eft néceffaire que l'homme donne à chaque objet différent des noms particuliers; car fi les noms périffent, la connoiffance des chofes périra de même. Ils font comme des lettres & des fyllabes fans lefquelles perfonne ne fauroit lire dans le livre de la Nature; & toute defcription eft vaine, fi l'on ignore le genre propre; l'exactitude même qu'on y employeroit à définir & démontrer un objet certain, n'en feroit que plus propre à induire en erreur.

La MÉTHODE, l'ame de la fcience; met à fa place au premier afpect chaque corps naturel, de façon que ce corps indique de fuite fon nom propre, & ce nom tout ce qui en eft connu par le progrès des lumieres. C'eft ainfi qu'au milieu de la grande confufion apparente des chofes, le grand ordre de la nature fe montrera à découvert.

A 4

Un syſtème naturel ne doit proprement avoir que cinq ſous diviſions. Savoir :

La Claſſe,	l'Ordre,	le Genre,	l'Eſpece,	la Variété.
Genre ſuprême,	G. intermédiaire,	G. prochain,	eſpece,	individu.
Provinces,	Diſtriƈts,	Quartiers,	villages,	domicile.
Légions,	Regimens,	Bataillons,	compagnies,	ſoldat.

Car à moins qu'on n'ordonne ainſi le tout & comme une armée rangée en bataille, le déſordre naîtra & l'on ne rencontrera que trouble & conſuſion.

Que les N O M S correſpondent à la Méthode ſyſtématique, qu'il y ait donc :

des Noms de claſſes, d'ordres, de genres, d'eſpeces, de variétés.

des Caraƈteres de claſſes, d'ordres, de genres, d'eſpeces, & de variétés

avec leurs différences ; car qui veut connoître les choſes, il doit en ſavoir les noms ; les noms étant conſondus, il en ſuivra néceſſairement que tout ſera conſondu.

Auſſi dans l'âge d'or de l'enfance du globe, le premier aƈte du premier homme, fût-il l'inſpeƈtion des choſes créées, ſuivie par la dénomination des eſpeces, ſuivant leurs genres.

La S C I E N C E de la Nature a pour guide la connoiſſance de la nomenclature méthodique & ſyſtématique des corps naturels, c'eſt le ſil d'Ariane ſans lequel il n'eſt pas donné de ſe tirer ſeul & avec ſureté du dédale de la Nature. En cela les claſſes & les ordres ſont l'ouvrage de la ſcience, les genres & les eſpeces celui de

la Nature ; la connoiffance générique eft bien
une connoiffance folide, mais la connoiffance
fpécifique eft la véritable.

Autre eft l'ordre de l'architecte, autre eft
l'ordre de celui qui habite. Le Créateur commence par les plus fimples élémens terreftres,
& remontant des pierres, des végétaux, aux
animaux, il finit par l'homme. Que l'homme
commence par foi-même & finiffe par la terre.
Que l'auteur d'un fyftème monte du particulier à l'univerfel, mais que le profeffeur def-
cende au contraire du général au fpécial. Les
fources fe forment en ruiffeaux, ceux-ci fe raf-
femblent en rivieres, que le nocher remonte
jufqu'où il pourra, & encore n'atteindra-t-il
pas les dernieres origines des fontaines. Après
la connoiffance diftincte des chofes, il eft néceffaire de pénétrer ultérieurement en leurs
propriétés les plus particulieres, leurs phénomè-
nes, leurs opérations les plus fecrettes, leurs qua-
lités, leurs vertus, leurs ufages. Car la fcience
naturelle des trois regnes eft le fondement de
toute fcience diététique, médicinale, œconomi-
que foit de la nature, foit rurale.

Heureux le Laboureur, trop heureux s'il fait l'être ! Virg.

Les chofes créées font les témoins, de la
fageffe & de la puiffance divine, elles font la
richeffe de l'homme, & la fource de fon bon-
heur ; la bonté du Créateur fe manifefte dans
l'ufage qu'il en accorde : fa fageffe fe déve-
loppe par leur beauté ; fa puiffance éclate par
l'économie de leur confervation, leur proportion, leur renouvellement. Les hommes laiffés
à leur penchant naturel, ont toujours eftimés

les recherches dont elles étoient l'objet ; le
vrais favans ont toujours aimé de s'y livrer ;
elles furent toujours ennemies des gens mal in-
ftruits & barbares.

Seigneur, je dirai tes merveilles ,
Et que les générations célèbrent la puiffance
de ton bras. David.

REGNE ANIMAL.

Lᴇs ANIMAUX, organiſés & vivans, ſentent au moyen d'un médullaire animé, apperçoivent au moyen des nerfs, & ſe meuvent à leur gré du mouvement qui leur eſt propre.

La VIE de l'animal, de cette machine hydraulique, de ce mobile perpétuel, eſt une flamme, un feu éthéré-électrique, toujours allumé dès le premier moment de ſon exiſtence, toujours entretenu par des ſoufflets agiſſans, & dans lequel réſide l'incompréhenſible & arbitraire volonté locomotrice.

La NATURE, prodigue en ſes multiplications, commence par ébaucher en petit chacun des êtres vivans, les engendre dans un fluide, les paracheve dans le liquide d'un œuf, car tout ce qui vit, vient d'un œuf.

L'ŒUF, ſous ſes tuniques qui renferment ſouvent un Albumen ou blanc d'œuf, contient, ce qu'on nomme le jaune d'œuf, au côté élevé duquel eſt inſeré le *point* ſaillant, *végétant* en un embrion, *tigé* du cordon ombilical, *enraciné* par le placenta.

La MERE prolifère éclot en elle avant la génération l'abrégé vivant médullaire du nouvel animal, nommé la carène de Malpighi, analogue à la plumule des végétaux ; celui-ci, par la géniture ſpermatique, s'aſſocie un *cœur* qui ſe ramifiera en un corps ; c'eſt ainſi que le point ſaillant de l'œuf couvé par un oiſeau, ſe forme en premier en un cœur palpitant, & en un cerveau avec ſa moëlle épiniere ; ce cœur naiſſant, dont le froid feroit ceſſer le mouvement, eſt excité par la vapeur échauffée de l'œuf, & une bulle d'air peu à peu dilatée, force les liquides à ſe porter dans leurs flexibles canaux. Le point vital des êtres vivans n'eſt donc qu'une ramification continuée de la vie médullaire depuis la premiere création, puiſque l'œuf eſt le bourgeon médullaire de la mere, vivant en elle, mais ne vivant pas en lui-même, avant que le cœur lui soit communiqué par le pere ; d'où il suit qu'il ne sauroit y avoir de génération équivoque ou spontanée.

La MACHINE hydraulique animale est conforme à la végétale , mais engencée de berceaux ou sources de diverses fonctions , & modifiée différemment à l'égard de chacune :

La substance MÉDULLAIRE est intime , mollusque , allongée en *tige* très-simple , ayant pour base la *bulbe* du cerveau , & qui , se ramifiant à l'infini à son extrêmité , jette partout des *filets* nerveux , aussi très-simples & qui lui sont homogènes.

La substance INTESTINE , intérieure , est une croûte qui endurcit , & qui couvre la substance médullaire , allongée du *tubercule* du crâne en la *tige* des vertebres , articulée de genoux ou nœuds mobiles , & ramifiée oppositement aux jointures , sur laquelle sont assises les *feuilles* musculaires , déterminément éparses , attachées aussi par leur extrêmité à la plus prochaine articulation , fibreuses , charnues , contractiles.

La substance CORTICALE est extérieure , enracinée dans l'intérieur par les vaisseaux lactés , allongée de la *bulbe* du cœur en une *tige* vasculeuse double & égale , semblablement ramifiée , & infiniment divisée à son sommet ; sa derniere dichotomie ou division se termine à la *fructification* des parties génitales.

Les berceaux ou sources des FACULTÉS sont au nombre de cinq dans la machine animale.

La faculté ANIMALE électrico-motrice , supérieure ou premiere , organe intime de l'animal vivant , agissant en secret , voulant & sentant , raisonnant dans la bulbe organisée (*le cerveau*) & se déployant au dehors , gouverne , régit le tout par ses filets électriques.

La faculté VITALE des poumons , pneumatique , seconde en ordre , hume le principe vital de l'air , propre à l'entretien du foyer animal.

La faculté NATURELLE des vaisseaux , hydraulique , troisieme en ordre , reçoit & chasse alternativement par le

tout, au moyen du mouvement continu du cœur, les li-
queurs & les sucs, auxquels & desquels doit être tour à
tour ajouté & ôté.

La faculté A L I M E N T A I R E des intestins, digestive,
quatrieme en ordre, prépare dans le tuyau intestinal les sucs
propres aux vaisseaux lactés & qui doivent être portés à l'é-
corce vitale & au-delà.

La faculté G É N É R A T I V E, spermatique, combinatoire,
inférieure ou derniere en ordre, réunit, à l'extrêmité du
tronc animal & naturel, la substance médullaire avec la
corticale; afin que le petit animal en résulte dans sa forme
parfaite.

Les O R G A N E S des sens sont des machines physiques,
insérées à l'extrêmité d'un nerf, voisin au sensorium du cerveau, par lesquelles l'animal apperçoit au moyen d'un méchanisme divin les choses éloignées.

L'Œ I L : *chambre obscure*, peignant l'image des objets
avec leur proportion, leur figure, leur couleur.

L'O R E I L L E : *tambour* tendu sur l'escargot par une corde
membraneuse, trémoussant au mouvement de l'air subtil.

Le N E Z : *membrane* très-large, humide, tortillée-plissée,
fixant les parties volatiles de l'air qui s'y insinue.

La L A N G U E : des petites *éponges* absorbantes, éparses,
attirant ce qui est diffous.

Le T O U C H E R : des *papilles* molles, se rendant propres au premier instant la figure des corps qui les pressent.

La plûpart des animaux sont pourvus de ces organes, mais
ils ne sont pas départis tous ensemble à tous. S'il avoit plû au
Créateur de leur en augmenter le nombre, ils auroient encore
eu plus de perceptions; de même que l'aimant ressent la pré-
sence du fer, & l'ambre les phénomenes électriques. Il a donné des antennes aux insectes seuls, dont l'usage nous est aussi
inconnu qu'à eux celui de nos oreilles. L'*œil* découvre les objets
environnans par l'impulsion de la lumiere, l'*Oreille* les entend
par l'impulsion de l'air; le *Toucher* apperçoit les objets prochains

par leur folidité, leur réfiftance ; le *Nez* faifit les objets volatils
par leur impreffion fur les nerfs olfactifs ; la *Langue* goûte les
objets folubles par la fenfation qu'ils font fur fes fibres ; ils font
agréables, permis, ou falutaires ; rebutans, défendus, ou nui-
fibles.

La police de la Nature fe manifefte par l'enfemble de fes
trois Regnes ; car de même que les peuples ne naiffent point
pour ceux qui leur commandent, mais que ceux-ci font établis pour le maintien de l'ordre parmi leurs fujets, ainfi à
caufe des végétaux naiffent les animaux frugivores, à caufe
des frugivores les carnivores, & de ceux-ci les grands pour
les petits, & l'homme (comme animal) pour les plus grands
& pour tous, quoique principalement pour lui-même, afin
que par la domination néceffairement deftructive & oligar-
chique de l'un fur l'autre, la proportion, l'équilibre des chofes
naturelles fe maintiennent, avec la fplendeur de la république
de la nature. Tous les citoyens de cette république s'uniffent
tour à tour à faire éclater la majefté de l'Être raifonnable, de
l'homme, qui leur commande, & qui de fon côté doit avoir
pour premier but fa reconnoiffance envers le fuprême législa-
teur.

Comme l'eau s'augmente de fources en ruiffeaux, de ceux-
ci en rivieres, & de rivieres en fleuves & fe rend ainfi par
eux à la mer, la république naturelle remonte auffi d'un peu-
ple très-nombreux d'animaux à un plus petit nombre d'une
condition plus relevée, de ceux-ci à un très-petit de grands
animaux, & fe termine à l'homme, leur fouverain ; en même
tems que les plus petits animaux, prefque infinis en nombre,
en force, en puiffance font deftinés à l'ufage des animaux plus
grands, plus inertes, plus impofans ; & certes la Nature n'eft
jamais plus tout ce qu'elle eft, que dans les plus petites chofes.

Il y a autant de MINISTRES de cette police, attachés à des
fonctions particulieres, qu'il y a d'efpeces d'animaux, ils font
engagés à remplir leurs offices par leur propre avantage, puif-
qu'ils doivent à leur travail leur fuftentation, afin que rien ne
manque, où il n'y a rien de fuperflu. Toutefois pour que l'un
ne s'ingere point de la befogne de l'autre, & ne dérobe ainfi
à quelqu'un fa part du lucre commun, la peine capitale eft in-
fligée par la *loi du venin*, (c'eft-à-dire, que fouvent ce qui
fait la nourriture de l'un, eft du poifon pour l'autre) pro-
mulguée aux fens mêmes, fur-tout de l'odorat & du goût ;
pour que les tranfgreffeurs n'aient point d'excufe.

Les principales OPÉRATIONS des habitans de la Nature
font :

1. De *multiplier* l'efpece , afin qu'ils fuffifent à leurs em-
plois.

2. De conferver *l'équilibre* entre les efpeces d'animaux &
de végétaux , afin que la même proportion fe perpétue.

De *dépouiller* chaque année les végétaux , afin que le
théatre annuel de la nature fe renouvelle.

De *réprimer* ce qui eft contre fes loix , de crainte que ce
qui eft légitime n'en fouffre.

D'*enlever* ce qui eft languiffant , mort , mal-propre , gâté ,
ftagnant, aigri & putride , afin que la propreté brille partout.

3. De fe *préferver* eux-mêmes de la deftruction , pour que
l'ordre foit maintenu.

L'ÉCONOMIE de la Nature s'exerce dans la génération , la confervation , la deftruction des chofes , afin que
l'ouvrage de la création perfifte en fon entier , & c'eft à
quoi tout confpire en elle.

Les *Animaux* nouveaux-nés dont le fang eft chaud , ont
befoin pour leur éducation du fecours d'autrui ; & comme le
Créateur a pris foin gratuitement du premier individu, que
ce devoir paffe donc comme un dépôt en ligne defcendante
à chaque génération , même fans efpoir de retour.

La *Confervation* dépend d'un aliment quotidien , mais qui
étant difperfé au loin , doit être recherché avec vigilance.

La *Deftruction* de l'un fait le renouvellement de l'autre , &
c'eft ainfi qu'au défaut d'êtres parvenus naturellement au terme
de leur carriere , une chaffe laborieufe doit foutenir l'exiftence.
Il exifte donc une lutte continuelle & réciproque des êtres ,
les plus forts y réfiftent par leurs armes , leurs retranchemens ,
leurs mouvemens diverfifiés , leurs exhalaifons ; les foibles y
fuccombent s'ils ne peuvent échapper au danger par une fuite
précipitée.

Des INSTIGATEURS ont auſſi été établis par la Naᵗure pour le prompt accompliſſement des devoirs :

La *Volupté* flatteuſe appelle & excite à la propagation.

La *Faim* avare ſollicite & preſſe à la conſervation.

La *Douleur* impitoyable avance & repouſſe la deſtruction.

Ils ne ſeroient point, ſi Dieu n'exiſtoit pas.

La DIVISION naturelle des animaux eſt indiquée par leur conformation interne :

CŒUR biloculaire, à deux oreillettes ;	dans les vivipares.	*Les animaux à mamelles.*
Sang chaud, rouge.	dans les ovipares.	*Les oiſeaux.*
CŒUR uniloculaire, à une oreillette,	poumon reſpirant au gré de l'animal.	*Les Amphibies.*
Sang froid, rouge.	branchies extérieures. (des ouies)	*Les Poiſſons.*
CŒUR uniloculaire, ſans oreillettes,	des antennes.	*Les Inſectes.*
Sanie froide, blanchâtre.	des tentacules.	*Les Vers.*

I. Les ANIMAUX à mamelles. *Mammalia.*

Cœur biloculaire, à deux oreillettes ; *ſang* chaud, rouge.

Poumons reſpirans alternativement.

Mâchoires appliquées l'une contre l'autre, couvertes ; garnies, dans la plûpart, de dents y enchaſſées.

Penis s'introduiſant au corps des femelles pendant le coït ; elles ſont vivipares & donnent du lait.

Leurs

Leurs *Sens* font : la Langue , les Narines ; les Yeux , les Oreilles , les Papilles , organes du toucher.

Leurs *Couvertures* font : des poils , peu nombreux aux animaux des contrées très-chaudes , & en très-petit nombre dans les animaux aquatiques.

Leurs *foutiens* font : quatre pieds , à l'exception des animaux à mamelles purement aquatiques , dans lesquels les pieds poftérieurs manquent tout-à-fait.
La plûpart ont une queue.

II. Les OISEAUX. *Aves.*

Cœur biloculaire , à deux oreillettes ; *fang* chaud , rouge.

Poumons refpirans alternativement.

Mâchoires appliquées l'une contre l'autre ; nues ; faillantes ; fans dents.

Penis fans fcrotum s'introduifant un peu au corps des femelles pendant le coït ; elles font ovipares , & leurs œufs ont une enveloppe calcaire.

Leurs *Sens* font : la Langue , les Narines ; les Yeux , les Oreilles dépourvues d'oreillons , (c'eft-à-dire , de parties extérieures.

Leurs *Couvertures* font : des plumes ; couchées les unes fur les autres , embriquées.

Leurs *foutiens* font : deux pieds , deux ailes.

Un *croupion* en forme de cœur.

III. Les AMPHIBIES. *Amphibia.*

Cœur uniloculaire , à une oreillette ; *fang* froid , rouge.

Poumons refpirans au gré de l'animal.

Mâchoires couchées l'une fur l'autre.

Deux *penis* (dans plufieurs genres) ; des œufs membraneux dans la plûpart.

Leurs *fens* font : la Langue, les Narines, les Yeux, les Oreilles.

Leurs *couvertures* font cutanées, nues.

Leurs *foutiens* varient felon les différens genres, quelques-uns en font dépourvus.

IV. POISSONS. *Pifces.*

Cœur uniloculaire, à une oreillette, *fang* froid, rouge.

Des *branchies* (ou ouies) comprimées extérieurement.

Mâchoires couchées l'une fur l'autre.

Point de *penis* (à la plûpart). Des œufs fans blanc ou albumen.

Leur *fens font* : la Langue, les Narines ? les Yeux, les Oreilles.

Leurs *couvertures* : des écailles embriquées.

Leurs *foutiens* : des nageoires.

V. Les INSECTES. *Infecta.*

Cœur uniloculaire, à une oreillette, *fanie* froide.

Des *foupiraux* pour le paffage de l'air, (favoir les ftigmates ou ouvertures fituées fur les côtés du corps).

Mâchoires latérales.

Des *penis* s'introduifant aux corps des femelles pendant le coït.

Leurs *fens* font : la Langue, les Yeux, des Antennes fur la tête qui eft dépourvue de cerveau ; point d'oreilles, ni narines.

Leurs *couvertures* : ils font cuiraffés d'une peau offeufe.

Leurs *foutiens* font des pattes, des ailes à plufieurs.

VI. Les VERS. *Vermes.*

Cœur uniloculaire (dans la plûpart) fans oreillettes ; *fanie* froide.

Soupiraux pour le paffage de l'air peu connus.

Mâchoires de plufieurs formes, & différentes felon les divers genres.

Des *penis* variés dans les hermaphrodites, & les androgynes.

Leurs *fens* font : des tentacules, des yeux (dans la plûpart) point de cerveau, point d'oreilles, ni narines.

Leurs *couvertures* font calcaires, ou nulles, à moins qu'ils n'ayent des piquans.

Leurs *foutiens* : point de pieds, ni nageoires.

* * * * * *

Ainfi le PARC de la Nature contient des Animaux de fix formes différentes :

Les Animaux à Mamelles, couverts de poils, marchent fur la *Terre*, & parlent.

Les Oifeaux, couverts de plumes, volent dans l'*air*, & chantent.

Les Amphibies, couverts d'enveloppes, rampent dans la *Chaleur*, & fiflent.

Les Poiffons, couverts d'écailles, nagent dans l'*Eau*, & fuçotent.

Les Infectes, couverts d'une cuiraffe offeufe, famillent dans le *fec* & fonnent

Les Vers, nus, s'étendent dans l'*Humide*, & font muets.

B 2

CLASSE I.

LES ANIMAUX
A MAMELLES

Des troupeaux affemblés, les mugiffantes voix
Font gémir les côteaux, les rivages, les bois.
Virg. III. 554.

CES ANIMAUX, les feuls qui foient pourvus de mamelles, voifins de l'homme par leur ftructure, leurs vifcères, leurs organes, la plupart *quadrupèdes*, habitent le continent avec nous, leurs plus cruels ennemis, tandis qu'un petit nombre d'entr'eux de la plus grande taille, & muni de nageoires fe fouftrait à peine dans la mer à notre pourfuite.

Les QUADRUPÈDES font vêtus de poils flexibles, très-doux, féparés, peu délicats, & plus fournis dans les climats froids que dans les contrées chaudes. Ces poils femblent réunis en *piquans* (dans les Hériffons, les Porc-épics). Ces piquans font étendus en *écaillés* (dans les Pholidotes). Ces écailles font réunies en *bouclier* (dans les Tatous). Cette toifon de poils eft fouvent féparée par des *Sutures* (dans le Chien, le Cheval) qui font allongées en *Crinière* (dans le Cheval, le Cochon); mais ceux de ces animaux qui font aquatiques, font nus, afin qu'ils ne foient pas trop long-temps mouillés lorfqu'ils font obligés de fe rendre fur terre. La face de ces quadrupèdes eft fouvent diftinguée par des *verrues* fétifères (ou portant des crins), leurs lèvres par des *mouftaches*, leur menton par une *barbe* (dans l'homme, le finge, la chevre), les pieds & la poitrine par des callofités (dans le cheval, le chameau).

Leurs *Soutiens*, inftrumens de leur mouvement, foit pour fuir avec vîteffe l'approche d'un ennemi, foit pour atteindre leur proie, font *quatre pieds*, ou *jambes*, dont les antérieurs font munis de *paumes* (*palmæ*) femblables quelquefois à des *mains*, ayant le pouce éloigné des autres doigts (dans les Primats, les Sarigues) ; & dont les poftérieurs font terminés par leurs *plantes* (*planta*) pour la fureté de la marche ; ces pieds font ou *palmés*, les doigts étant joint par une membrane pour nager, ou *fendus*, à doigts féparés, pour la facilité de la courfe, ou appuyés fur les *talons*, pour la fermeté du maintien (dans l'homme, l'ours) : & afin qu'ils ne s'ufâffent fur l'afpérité des chemins, ils font ou gantés d'un poil épais (dans le Lievre commun, l'Ifatis, les Pareffeux) ou O N G U L É S, ayant une corne qui entoure le pied ou les doigts en maniere de fabot (dans les grands quadrupèdes, les beftiaux), en laquelle le talon fe trouve auffi quelquefois renfermé. Mais ils font le plus fouvent O N G U I C U L É S dans les bêtes fauvages, ayant leurs ongles impofés fur les doigts, courbés & pointus, afin d'en faifir leur proie, d'en déchirer leur ennemi, d'en creufer la terre ; ces ongles font ordinairement en aléne & arqués ; quelques-uns des animaux à mains les ont ovales & applatis, mais dans les bêtes qui vivent de proie, ils font fubulés & crochus. Les animaux *volans* fe foutiennent dans les airs ou par leurs mains allongées & garnies de membranes (les chauve-fouris) ou s'élancent au moyen d'une peau étendue des pieds de devant à ceux de derriere (les écureuils-volans). Mais les animaux aquatiques, qui font dépourvus & d'ongles & de fabots, & de pieds même, ont à leur défaut des nageoires pectorales, compofées de l'omoplate, de l'épaule, du bras, du carpe, du métacarpe & des doigts (les Cétacées).

Les A R M E S des Animaux à Mamelles, outre les *ongles* & les *dents*, font principalement des *cornes*, de matiere cartilagineufe, implantées fur la tête ; elles font ou *folides* & perfiftantes (dans le Rhinoceros), ou *branchues* & annuelles, couvertes en premier de poils, & croiffant par leur fommet (les Cerfs), ou *creufes* & en maniere d'étui, croiffant par leur bafe (les Bœufs, les Chevres, les Moutons) ; avec ces cornes ils vont au devant de leur adverfaire, le percent, le frappent.

C'eft donc de différentes manieres que tous ces Animaux fe défendent contre leur ennemi ou lui échappent, foit en combattant, en mordant, en déchirant, en ruant, en heurtant ; foit en fuyant, en fautant, en grimpant, en creufant, en plongeant, en nageant, en voltigeant ; ou par leur puanteur, leurs clameurs, leurs furprifes.

Les INSTRUMENS de la nourriture font les *Dents*, qui font de trois fortes : les dents *incifives*, fouvent comprimées, deftinées à arracher, ronger, mettre en pieces ; les dents *canines*, coniques, plus longues, ne fe rencontrant pas l'une l'autre, fervant à déchirer ; les dents *molaires*, plus larges, pour broyer ; celles-ci font obtufes dans les frugivores, plus aiguës dans les carnivores. Les feuls fourmiliers & pholidotes n'ont point de dents.

La QUEUE, formée d'un prolongement des vertèbres du dos, eft un voile propre à couvrir des parties qu'il convient de cacher ; peu d'animaux en manquent (l'homme, quelques finges, quelques rats). Elle eft *courte* & pas plus longue que les cuiffes (dans le lievre, la taupe, le hériffon) elle eft *allongée* ou *longue* lorfqu'elle atteint ou paffe la longueur des jambes (dans les Chats, les Rats). Ces différentes queues font ou *nues*, (dans les Rats) ou *prenantes*, qui fe roulent fur elles-mêmes, & dont l'animal peut fe fervir comme d'une main (dans quelques finges, le coëndou, quelques farigues) ou *touffues*, à longs crins (dans les Chevaux, les Bœufs), ou *flocconeufes*, terminées par un floccon ou pinceau de poil (dans le Lion mâle, le Gerbo) ou *diftiques*, garnies de poils en deux rangs oppofés (dans les Ecureuils, les Fourmiliers).

Les GARDIENS deftinés à la confervation individuelle des *fens* de l'animal, font :

Les *Oreilles* extérieures (quand on dit fimplement *Oreilles* dans une phrafe caractériftique, on entend toujours les oreilles extérieures), contribuant à la fineffe de l'ouïe ; les animaux aquatiques en manquent ; elles font arrondies, ovales, aiguës, ou acuminées ; droites ou pendantes.

Les *Yeux*, ayant la *prunelle* orbiculaire dans les animaux diurnes ; linéaire expanfible, & perpendiculaire ou tranfverfale dans les animaux nocturnes. Peu d'entr'eux les ont pourvus d'une *membrane clignotante*. Des *paupieres* mobiles dans tous ; ciliées toutes deux (dans l'homme & les finges) & la fupérieure feulement garnie de cils dans la plûpart des autres animaux.

Le *Nez*, comprimé, camus, retrouffé ou bifide, plus court que les levres (dans les finges), un peu plus long que les levres (dans la plûpart de bêtes fauves) ou allongé en trompe (dans l'Eléphant). Les *narines* font ovales ou orbiculées.

La *Langue* , fimple dans la plûpart , dentelée-ciliée (dans les Chiens), hériffée de papilles aiguës en deffus (dans les Chats) , filiforme (dans les Pholidotes , les Fourmiliers), bifide (dans les Phoques) ; la *levre fupérieure* eft creufée dans la plûpart ; fendue (dans les Loirs).

Une recherche curieufe des parties génitales déplairoit , quoique par la variété , & la particularité du clitoris , des nymphes , du fcrotum , du penis , elle pourroit frayer la route aux ordres naturels.

La plûpart de ces quadrupèdes font excités à l'amour par une volupté vague fans détermination d'objet particulier ; les mâles fe difputent leur femelle , le plus fort l'emporte & donne la vie à un petit qui tient de fa vigueur & de fon courage ; ils s'accouplent intimément à leurs femelles , qui font vivipares , couvant dans leur fein leur progéniture , l'allaitant dès qu'elles l'ont mife au jour , qui la défendent , la foignent jufqu'à ce qu'elle foit adulte , & en état de donner l'exiftence à fon tour. Quelques-uns font *polygames* , & ont un ferrail de plufieurs femelles qui leur font appariées & qu'ils protègent (les Phoques). Tres-peu font *monogames* & forment deux à deux une fociété indivifible , pour l'éducation de leurs petits (quelques efpeces de finges , le Maki , les chauve-fouris , le hériffon).

Toutes les femelles ont des MAMELLES propres à allaiter ; les mâles mêmes en font pourvus (le cheval excepté) , quoiqu'elles ne puiffent fervir à cet ufage ; elles font placées par paires en nombre déterminé : *pectorales* (dans les Primats , les Cetacées) , *abdominales* (dans les farigues , les phoques) , *inguinales* (dans les beftiaux , les grands quadrupèdes) , *abdominales* & *pectorales* enfemble (dans plufieurs Loirs) , rangées *longitudinalement* (dans les cochons & autres). Leur nombre le plus commun eft de deux pour chacun des petits , auxquels elles donnent d'ordinaire naiffance en même-tems.

USAGES : On élève principalement les divers beftiaux pour leur viande , leur lait , leur cuir , leur peau , leur graiffe ; le Cheval , le Bœuf , le Chameau , l'Eléphant pour la charge ; diverfes bêtes fauves pour la chaffe , pour la def-truction des rats , des ferpens ; on nourrit les efpeces les plus rares dans des parcs ou des ménageries.

Les AUTEURS du fiecle précédent font GESNER, ALDROVANDE, JONSTON ; les Modernes font RAY, BRISSON, HOUTTUYN, le Comte de BUFFON, PENNANT, PALLAS, SCHREBER, KLEIN, CETTI, ERXLEBEN, BLUMENBACH, CAMPER, STORR.

La fcience doit fe traiter dès le commencement par la defcription de chaque Animal à Mamelles , de fa façon de vivre , de fes ufages économiques , afin que par l'hiftoire na-turelle ainfi écrite , fe manifeftent les vues du CRÉATEUR.

Les ORDRES des Animaux à Mamelles se forment principalement sur la considération des dents :

ANIMAUX A MAMELLES.

Onguiculés des Dents
- Incisives nulles; — LES BRUTES. 2.
- Incisives au nombre de deux à chaque mâchoire, point de dents canines. — LES LOIRS. 4.
- Incisives au nombre de quatre à chaque mâchoire ; une dent canine à chaque côté des dents incisives. — LES PRIMATS. 1.
- Incisives coniques (six, deux ou dix à chaque mâchoire ; une dent canine à chaque côté des dents incisives. — LES BÊTES FAUVES. 3.

Ongulés des Dents
- Incisives aux deux mâchoires, — LES GRANDS QUADRUPÈDES. 6.
- Incisives nulles à la mâchoire supérieure. — LES BESTIAUX. 5.

(sans ongles.)
- Des dents différentes dans les divers genres. — LES CÉTACÉES. 7.

I. LES PRIMATS. *Primates.*

Quatre dents incisives à la mâchoire supérieure ; *parallèles* (quelques especes de Chauve-souris cependant exceptées,

qui n'en ont que deux fupérieures ou même en manquent);
Deux dents canines folitaires à chaque mâchoire.
Deux Mamelles pectorales.
Deux pieds en forme de mains, à ongles, dans la plûpart
applatis, ovales.
Leur nourriture eft végétale qu'ils incifent ; peu fe nourrif-
fent d'animaux.

II. LES BRUTES. *Bruta.*

Point de dents incifives ni fupérieures ni inférieures.
Pieds munis d'ongles robuftes.
Marche pefante ou inepte.
Leur nourriture eft ordinairement végétale, qu'elles broyent.

III. LES BÊTES FAUVES. *Feræ.*

Dents incifives coniques, le plus fouvent au nombre de fix
à chaque mâchoire. Dents canines affez longues. Dents
molaires aiguifées-coniques (non tronquées).
Pieds onguiculés, à ongles fubulés.
Leur nourriture font des corps morts, ou vivants dont elles
font leur proie, & qu'elles déchirent.

IV. LES LOIRS. *Glires.*

Deux dents incifives à chaque mâchoire. Point de dents
canines.
Pieds onguiculés, à marche fautillante.
Leur nourriture font des écorces, des racines, des végétaux &c. qu'ils rongent.

V. LES BESTIAUX. *Pecora.*

Plufieurs dents incifives, à la mâchoire inférieure ; point
de dents incifives à la mâchoire fupérieure.
Pieds ongulés fourchus.
Leur nourriture font des plantes qu'ils arrachent & rumi-
nent.
Quatre eftomacs : le *ruminant* qui amollit la nourriture ;
le *réfeau* treilliffé qui la reçoit enfuite, l'*omafe* pliffé qui
la confume ; l'*abomafe* fafcié, qui l'aigrit au moyen de
la préfure, afin qu'elle ne paffe point à l'alkalefcence.

VI. LES GRANDS QUADRUPÈDES. *Belluæ.*

Dents incifives obtufes.
Pieds ongulés.
Marche grave.
Leur nourriture eft végétale qu'ils attirent.

VII. Les CÉTACÉES. *Cete.*

Des nageoires pectorales au lieu de pieds ; queue horizontale (*plagiura*) plane. Point d'ongles ni de poils.
Des dents cartilagineufes aux uns, offeufes aux autres. Un
(ou plufieurs) évents au lieu de narines, fitués fur la partie antérieure & fupérieure du crâne.
Leur nourriture font des mollufques, des poiffons.
Ils habitent la mer.

Nous fommes forcés de joindre ces animaux, féparés à
jufte titre des poiffons, aux animaux à mamelles, par
rapport à leur cœur biloculaire, & chaud, leurs poumons
refpirans, leurs paupieres mobiles, leurs oreilles creufes,
& recevant l'impulfion du fon au moyen de l'agitation de
l'air, les fept vertèbres de leur cou, leurs lombes, leur
coccyx, leur penis s'introduifant au corps des femelles,
l'allaitement des petits ; ce qui paroît à bon droit conforme
aux loix de la nature.

CARACTERES

DES ANIMAUX

A MAMELLES.

—◆—

I. Les PRIMATS.

1. L'HOMME.	Port droit. Des menſtrues & la membrane de l'hymen dans les Femmes.
2. Le SINGE.	Les dents canines, éloignées ou des dents inciſives ou des dents molaires.
3. Le MAKI.	Six dents inciſives à la mâchoire inférieure.
4. La CHAUVE-SOURIS.	Mains palmées-volatiles.

II. Les BRUTES.

5. Le RHINOCEROS.	Une corne poſée ſur le nez.
6. L'ELÉPHANT.	Des dents canines & des dents molaires ; nez allongé en trompe.
7. L'ODOBÈNE.	Des dents canines à la mâchoire ſupérieure ; dents molaires conſiſtant en un os ridé ; pieds poſtérieurs réunis.
8. Le PARESSEUX.	Des dents molaires dont les deux antérieures plus longues ; point de dents inciſives ni canines. Corps couvert de poils.
9. Le FOURMILIER.	Point de dents ; corps couvert de poils.
10. Le PHOLIDOTE.	Point de dents ; corps écailleux.
11. Le TATOU.	Des dents molaires, point de dents inciſives, ni canines. Corps encuiraſſé.

III. Les BÊTES FAUVES.

12. Le PHOQUE.	Six dents inciſives ſupérieures ; quatre inférieures.

13. Le CHIEN.   Six dents incifives à chaque mâchoire, les intermédiaires de la mâchoire fupérieure lobées.

14. Le CHAT.   Six dents incifives à chaque mâchoire, les inférieures égales. Langue hériffée de papilles aiguës.

15. La CIVETTE.   Six dents incifives à chaque mâchoire, les intermédiaires de la mâchoire inférieure plus courtes.

16. La BELETTE.   Six dents incifives à chaque mâchoire, les inférieures rapprochées, dont deux alternativement plus internes.

17. L'OURS.   Six dents incifives à chaque mâchoire, les fupérieures creufées. Penis muni d'un os courbé.

18. La SARIGUE.   Dix dents incifives fupérieures, huit inférieures.

19. La TAUPE.   Six dents incifives fuperieures, huit inférieures.

20. La MUSARAIGNE.   Deux dents incifives fupérieures, quatre inférieures.

21. Le HÉRISSON.   Deux dents incifives fupérieures, & deux inférieures.

IV. Les LOIRS.

22. Le PORC-ÉPIC   Corps couvert de piquans.

23. L'AGOUTI.   Les dents incifives en forme de coin. Quatre dents molaires de chaque côté. Point de clavicules.

24. Le CASTOR.   Dents incifives fupérieures en forme de coin; quatre dents molaires de chaque côté. Clavicules entieres.

25. Le RAT.   Dents incifives fupérieures en forme de coin; trois dents molaires de chaque côté. Clavicules entieres.

26. La MARMOTTE.   Les dents incifives en forme de coin. Cinq dents molaires de chaque côté à la mâchoire fupérieure, quatre à chaque côté de la mâchoire inférieure. Clavicules entieres.

27. L'ÉCUREUIL.   Dents incifives fupérieures en forme de coin, les inférieures aiguës. Cinq

dents molaires de chaque côté à la mâchoire fupérieure, quatre de chaque côté à la mâchoire inférieure. Clavicules entieres. Queue diftique. Mouftaches longues.

28. Le LOIR.	Mouftaches longues. Queue ronde, plus groffe vers fon fommet.
29. La GERBOISE.	Pieds antérieurs très-courts, les poftérieurs très-longs.
30. Le-LIEVRE.	Dents incifives fupérieures ayant un fillon dans leur milieu qui les fait paroître doubles.
31. L'HYRACE.	Dents incifives fupérieures larges. Point de queue.

V. Les BESTIAUX.

32. Le CHAMEAU.	Point de cornes. Plufieurs dents canines à chaque côté des mâchoires.
33. Le MUSC.	Point de cornes. Dents canines folitaires, les fupérieures faillantes.
34. La GIRAFFE.	Des cornes très-courtes. Pieds antérieurs beaucoup plus longs que les pieds poftérieurs.
35. Le CERF.	Cornes folides, branchues, tombantes. Point de dents canines.
36. La GAZELLE.	Cornes folides, fimples, perfiftantes. Point de dents canines.
37. La CHEVRE.	Cornes creufes, redreffées. Point de dents canines.
38. Le MOUTON.	Cornes creufes, dirigées en arriere & tournées en dedans. Point de dents canines.
39. Le BŒUF.	Cornes creufes, dirigées en avant. Point de dents canines.

VI. Les grands QUADRUPÈDES.

40. Le CHEVAL.	Six dents incifives à chaque mâchoire.
41. L'HIPPOPOTAME.	Quatre dents incifives à chaque mâchoire.
42. Le TAPIR.	Dix dents incifives à chaque mâchoire!

43. Le COCHON.   Quatre dents incifives fuperieures, fix inférieures.

VII. Les CÉTACÉES.

44. Le NARVHAL.   Deux dents, longues, avancées, à la mâchoire fupérieure. (*Il n'y en a fouvent qu'une, l'autre manquant par accident*).

45. La BALEINE.   Des dents à la mâchoire fupérieure, d'une fubftance femblable à de la corne.

46. Le CACHALOT.   Des dents feulement à la mâchoire inférieure, offeufes.

47. Le DAUPHIN.   Des dents à chaque mâchoire, offeufes.

ORDRE I.

LES PRIMATS.

Quatre dents incifives à la mâchoire fupérieure, parallèles.
Deux Mamelles pectorales.

GENRE I.

HOMME. *Homo fapiens.*

Il eft diurne , ou veillant de jour ; il varie par l'éducation , par l'influence du climat.
L'Homme *fauvage* eft muet, hériffé de poils ; il marche à quatre pieds.
Tel étoit le *jeune-homme ours de Lithuanie trouvé en 1661.*
Le jeune-homme loup de Heffe en 1544.
Le jeune-homme mouton d'Irlande. Tulp. obf. IV. 9.
Le jeune-homme bœuf de Bamberg. Camer.
Le jeune-homme Hanovrien en 1724.
Les enfans trouvés dans les Pyrénées en 1719.
La jeune-fille d'Overiffel trouvée en 1717.
La jeune-fille découverte en Champagne en 1731.
Le Jean de Liege de Boerhave.

v. a. L'AMÉRICAIN. *Americanus.*

Il eft bafané , colère ; il a le port droit.
Cheveux noirs , droits , gros ; *narines* larges : *menton* prefque fans barbe.
Il eft opiniâtre , content de fon fort, aimant la liberté.
Il fe peint de lignes rouges , différemment entrelacées.
Il fe gouverne par fes ufages.

v. b. L'EUROPÉEN. *Europæus.*

Il eft blanc , fanguin , mufculeux.
Cheveux blonds , longs & touffus ; *yeux* bleus.
Il eft inconftant , ingénieux , inventif.

B

Il fe couvre de vêtemens ferrés;
Il eft gouverné par des loix.

v. c. L'ASIATIQUE. *Afiaticus.*

Il eft jaunâtre , mélancolique , a la fibre roide.
Cheveux noirâtres ; *yeux* bruns.
Il eft févère , faftueux , avare.
Il fe couvre de vêtemens larges.
Il eft gouverné par l'opinion.

v. d. L'AFRICAIN. *Afer.*

Il eft noir , phlegmatique , a la fibre lâche.
Cheveux très-noirs , crepus ; *peau* veloutée ; *nez* plat ; *le-
vres* groffes ; *mamelles* longues aux *femmes* qui allaitent.
Il eft rufé , pareffeux , négligent.
Il fe frotte le corps d'huile ou de graiffe.
Il eft gouverné par la volonté arbitraire de fes maîtres.

v. e. L'HOMME défiguré par la rigueur du climat (*A*) ou
par l'art (*B. C.*). *Homo Monftrofus.*

a. Les habitans des *Hautes Montagnes* ; petits , agiles , ti-
mides.
Les *Patagons* grands, & pareffeux.

b. Les *Hommes* à un tefticule , comme moins féconds : les
Hottentots.
Les *Hommes* fans barbe , plufieurs peuples de l'Amé-
rique.

c. Les *Macrocephales*, à tête conique : les Chinois,
Les *Plagiocephales*, à tête comprimée antérieurement : les
Canadiens.

L'*Homme* eft frugivore fous les Tropiques ; fous d'autres
zônes, où les végétaux font moins nourriffans, il eft
carnivore.

DESCRIPTION de l'Homme.

CORPS droit , nud , venant au monde fans armes ni

C

défenfes, parfemé de poils rares & éloignés ; haut d'environ
fix pieds.

TÊTE d'une forme tirant fur l'ovale, à fommet obtus,
couvert de *cheveux* longs ; *fynciput* ou partie antérieure auffi
obtufe, *occiput* ou partie poftérieure convexe.

Face nue ; front prefque plane, quarré, comprimé aux
tempes, & remontant de deux côtés dans les cheveux en
forme d'angles. *Sourcils* un peu prominens, formés de poils
embriqués vers les tempes, en forme de future, féparés par
une place nue, applatie. *Paupiere* fupérieure mobile, l'inférieure fans mouvement, pectinéé chacune de *cils* faillans un
peu recourbés. *Yeux* ronds, retenus fans le fecours d'un mufcle
fufpenfoire ; *prunelle* orbiculaire, fans membrane clignotante ;
joues convexes, molles, colorées. *Mâchoires* un peu comprimées. Deffous des *joues* plus lâche. *Nez* prominent, plus
court que la levre, plus élevé & plus convexe à fon extrémité ; *narines* ovales, velues en dedans, à bord épaiffi. *Le-*
vre fupérieure prefque perpendiculaire, fillonnée d'une cavité ;
levre inférieure prefque droite, plus convexe. *Menton* prominent, obtus, convexe. *Bouche* barbue dans le fexe mafculin,
à longs poils, fafciculés, principalement au menton. *Dents*
affifes fur la mâchoire même ; les incifives droites, parallèles, rapprochées, plus égales, plus planes & plus rondes
que dans les autres animaux ; les *canines* folitaires, un peu
plus longues que les incifives, plus courtes cependant qu'aux autres
animaux, rapprochées de deux côtés des autres dents ; cinq
dens *molaires* de chaque côté des mâchoires, un peu obtufes, pas fi profondement enchâffées qu'aux autres animaux.
Oreilles latérales, arrondies & en forme de croiffant, appliquées contre la tête, nues, ayant leur bord fupérieur vouté ;
convexes, molles à leur partie inférieure.

Le TRONC eft compofé du cou, de la poitrine, du
dos, du ventre.

Le *cou* eft prefque rond, plus court que la tête ; fes *ver-*
tèbres ne font point jointes par un ligament fufpenfoire ; nuque du cou concave ; *gorge* concave en deffus, convexe dans
fon milieu.

Poitrine un peu applatie ; haut de la poitrine prefque plane ; *gozier* creufé ; *aiffelles* concaves, barbues ; foffette de

l'estomac un peu plane. Deux *mamelles* pectorales, diftantes, convexes, arrondies, à *mamelon* cylindrique, obtus, ridé, entouré d'une *aréole*.

Deſſous du dos preſque plane ; épaules apparentes, avec une eſpace entre-deux applati.

Ventre convexe, lâche, à nombril creuſé, la region épigaſtrique plane, l'hypogaſtrique convexe, les aines planes - concaves. La region du pubis barbue. Le baſſin dilaté en deſſus, rétreci en deſſous. Parties génitales faillantes : penis cylindrique, muni d'un ſcrotum ou bourſe arrondie, à peau lâche ridée, ayant une future longitudinale, qui s'etend par le périnée, (dans le ſexe maſculin) ; vulve convexe, un peu comprimée, munie de la membrane de hymen, du clitoris & des nymphes, (dans le ſexe féminin), ſujette à un écoulement périodique de ſang dans les adultes.

Les MEMBRES du corps conſiſtent en des *mains* au lieu de pieds antérieurs, & en des *pieds* poſtérieurs.

Les *bras* des mains ſont étendus, aſſez gros, ronds, de la longueur des jambes. Coude obtus & un peu prominent. Coudée de la groſſeur du bras, ronde, plus plane en dedans. Paumes arrondies, dilatées, planes, convexes en dehors ; dedans de la main concave ; cinq doigts, le pouce éloigné des autres doigts, plus court, plus gros ; les doigts, 2e., 3e., 4e., & 5e. rapprochés, le 5e. plus petit que les autres, alors le 2e. & le 4e., mais le 3e. un peu plus long, atteignant le milieu des cuiſſes. Tous les ongles arrondis, preſque ovales, planes-convexes, à lunule pâle.

Les *Cuiſſes* des jambes ſont rapprochées, muſculeuſes, les feſſes convexes, charnues, les genoux tournés en dedans, très-obtus, les jarrets concaves en deſſous. *Jambes* de la longueur des cuiſſes, ventrues-muſculeuſes par derriere, plus étroites inférieurement, maigres en devant. Les *Calcaneum* appuyés ſur des talons oblongs, plus larges que dans les autres animaux, & joints avec la plante même du pied, gros, un peu prominens, convexes, à chevilles latérales, oppofées, hémiſphèriques, dures. *Plantes* du pied oblongues, un peu convexes en devant, planes en arriere, concaves tranſverſalement. Cinq doigts ; tous courbés, convexes en deſſous, rapprochés ; le premier plus gros, plus court, les 2e. & 3e.

C 2

presqu'égaux , le 4e. & le 5e. décroiſſant de grandeur, celui-ci
le plus petit. Ongles comme aux doigts des mains.

L'HOMME différe donc des autres Animaux à Mamelles par ſon corps droit & nud , mais à tête chevelue , ayant
des ſourcils , des cils , des poils dans les adultes au pubis ,
aux aiſſelles , au menton dans le ſexe maſculin ; par ſes deux
mamelles pectorales ; par ſon cerveau plus grand que dans
aucun ; par la luette de ſa trachée-artere ; par les organes
de la parole ; ſa face parallèle au bas du corps & nue ; ſon
nez prominent, comprimé , plus court ; ſon menton auſſi prominent ; par le défaut de queue ; par ſes jambes appuyées
ſur les talons ; par la membrane de l'hymen & les menſtrues
dans le ſexe féminin.

GENRE II.

SINGE.

*Quatre dents inciſives , rapprochées , à chaque
  mâchoire.*
*Dents canines ſolitaires , plus longues , éloignées
  ou des dents molaires , ou des dents inciſives.*
Dents molaires obtuſes.

* Point de queue , *Singes* des anciens.

1. Le TROGLODITE. *Simia Troglodytes.*

Sans queue ; tête groſſe , corps muſculeux ; épaules & dos
couverts de poil, le reſte du corps nud.

Blumenb. compend. hiſt. natur. 1. p. 65. & de generis hu-
mani varietate nativa. p. 37. Tulp. obſ. medic. p. 284. t. 14.
Scotin. v. Nov. Act. Er. Lipſ. m. ſept. 1739. t. 5. p. 564.

Il habite à Angola. Cet animal a été tranſporté pour la
première fois en Europe & vu à Londres au mois d'Août
1738.

II. L'ORANG-OUTANG. *Simia Satyrus.*

Sans queue ; couleur ferrugineufe , poils des bras dirigés en-haut ; feffes couvertes de poil.

Amœn. acad. 6. p. 68. t. 76. f. 4. Edw. av. 5. p. 6. t. 213.

Camper kort berigt wegens de ontleding van verfchiedene Orang-Utangs *Amft.* 1778. 8. Tyfon anat. of a pygmy. Lond. 1699. 4. f. 1. 2. Buff. hift. nat. v. XIV. p. 43. pl. 1. (*le Jocko.*) de Vifme act. ang. v. XIV. pag. 73. t. 3.

Il habite dans l'île de Borneo.

Corps de deux pieds de hauteur, fe tenant fouvent droit ; couvert par-tout de poils bruns, mêlés de quelques poils roui-sâtres, à peine de la longueur du doigt. Poils des bras re-brouffés vers le coude ; feffes couvertes de poils ; tête ronde ; front nud ; contour de la bouche barbu ; cils noirs, ceux d'en-haut plus longs & plus denfes. Une file tranfverfale de poils au lieu de fourcils. Narines très-courtes, un peu velues. Paumes des mains glabres, le pouce plus court que la paume. Les extrêmités inférieures en forme de pieds, à pouce très-court, les autres doigts plus longs.

Il y a une grande reffemblance entre l'homme & cet ani-mal qui eft muni même de l'os hyoïde. Mais outre plufieurs autres caractères qui lui font particuliers & qu'il a de communs avec les autres Singes, le pouce de fes pieds eft auffi dénué d'ongle, le larinx eft d'une toute autre ftructure que dans l'homme, & fes mufcles font voir, auffi bien que tout l'en-gencement de fes os, qu'il n'eft point fait pour marcher à deux pieds.

On trouve une variété de cette efpece dont la taille a cinq ou fix pieds de hauteur.

Penn. Synopf. of quad. n. 64. pag. 93.

C'eft le *Pongo* de Buffon, hift. nat. Vol XIV. pag. 43 Bont. Jav. 84. tom. 84.

Ne different-ils que de fexe ou d'âge, ou, ce qui eft plus probable, eft-ce une variété ou même une efpece diftincte

puisque leur lieu natal est très-certainement différent, le Pongo étant originaire d'Angola ? (1)

II. Le GIBBON. *Simia Lar.*

Sans queue ; fesses chauves , bras de la longueur du corps.

Mantiss. pl. 2. p. 521. Miller , on various subj. of nat. hist. t. 27. A.B. Buff. hist. nat. vol. XIV. pag. 92. pl. 2. Penn. quad. p. 99. n. 66. Schreber Saeugth. I. p. 66. t. III. f. 1.

Il habite dans l'Inde ; il est doux , paresseux , redoutant la pluie & le froid.

Sa face couleur de chair , presque nue & son allure très-souvent droite le rapprochent plus de l'homme que l'Orang-Outang. Il parvient à la hauteur de quatre pieds ; sa couleur est noire.

Il y a une variété de couleur brune , dont la hauteur n'est guère que de deux pieds & demi. C'est le petit *Gibbon* de Buffon , hist. nat. vol. XIV. pl. 3. Schreb. Saeugth. t. III. f. 2.

III. Le PITHEQUE. *Simia Sylvanus.*

Sans queue ; fesses chauves ; tête arrondie ; bras plus courts que le corps.

Gesn. quad. 847. Briss. quad. 188. Jonst. quad. t. 59. f. 5. Buff. hist. nat. Vol. XIV. pag. 84. Penn. syn. p. 98. n. 65. t. 12. f. 1.

Il habite en Afrique, & dans l'île de Céylan. Il menace en grimaçant , flatte par un éclat de rire , salue à la maniere des Caffres , prend son breuvage avec la main.

Front élevé en travers à l'endroit des sourcils ; face courte ,

---

(1) Le Troglodite & le Pongo, ne font-ils point de la même espece?

plane; pelage d'ours. Scrotum caché comme en une vulve ; ou le penis dans la bififfure du fcrotum. Les tefticules s'enflent en automne. Fondement de la femelle prominent en forme de rave. Poils du deffous des bras rebrouffés , comme auffi ceux de la nuque.

Defc. Anat. E. N. C. d. 2. a. 7. obf. 40.

IV. Le MAGOT. *Simia Inuus.*

Sans queue, feffes chauves, tête oblongue.

Briff. quad. 191. Alpin. Ægypt. p. 241. t. 15. f. 1. & t. 16. Buff. hift. nat. XIV. p. 109. pl. 8. 9. Penn. syn. p. 100. n. 67. Schreber Saeugth. I. p. 71. t. V.

Il habite en Afrique.

Il eft très-reffemblant au Pithèque & au cynocéphale; mais il a le mufeau plus allongé, & le pelage plus pâle, il ne s'accouple point avec le Pithèque. Tous fes ongles font arrondis.
* * Queue courte. *Babouins.*

V. Le MAIMON. *Simia Nemeftrina.*

Queue courte, menton un peu barbu, pelage gris; iris brunes; feffes chauves.

Edw. av. 5. p. 8. t. 214.

Il habite dans l'île de Sumatra. Il a la queue nue , menue & tournée comme celle du cochon.

VI. Le BABOUIN à queue très-courte.
Simia Apedia.

Queue très-courte; pouce des mains rapproché des autres doigts; ongles oblongs , ceux des pouces arrondis; feffes couvertes de poils.

Amœn. Acad. I. p. 278.

Il habite aux Indes.

Il est de la grandeur & de la couleur de l'Ecureuil. Pouce des mains non éloigné des autres doigts. Tous les ongles oblongs, comprimés; ceux des pouces semblables aux ongles de l'homme. Queue ayant à peine un pouce de longueur. Face brune, garnie de poils touffus.

Est-ce une espèce distincte du Saïmiri?

VII. Le PAPION. *Simia Sphinx.*

Queue courte; des moustaches au museau; (1) ongles acuminés, fesses chauves.

Gefn. quad. 252. t. 253. Aldrov. dig. 260. Jonft. quad. 145. t. 61. f. 1. Raj. quad. 158. Briff. quad. 192. Buff. hift. nat. v. XIV. p. 133. pl. 13. 14. Schreb. Saeugth. I. p. 80. t. 6.

Il habite dans l'île de Borneo. C'est un animal libidineux, robuste & féroce, faisant aisément violence aux femmes. (Il varie pour la grandeur.)

Tête oblongue comme celle du chien, mais plus obtuse. Cou long. Queue courte, relevée. Fesses couleur de sang.

VIII. Le MORMON. *Simia Mormon.*

Queue courte; menton un peu barbu; pelage d'un brun-noir; joues enflées, nues, bleues, striées obliquement; fesses chauves, couleur de sang.

Alftroemer Act. Holm. 1766. V. 27. p. 138. Kramer anim. auft. p. 310. Philof. Tranf. n. 290. Breflauer Natur-u-Kunft-gefch. XV. verf. 177. Penn. fyn. p. 102. n. 68. t. 12. 13. f. 2. 1. (fig. mauv.) Schreb. Saeugth. 1. p. 65. t. 8.

Il habite dans l'Inde.

---

(1) Buffon dit que le Papion n'a point de moustaches; cependant la planche 14, p. 133 du t. XIV de fon hift. nat. en donne au petit papion.

Front garni d'un toupet élevé de poils gris. Mufeau allongé, nu. Nez couleur de fang. Joues nues, bleuâtres, fillonnées obliquement. Barbe blanche courte. Gorge jaunâtre. Cou gris en-deffus, jaunâtre en-deffous. Dos gris-brun. Ventre gris blanchâtre. Peau des reins violette, couverte d'un duvet de poil. Feffes calleufes, nues, couleur de fang. Suture longitudinale fur le ventre, nue, auffi couleur de fang. Queue courte. Ongles un peu pointus, ceux des pouces arrondis. *Géorgii.*

IX. Le MANDRILL. *Simia Maimon.*

Queue courte; menton un peu barbu; joues bleues ftriées; feffes chauves.

Gefn. quad 93. t. 93. Cluf. exot. 370. Jonft. quad. t. 59. f. 4. Briff. quad. 214. Buff. hift. nat. XIV. p. 154. pl. 16. 17. Penn. fyn. p. 103. n. 69. Schreb. Saeugth. I. p. 74. t. 7.

Il habite en Guinée.

Il diffère du précédent par la couleur du nez, qui eft bleuâtre comme les joues, & par le défaut d'un toupet élevé de poil.

X. Le BABOUIN-PORC. *Simia porcaria.*

Queue courte; tête de porc; mufeau nud; corps brunolivâtre; feffes couvertes de poils; ongles acuminés.

Boddaert Naturf. 22. p. 17. t. 1. 2.

Il habite en Afrique. Sa longueur eft de trois pieds, fix pouces.

* * * *Queue allongée.* Guenons.

* * *Des abajoues; feffes chauves.*

XI. Le CYNOSURE. *Simia Cynofuros.*

Queue allongée; point de barbe; face longue; front couleur de fuie ; bande fourcilliere blanchâtre ; parties fexuelles du mâle colorées ; ongles convexes.

Scopol. del. flor. & faun. infub. Ticin. 1786. fol. P. I. p. 44. t. 19.

Il habite . . . . .

Il eft de la taille d'un chien moyen ; la longueur du corps eft environ de deux pieds. C'eft un animal à méfier, inquiet, très-lafcif.

XII. L'HAMADRYADE. *Simia Hamadryas.*

Queue allongée ; pelage cendré ; oreilles garnies de poils touffus ; ongles un peu aigus ; feffes chauves.

Haffelq. it. 189. Alpin. hift. nat. Æg. p. 242. t. 17-19. Gefn. quad. p. 252. f. p. 253. Penn. fyn. p. 107. n. 72. t. XIV. f. 1. Schreb. Saeugth. 1. p. 82. t. X.

Elle habite en Afrique.

Corps de couleur cendrée ; queue à peine de la longueur du corps ; oreilles munies de longs poils , qui pendent de chaque côté en maniere de perruque ; feffes chauves , couleur de fang.

XIII. LE LOWANDO. *Simia Veter.*

Queue (affez courte); barbe noire ; pelage blanc.

Briff. quad. 147. Raj. quad. p. 158. Buff. hift. nat. t. XIV. p. 169. Penn. fyn. p. 110. où il indique une variété toute blanche.

Il habite à Ceylan.

XIV. L'OUANDEROU. *Simia Silenus.*

Queue (affez courte); barbe noire bien fournie ; pelage noir.

Briff. quad. 209. Alpin. Æg. p. 242. t. 21. Syft. ed. X.

p. 26. où l'auteur cite une variété à barbe blanche. Raj. quad. p. 158. Buff. hift. nat. t. XIV. p. 169. pl. 18. Penn. fyn. pag. 109. n. 73. t. 13. A. f. 1. Schreb. Saeugth. v. 1. p. 88. fq. t. XI. (Les Ouanderous, cités par ces derniers auteurs, ont auffi la barbe blanche.)

Il habite à Céylan & dans le refte de l'Inde.

XV. LE MALBROUK. *Simia Faunus.*

Queue longue ; menton barbu ; queue terminée par un floc con de poil.

Briff. quad. 209. Cluf. exot. p. 371. Buff. hift. nat. v. XIV. p. 224. t. 29. Schreb. Saeugth. 1. p. 90. t. 12.

Il habite au Bengale.

Corps noirâtre ; poitrine & parties antérieures du ventre blanches ; barbe grife, en pointe ; ongles femblables à ceux de l'homme.

XVI. LE MACAQUE. *Simia Cynomolgus.*

Queue longue arquée ; point de barbe ; narines bifides élevées ; feffes chauves.

Briff. quad 213. Raj. quad. 155. Buff. hift. nat. v. XIV. p. 190. pl. 20. Penn. fyn. p. 111. n. 74. Schreb. Saeugth. I. p. 91. t. 13.

Il habite en Afrique, & veille de nuit fur les arbres ; il diffère peu du fuivant.

XVII. LE CYNOCEPHALE. *Simia Cynocephalos.*

Queue longue, droite ; point de barbe ; pelage rouffâtre ; mufeau allongé ; feffes chauves.

Briff. quad. 213. Jonft. quad. t. 59. f. ult. (Journ. d'hift. nat. par M. Lamarck &c. 1792. p. 402. pl. 21.)

Il habite en Afrique & reſſemble beaucoup au Magot, mais il a une queue.

(Pelage d'un roux mêlé de jaune & de brun en deſſus, jaunâtre en deſſous. Face noire ; muſeau allongé, obtus ; poils des tempes roux, allongés, renverſés en arriere ; queue jaunâtre de la longueur du corps ; pieds noirs recouverts de poils cendrés, jaunâtres.)

XVIII. La DIANE. *Simia Diana.*

Queue longue ; front garni d'un toupet étagé ; barbe auſſi étagée.

Act. Stockh. 1754. p. 210. t. 6. Briſſ. quad. p. 148. n. 23. Raj. quad. 159. Cluſ. exot. 371. Penn. ſyn. p. 112. num. 75. Schreb. Saeugth. I. p. 94. t. 14.

Elle habite en Guinée.

Foîâtre en ſa jeuneſſe, elle jette tout ; elle ſalue les paſſans en hochant la tête ; étant fâchée, elle remue les mâchoires, la bouche ouverte. Plus âgée & ſes dents canines ayant pris de l'accroiſſement, elle mord & devient méchante. Sa couchette eſt toujours propre ; ſi on l'appelle, elle répond par ce cri : *greck.*

Elle eſt de la taille d'un gros chat ; de couleur noire, marquée de points blanchâtres. Derriere du dos ferrugineux. Cuiſſes d'un fauve-roux en deſſous. Gorge & poitrine blanches. Front garni de poils redreſſés, blancs, étagés, à ligne tranſverſale en forme de croiſſant. Barbe étagée, noire en deſſus, blanche en deſſous & aſſez longue, implantée ſur un peloton de graiſſe. Ligne blanche s'étendant de l'anus aux genoux par le côté extérieur des cuiſſes. Queue droite, longue, & de couleur noire, de même que la face, les oreilles, le ventre & les pieds.

XIX. Le CALLITRICHE. *Simia Sabæa.*

Queue longue, cendrée ; point de barbe ; pelage jaunâtre ; face noire ; feſſes chauves.

Briff. quad. p. 145 num. 17. Edw. av. 5. p. 210. t. 215.
Buff. hift. nat. XIV. pag. 272. pl. 37. Penn. fyn. p. 112. t. 76.
Schreb. Saeugth I p. 100. t. 18.

Il habite les îles du Cap-Vert, le Cap de bonne-Efpérance
& les regions voifines.

Il eft de la taille de la Diane ou de l'Aigrette, de la groffeur d'un chat; fa couleur eft en deffus d'un cendré-vert-
jaunâtre; en deffous fur la gorge, la poitrine, le ventre,
les cuiffes, elle eft blanche. Face nue, de couleur noire.
Tempes d'un blanc-jaunâtre, garnies de poils affez longs &
rebrouffés; fourcils noirs à foyes longues. Queue droite, de
la longueur du corps, de couleur grife. Pieds cendrés; ongles des pieds de derriere arrondis, ceux de devant de forme
ovale.

XX. Le MOUSTAC. *Simia Cephus.*

Queue longue; joues barbues; fommet de la tête jaunâtre;
pieds noirs; queue ferrugineufe à fon extrêmité.

Briff. quad. 206. Raj. quad. 156. Buffon hift. nat. XIV.
p. 283. pl. 39. Schreb. Saeugth. I. p. 102. t. 19.

Il habite en Guinée.

Il eft de la taille de la Diane, de couleur brune, d'un
blanc-bleuâtre en deffous. Tête garnie de poils redreffés blanchâtres. Lunule tranfverfale blanche aux fourcils. Paupieres
fupérieures blanches. Joues garnies de poils touffus; bouche
bleuâtre.

XXI. Le MANGABEY. *Simia Æthiops.*

Queue longue, point de barbe; chevelure relevée blanche; lunule au bas du front (au deffus de chaque œil) d'un
beau blanc.

Syft. nat. ed. 10. p. 28. num. 14. Buffon hift. nat. XIV.
p. 244. pl. 82. 83. Penn. fyn. p. 114. n. 77. Schreb. Saeugth.
I. p. 105. t. 20. 21

Il habite à Madagafcar.

XXII. L'AIGRETTE. *Simia Aygula.*

Queue longue ; un peu de barbe ; pelage gris ; aigrette de poils longitudinale rebrouffée fur le fommet de la tête.

Osbeck iter. 99. Edw. av. 221. t. 311. Buff. hift. nat.XIV. p. 190. pl. 21. Schreb. Saeugth. I. p. 106. t. 22.

Elle habite dans l'Inde , particuliérement à Java.

Corps gris couleur de loup ; deffous de la gorge, poitrine & ventre blanchâtres. Queue plus longue que le corps, amincie , de couleur cendrée. Face un peu applatie, blanchâtre , nue. Nez plat, très-court, éloigné de la bouche , à lacune double fur la levre fupérieure ; joues un peu barbues , à poils rebrouffés. Sourcils prominens , à foyes longues. Pieds noirs , prefque en forme de mains. Ongles de pouces arrondis , les autres oblongs. Oreilles un peu aiguës. Suture arquée allant de l'oreille en dehors des yeux à la bafe de la mâchoire inférieure. Autre future longitudinale fur le coude.

Il y en a une variété à tête plus ronde , à face moins noire & à pelage moins ferrugineux ; étant attachée , elle faute continuellement.

XXIII. Le HOCHEUR. *Simia nictitans.*

Queue longue ; point de barbe ; pelage noir, maculé de points pâles ; nez blanc ; pouces des mains très-courts ; feffes couvertes de poils.

Marcg. Braf. p. 227.

Il habite en Guinée. Il eft folâtre & hoche continuellement la tête. Le Profeffeur de Botanique Burmann à Amfterdam l'a eu vivant.

Il eft prefque de la taille du Pithèque. Il a le mufeau court ; la face pileufe , les orbites des yeux nues, les iris jaunes. Poils du corps noirs , marqués de quelques anneaux gris. Levres & menton blanchâtres. Queue droite , cylindrique , plus longue que le corps. Pieds & queue noirs. Pouce des mains pas plus long que le premier article de l'index. *Alftroëmer.*

XXIV. Le BONNET-CHINOIS. *Simia Sinica.*

Queue longue ; point de barbe ; poil du fommer de la tête difpofé en forme de calotte ou de bonnet plat..

Mantiff. plant. 2. p. 521. Buff. hift. nat. XIV. p. 224. pl. 30. Penn. fyn. p. 117. num. 83. Schreb. Saeugth. I. p. 108. t. 23.

Il habite au Bengale.

Queue beaucoup plus longue que le corps. Ongles du pouce ronds, ceux des autres doigts oblongs.

XXV. Le DOUC. *Simia Nemæus.*

Queue longue, blanche ; point de barbe au menton ; joues barbues.

Mantiff. pl. 2. p. 521. Buff. hift. nat. XIV. p. 298. pl. 41. Briff. quad. p. 146. Penn. fyn. p. 119. n. 85. Schreb. Saeugth. I. p. 110. t. 24.

Il habite à la Cochinchine.

Taille de deux pieds. Face tirant fur le rouge-bai. Oreilles de la même couleur. Bande étroite fur la tête, plus brune ; les poils du corps les plus longs & qui dépaffent les autres, de couleur noire ; ceux qui entourent la face blanchâtres, entremêlés de poils jaunâtres. Collier fur la partie antérieure du cou de la même couleur que la bande du front. Epaules & haut des bras noirs, le refte des bras & les mains blanchâtres ; le bas des lombes de la même couleur blanchâtre. Le haut des cuiffes noir ainfi que les doigts des pieds. Les jambes brunes, au delà même des genoux.

De cette efpece vient principalement le Bézoard du finge.

XXVI. La MONE. *Simia Mona.*

Queue longue ; menton barbu ; lunule fourcilliere élevée d'un gris-blanc.

Briff. quad. p. 141. Buff. hift. nat. XIV. p. 258. pl. 36
Penn. fyn. p. 118. n. 84. Schreb. Saeugth. I. 97. t. 15.

Elle habite en Mauritanie & dans les parties chaudes de
l'Afie.

La taille de cet animal eft d'un pied & demi ; il eft caref-
fant, docile ; & fupporte le froid.

XXVII. Le PATAS. *Simia rubra.*

Queue longue ; menton barbu, ainfi que les joues ; fommet
de la tête, dos & queue d'un roux prefque rouge.

Buff. hift. nat. XIV. p. 208. pl. 25. 26. Penn. fyn. p. 116.
n. 8. Schreb. Saeugth. I. p. 98. t. 16.

La taille de cet animal eft d'un pied & demi. Bandeau
au deffus des yeux blanc ou noir. Queue plus longue que le
corps.

XXVIII. Le TALAPOIN. *Simia Talapoin.*

Queue longue ; menton & joues barbues ; oreilles, nez &
plantes des pieds noirs (ainfi que les mains).

Buff. hift. nat. XIV. p. 287. pl. 40. Schreb. Saeugth. I.
p. 101. t. 17.

Il n'excéde point un pied de hauteur. Queue d'un pied &
demi.

XXIX. Le BLANC-NEZ. *Simia Petaurifta.*

Queue longue ; menton barbu ; dos, partie fupérieure de la
queue, & antérieure des jambes d'un noir-olivâtre ; face noire ;
tache triangulaire d'un beau blanc fur le nez.

Allamand. edit. de l'hift. nat. de Buff. v. XIV. p. 141. pl. 39.
Schreb. Saeugth. I. p. 103. t. 19. B.

Il habite en Guinée.

C'eft

C'eſt un animal doux & agile, haut de treize pouces. La longueur de ſa queue eſt à-peu près de vingt pouces.

XXX. Le MAURE. *Simia maura.*

Queue longue ; menton, joues & face entiere barbues, à l'exception des paupieres & de la partie du viſage qui s'étend des yeux à l'extrêmité du nez ; pélage d'un jaune-brun.

Edw. av. 3. p. 22. t. 311. Seba thes. 1. p. 77. t. 48. Penn. ſyn. p. 115. n. 80. Schreb. Saeugth. I. p. 107 t. 22 B.

Il habite dans l'île de Ceylan & en Guinée.

C'eſt un animal agile, de la hauteur de ſept pouces, lorſqu'il eſt aſſis. Queue plus longue que le corps.

XXXI. Le ROLOWAY ou la PALATINE. *Simia Roloway.*

Queue longue ; menton barbu ; tête & dos noirs ainſi que la partie extérieure des mains & des pieds, leur partie intérieure blanche, de même que le ventre, comme auſſi une couronne de poils autour de la face, laquelle eſt triangulaire.

Allamand edit. de l'hist. nat. de Buffon v. XV. p. 77. pl. 13.

Il habite en Guinée.

C'eſt un animal doux, d'un pied & demi de hauteur.

Queue de la même longueur.

** *Point d'abajoues ; feſſes couvertes de poil.*

* *Queue prenante.* Sapajous.

XXXII. L'OUARINE. *Simia Beelzebul.*

Queue longue, prenante, brune à ſon extrêmité, ainſi que les pieds ; menton barbu ; pélage noir.

D

Briff. quad. 194. Marcg. Brafil. p. 226. Bancroft guian. p.
133. Buff. hift. nat. XV. p. 5.

Il habite dans l'Amérique Méridionale.

Il rode de nuit & de jour, raffemblé en troupe, dans les
bois qu'il remplit de fes hurlemens continus & fonores. Il
eft d'un naturel farouche. Sa taille eft celle d'un renard; fa
couleur eft noire, à poils longs, très-liffes & luifans. Barbe
ronde, noire; pieds & extrémité de la queue de couleur brune.

XXXIII. L'ALOUATE *Simia feniculus.*

Queue longue, prenante; menton barbu; pélage roux.

Briff. quad. 206. Barrere franc. equin. p. 150. Gumilla
orenoque. 2. p. 8. Buff. hift. nat. v. XV. p. 5.

Il habite dans les bois, à Carthagène, à Cayenne, près
le fleuve des Amazones.

Ils faluent les paffans du haut des arbres par leur cri dé-
fagréable, fort, très-rauque, & qu'on entend de fort loin.
On ne peut guère les regarder, qu'auffi-tôt ils ne crient. Ils
vivent du fruit du Bananier. *Jacquin.* Taille médiocre; couleur uniforme, d'un rouge-brun. Bouche femblable à celle de
l'homme dans la partie antérieure de la face, avec un menton avancé affez grand, comme dans l'homme.

XXXIV. Le COAÏTA. *Simia panifcus.*

Queue longue, prenante; point de barbe; pélage noir,
mains à quatre doigts.

Brown. jamaic. 489. Briff. quad. 211. Buff. hift. nat. v. XV.
p. 16. pl. 1. Bancroft guian. p. 131. Schreb. Saeugth. I. p. 115.
t. 26.

Il habite dans l'Amérique méridionale. Il eft agile, hardi,
gefticulant & vindicatif. Il craint le froid.

Corps noir, quelquefois plutôt brun; de la grandeur d'un

dogue. Jambes minces, ainfi que le ventre; celles-là & la moitié extérieure de la queue tantôt de couleur brune & tantôt de couleur noire comme le refte du corps. Queue nue en deffous à fon extrêmité, avec laquelle l'animal fait prendre & amener à lui, tout ce qu'il peut élever de terre. Quatre doigts aux mains, cinq doigts aux pieds. *Halmann.* Le pouce plus petit que les autres doigts, éloigné d'eux & tourné en dedans. Ongles des mains arrondis, ceux des pieds un peu allongés. *D. Aymen.* Face nue, rouge. Oreilles nues.

XXXV. Le TREMBLEUR. *Simia trepida.*

Queue longue, prenante & velue; point de barbe, chevelure redreffée; mains & pieds bleus.

Edw. av. t. 212.

Il habite à Surinam.

Corps brun, ferrugineux en deffous. Poils de la tête noirs redreffés en calotte hémifphérique. Queue velue. Ongles arrondis. N'eft-ce point une variété du Sajou?

XXXVI. Le PETIT-FOU. *Simia fatuellus.*

Queue longue, prenante; point de barbe; deux petits faifceaux de poils fur la tête en forme de cornes.

Briff. quad. 195. n. 3.

Il habite dans l'Amérique méridionale.

Face, côtés du corps, ventre, partie antérieure des cuiffes de couleur brune. Sommet de la tête, milieu du dos, queue, jambes, & partie poftérieure des cuiffes de couleur noire. Ongles longs, un peu obtus. Queue roulée en Spirale. Differe-t-il réellement du Sajou?

XXXVII. Le SAJOU. *Simia apella.*

Queue longue, demi-prenante; point de barbe; pélage brun; pieds noirs; feffes couvertes de poils.

Briff. quad. p. 193. n. j. Buff. hift. nat. v. XV. p. 37 pl. 4. Schreber Saeugth. I. p. 119. t. 28. (il y a une variété à pélage gris).

Il habite dans l'Amérique méridionale.

Il eft agile , & regarde toujours de côté & d'autre. Il ne craint pas beaucoup le froid. Il piaille comme un jeune dindon. Le contour de fa face eft comme fi un barbier l'avait rafé.

XXXVIII. Le SAÏ. *Simia capucina.*

Queue longue , prenante , hériffée ; point de barbe ; pélage brun ; deffus de la tête & membres noirs ; feffes couvertes de poils.

Muf. ad. frid. p. 2. t. 2. Briff. quad. 196. n. 5. Buff. hift. nat. v. XV. p. 51 pl. 8. Penn. fyn. 127. n. 94. Schreb. Saeugth. I. p. 120. t. 29.

Il habite dans l'Amérique méridionale. Il marche fur fes tarfes & ne faute point ; il eft toujours plaintif & gemiffant ; il éloigne fes ennemis à grands cris , & fait le plus fouvent un bruit femblable au chant de la Cigale. Lorfqu'il eft en colère il aboie comme un petit chien. Il porte fa queue en fpirale & la jette fouvent autour de fon cou. Il fent le mufc.

Sa taille eft celle d'un chat domeftique ; fa couleur eft brune ; mais la tête , les pieds & la queue font noirs. (il y a une variété à gorge blanche.) Le front eft tantôt noir , tantôt couleur de chair. Dents canines rapprochées des autres dents. Nez cariné auprès des yeux. Ride variqueufe , noire, retractile au deffus du front devant la chevelure. Queue longue , toujours courbée , garnie de poils longs. Il place fes pieds dans une fituation tranfverfe , de façon que ceux de derrière fe pofent toujours en avant des pieds antérieurs.

XXXIX Le SAÏMIRI. *Simia Sciurea.*

Queue longue ; point de barbe ; occiput un peu prominent ; quatre ongles fubulés aux pieds poftérieurs ; feffes couvertes de poils.

Muf. ad. frid. p. 3. Briff. quad. 197. Wagner. Mus. Ba-ruth. p. I. t. I. Barrere franc. equin. p. 151. Marcg. Bras. p. 227. Buff. hift. nat. v. XV. p. 6. 7. pl. 51. Penn. fyn. p. 128. n. 95. Schreb. Saeugth. I. p. 121. pl. 30.

Il habite dans l'Amérique méridionale.

C'eft un joli animal ; il repofe couché fur le ventre, regarde la bouche de celui qui lui parle, ne fouffre guère le climat d'Europe.

Il eft de la taille de l'Ecureuil ; haut de fept pouces, lorf-qu'il eft affis. Sa couleur eft d'un gris-vert, blanchâtre en deffous ; bras & jambes de couleur de rouille. Queue velue, noire à fon fommet, deux fois plus longue que le corps. On-gles des pouces arrondis. Bouche d'un brun-bleuâtre. Sourcils fétacés. Oreilles garnies de quelques poils blanchâtres.

XL. Le MONKI. *Simia morta.*

Queue longue, nue, écailleufe ; point de barbe ; pélage brun-bai ; bouche brune.

Seba Mus. I. p. 52. t. 33. f. 1. Briff. quad. 201.

Il habite en Amérique.

Il paroît que ce n'eft qu'un jeune Saïmiri.

XLI. Le SYRICHTA. *Simia fyrichta.*

Queue longue ; point de barbe ; des mouftaches à la bou-che ; cils longs.
Gronov. Zooph. 21. Pet. gaz. 21. t. 13. f. 11.

** *Queue non prenante ; Sagoins.*

XLII. Le SAKI. *Simia pithecia.*

Queue longue, noire, très velue ; point de barbe ; poils du corps noirs, blancs à leur extrêmité.

Brown. jam. 489. Briff. quad. 195. Buff. hift. nat. v. XV.
p. 88. pl. 12. Bancroft guian. p. 80. Penn. fyn. p. 130. n.
98. Schreb. Saeugth. I. p. 125. t. 32.

Il habite dans l'Amérique méridionale; il eft très-joli & s'apprivoife aifément.

Sa taille eft quelquefois d'un pied & demi; couleur noire;
fommet des poils blanc. Des poils blanchâtres très-courts fur
la face. Gorge & ventre couverts de poils d'un blanchâtre-fâle.
Ongles longs, obtus.

XLIII. L'OUISTITI. *Simia Jacchus.*

Queue longue, très-velue, courbée; oreilles amples, entourées de longs poils; ongles fubulés, ceux des pouces arrondis.

Briff. quad. 202. Clus. exot. 372. t. 372. Gesn. quad. p.
369. Marcg. Bras. 227. Edw. av. 5. p. 15.' t. 218. Buff. hift.
nat. XV. p. 96. pl. 14. Pall. n. nord. Beytr. 2. p. 41. Penn.
fyn. p. 132. n. 100. (Briff. quad. 197 & Clus. exot. 371.
font mention d'une variété d'un blanc-jaunâtre.)

Il habite au Bréfil. Il eft agile, toujours en mouvement ;
grimpant comme l'écureuil. Queue courbée non prenante. Il
ronge le bois comme les rats, fe nourrit d'infectes, de fruits,
de laitage, de pain de froment & d'orge, de thé, de petits oifeaux, ne s'apprivoife pas, eft incliné à mordre. Il eft
ennemi des chats auxquels il s'attache fous le ventre. Son cri
eft une efpece de fiflement. Il fent le mufc.

Il eft plus petit qu'un écureuil, ayant à peine huit pouces
de long; d'une couleur cendrée-grifâtre. Tête fort petite, noire.
Levres & front blancs, celui-ci jaunâtre entre les yeux. Des
longs poils blancs font placés au devant des oreilles, de la
longueur de tout l'oreillon (qui eft nud) ce qui les met
à l'abri du vent.

Queue plus longue que le corps, annelée de blanc. Quatre
dents incifives, les intermédiaires plus larges & parallèles,
les latérales aiguës, moins diftantes à leur fommet.

XLIV. Le PINCHE. *Simia œdipus.*

Queue longue, d'un roux-vif (à la bafe) ; point de barbe ; chevelure pendante ; ongles fubulés.

Briff. quad. p. 150 t. 28. Edw. av. 3. p. 195. t. 195. Marcg. Bras. 227 Buff. hitt. nat. v. XV. p. 114. pl. 17. Penn. fyn. 133. n. 102.

Il habite dans l'Amérique méridionale. Il eft vif & joli ; imite le lion par fes geftes, reffemble affez par la taille à l'Ouiftiti, quoiqu'il foit encore plus petit.

Il fent auffi le mufc. Son cri reffemble à celui du rat. Longueur d'environ fix pouces; corps gris en deffus, blanc en deffous. Chevelure longue, pendante, blanche. Face noire , avec quelques poils blancs près des oreilles. Une verrue fur chaque joue. Iris ferrugineufes. Oreilles arrondies, noires & nues. Tous les ongles fubulés, excepté celui du pouce des mains qui eft court. Queue deux fois plus longue que le corps, peu pileufe, rouffe à fa bafe, noire dans le refte de fa longueur. Region de l'anus d'un roux-vif.

XLV. Le MARIKINA. *Simia rofalia.*

Queue longue ; point de barbe ; tête couverte de longs poils; circonférence de la face & pieds rouges; ongles fubulés.

Briff. quad. 200. Barrere fr. equin. p. 151. Buff. hift. nat. v. XV. p. 108. pl. 16. Penn. fyn. p. 133. n. 101. t. 15. Schreb. Saeugth. I. p. 130. t. 35.

Il habite dans l'Amérique méridionale. Il eft joli & craint moins le froid que fes congenères.

Pélage d'un blanc-jaunâtre. Onglés des pouces arrondis. Oreilles nues , cachées fous les poils de la tête. *Briff.*

XLVI. Le MICO. *Simia argentata.*

Queue longue, brunâtre ; point de barbe ; pélage blanchâtre ; face rouge.

D 4

Mant. pl. 2. p. 521. Briff. quad. p. 142. n. 12. Buff. hift.
nat. v. XV. p. 121. pl. 18. Penn. fyn. p. 134. n. 103. Schreb.
Saeugth. I. p. 131. t. 36.

Il habite au fleuve des Amazones. Sa longueur eft de fept
pouces. Ongle du pouce des pieds de derriere arrondi ; les
autres ongles recourbés.

XLVII. Le TAMARIN. *Simia midas.*

Queue longue ; point de barbe ; levre fupérieure fendue ;
oreilles quarrées , nues; ongles fubulés ; pieds d'un jaune de
fafran.

Mus. ad. frid. 2. p. 4. Barrere fr. equin. p. 151. Edw. av.
196. t. 196. Gronov. Zooph. 20. Raj. quad. 155. Buff. hift.
nat. v. XV. p. 92. pl. 13.

Il habite à Surinam.

Il eft de la taille de l'écureuil. Mains & pieds couleur de
fafran. Corps noir. Queue deux fois plus longue que le corps,
aufli de couleur noire. Oreilles nues , larges , écrafées. Tous
les ongles fubulés ou de la forme de ceux des bêtes fauves ,
exceptés ceux des pouces des pieds poftérieurs qui font arrondis , comme ceux de l'homme.

Les Singes en général font foupçonneux , pétulans , imita-
teurs, gefticulateurs, indociles ; ils ont de la mémoire, ils
menacent , rient amolliffent leur nourriture dans leur abajoues, chaffent aux poux ; ils ont le taƈt excellent , portent
leurs petits dans leurs bras ; effrayés , ils lâchent le ventre ;
ils font frugivores ; le conduit de l'urine eft fouvent diftinƈt
de la vulve dans les femelles ; elles font amoureufes quoique
pleines.

Les principales différences caraƈtériftiques des Singes font
d'avoir la queue droite ou prenante , les feffes chauves ou
couvertes de poils , les ongles arrondis , ou fubulés , le men-
on barbu ou fans barbe , des abajoues ou point d'abajoues.

Les especes de Singes font très-nombreuses, mais peu ont été bien décrites, beaucoup font imparfaitement connues, ou même ignorées.

Que cette bête immonde est ressemblante à l'homme ! Ennius.

En effet, entr'autres conformités, le Singe a des mamelles, un clitoris, des nymphes, la matrice, la luette, les cils, les ongles, comme dans l'espece humaine ; il manque aussi d'un ligament suspensoire au cou. Combien ne doit-on pas s'étonner que l'homme, doué de sagesse, differe si peu d'un si grossier animal.

GENRE III.

MAKI.

Quatre dents incisives à la mâchoire supérieure, les intermédiaires éloignées.
Six dents incisives à la mâchoire inférieure plus longues, dirigées en avant, comprimées, parallèles, rapprochées.
Dents canines solitaires, rapprochées.
Plusieurs dents molaires, un peu lobées; les antérieures plus longues, plus aiguës.

I. Le LORIS. *Lemur tardigradus.*

Point de queue ; pelage tirant sur le ferrugineux.

Schreb. Saeugth. I. p. 134. pl. 38. Briss. quad : 190. n. 3. 191. n. 2. Seba thes. I. p. 55. t. 35. p. 75. t. 47. f. 1. Buff. hist. nat. v. XIII. p. 210. pl. 30. Penn. syn. p. 135. t. 16. f. 1.

Il habite dans l'île de Ceylan. Il est agile, & a l'ouïe excellente ; il est monogame.

Sa taille est celle de l'écureuil ; son pelage tire sur le ferrugineux, avec une ligne dorsale brunâtre ; gorge un peu blanchâtre. Ligne longitudinale blanche entre les yeux. Face couverte de poils. Oreilles urcéolées, avec deux feuillets dans leur partie intérieure. Paumes des mains & plantes de pieds. nues. Ongles arrondis, celui de l'index des pieds postérieurs subulé. Point de queue. Deux mamelles sur la poitrine & deux autres sur le ventre vers la poitrine.

II. L'INDRI. *Lemur indri.*

Point de queue; pelage noir.

Sonner. it. 2. p. 142. pl. 88.

Il habite à Madagascar. Il est haut de trois pieds & demi; on l'apprivoise aisément étant jeune; les habitans de l'île le dressent pour la chasse. Son cri ressemble à celui d'un enfant qui pleure.

Huit dents canines à chaque mâchoire, deux dents incisives à la mâchoire supérieure, quatre à l'inférieure rapprochées; cinq doigts aux pieds, à ongles applatis, aigus; pouce des pieds postérieurs fort grand; poils denses, soyeux, frisés dans la region de l'anus; de couleur grise sur la face & vers les parties genitales, noirs dans le reste; un commencement de queue, qu'on peut appercevoir au tact. (1)

III. Le POTTO. *Lemur potto.*

Queue longue, d'une seule couleur; pelage tirant sur le ferrugineux.

Bosman. bestuyo. Van de Guin. Kust. II. p. 30. f. 4.

Il habite en Guinée. Semblable au précédent, à l'exception de la queue.

IV. Le MONGOUS. *Lemur mongoz.*

Queue longue, d'une seule couleur; pelage gris.

Schreb. Saeugth. I. p. 132. sq. t. 39. B. Edw. av. 5. p. 12.

---

(1) Cet animal & celui qui suit paroissent devoir former un genre nouveau.

t. 216. Walch. naturforfch. 8. p. 26. Penn. fyn. P. 136. t.
105. Buff. œuv. comp. 4°. v. VI. p. 56. pl. 12.

Corps gris ou plutôt brun, blanc en deffous. Bande noire
aux yeux. Mains d'un cendré-clair.

Il y a une variété à pelage gris ou brun ; à face & mains
noires. Edw. av. 5. p. 13.

Une autre variété, à pelage gris ou noir ; une tache noire
près des yeux. *Petiv. gaz. p. 26. t. 17. f. 5.*

Une autre, à pelage brun, à nez & mains de couleur
blanche. Briff. quad. p. 156. n. 2.

Une autre, à corps tout brun.

Nieremb. hift. nat. p. 176. Briff. quad. p. 156. n. I.

Encore une autre ; à pelage gris ; face noire ; mains fauves.

Schreb. Saeugth. I. p. 138. t. 39. A. Briff. quad. p. 157.
n. 3. Buff. hift. nat. XIII. p. 174. pl. 26.

Il habite à Madagafcar, dans l'île S. Jeanne & dans les îles
voifines. Ongle de l'index des pieds poftérieurs fubulé, long.

V. Le VARI. *Lemur macaco.*

Queue longue ; pelage noir ; cravate de poils longs au cou.

Schreb. Saeugth. I. p. 142. t. 40. A. Edw. av. t. 217. Penn.
fyn. p. 138. n. 107.

Variété à pelage brun. Gronov. Zooph. 22.

Variété à pelage blanc. Cauche rel. de Madag. p. 127.

Variété à pelage mêlé de noir & de blanc. Schreb. Saeugth.
I. p. 142. t. 40. B. Flacourt voy. p. 153. Buff. hift. nat. XIII.
p. 174. pl. 27.

Il habite à Madagafcar, dans l'île ste. Jeanne & dans les îles
voifines.

Il tient son domicile propre, se plait aux rayons du soleil ; dort dans quelque endroit tenebreux , ne mange point d'œufs , ni viande ni poisson ; il rugit presque comme le lion. Ongle de l'index des pieds postérieurs presque subulé.

VI. Le MOCOCO. *Lemur Catta.*

Queue longue , annelée de blanc & de noir.

Mus. ad. frid. 2. p. 5. Schreb. Saeugth. I. p. 143. t. 41. Hermann naturf. 15. p. 159. Briss. quad. p. 222. Edw. av. 4. 197. t. 197. Buff. hist. nat. XIII. p. 174. pl. 22. Penn. syn. p. 137. n. 106.

Il habite dans les îles de Madagascar , de France , de ste. Jeanne. Il se réunit en troupe ; il est très-doux & grimpe comme le singe au moyen de tous ses pieds.

Il se nourrit de fruits , de legumes , de racines , se sert de ses mains pour porter sa nourriture à la bouche. Il est un peu paresseux (1) ; lorsqu'il est de bonne humeur , & tranquille , il imite le murmure du chat qu'on caresse. Dans l'individu que j'ai possédé , la prunelle de l'œil droit étoit de jour lineaire & perpendiculaire , celle de l'œil gauche étoit de nuit dilatée & orbiculaire. Cela se faisoit-il naturellement ou par accident ?

Ongle de l'index des mains ni plus long , ni subulé.

VII. Le MAKI couleur de souris. *Lemur murinus.*

Queue longue , ferrugineuse ; pelage cendré.

Miller on various subjects of natural history t. 13. A. B.

Il habite à Madagascar.

Tous les ongles plats , arrondis.

---

(1) Buffon dit qu'il est très-vif & très éveillé.

VIII. Le MAKI bicolore. *Lemur bicolor.*

Queue longue ; corps d'un gris-noir en deſſus, d'un blanc-fâle en deſſous ; tache ſur le front en forme de cœur, d'un blanc-fâle.

Miller on various ſubjeᶜts. t. 32. f. A.

Il habite dans l'Amérique méridionale.

Il a la tête du Dogue. Tous les ongles ſubulés.

IX. Le MAKI à bourres. *Lemur laniger.*

Queue longue, d'une ſeule couleur, fauve-rouſſâtre ; corps d'un jaune-rouſſâtre ou couleur de brique, blanc en deſſous.

Sonner. It. 2. p. 142. t. 89.

Il habite à Madagaſcar ; ſa longueur, non compris la queue, eſt d'un pied neuf pouces.

Poils très-doux, friſés, d'un fauve-rougeâtre ſur la region des lombes ; face noire ; oreilles menues ; yeux grands, d'un gris verdâtre ; deux dents inciſives à la mâchoire ſupérieure, quatre à l'inférieure ; queue longue de neuf pouces ; pieds à cinq doigts, à ongles longs, celui des pouces arrondi.

X. Le MAKI volant. *Lemur volans.*

Queue ; longue, corps entouré d'une membrane ſervant aux élans de l'animal.

Pallas aᶜt. ac. ſc. petrop. 1780. p. j. Schreb. Saeugth. I. p. 146. t. 43. Petiv. gaz. 14. t. 9. f. 8. Aᶜt. Angl. 277. n. 1065. Bont. jav. 68. t. 69. Seb. mus. I. p. 93. t. 58. f. 2. 3.

Il habite dans la province de Guzarate, aux îles Philippines & Moluques.

Il ſe nourrit de fruits, s'aſſemble le ſoir en troupe.

Corps entouré comme dans l'écureuil volant ou polatouche ;

d'une membrane qui s'étend de la tête aux mains, des mains par les côtés aux pieds & des pieds jusqu'au sommet de la queue. Ongles aigus. Deux mamelles pectorales. Ce petit animal paroit par ce dernier caractere approcher des Makis ou des Singes. Comme ce n'est que depuis peu qu'il a été apporté en Europe, il nous en manque une bonne description aussi bien qu'un détail exact de ses caractères génériques.

GENRE IV.

CHAUVE-SOURIS.

Toutes les dents droites, acuminées, rapprochées. Mains palmées voltigeantes au moyen d'une membrane qui entoure le corps.

* Quatre dents incisives à chaque mâchoire.

I. La ROUSSETTE. *Vespertilio Vampyrus.*

Point de queue; nez simple; la membrane divisée entre les cuisses. (Son pelage est le plus souvent de couleur noire)

Penn. syn. p. 359. n. 274. Schreber Saeugth. I. p. 153. t. 44. Briff. quad. p. 153. Clus. exot. p. 94. Bont. jav. 68. t. 69. Seba. Mus. I. p. 91. t. 57. f. 1. 2. Daubenton. act. parif. 1759. p. 384. Buff. hist. nat. v. X. p. 55. pl. 14.

v. *b.* La ROUGETTE.

Couleur d'un brun-noir.

Briff. quad. p. 154. Dampier. Voy. 5. p. 81. pl. 5. Edw. av. 4. p. 180. t. 180. Daubent. act. paris. 1759. p. 385. Buff. hist. nat. X. p. 55. pl. 17.

Une autre variété a le corps couleur de paille.

Penn. syn. p. 362. t. 31. f. I.

Elle habite dans l'Afrique Occidentale, dans l'Asie méridionale, dans les îles Auftrales & dans celles de l'Ocean Indien. On dit qu'elle fuce de nuit le fang des efclaves endormis, les crêtes des coqs & les larmes des palmiers. Ce feroit une très-bonne faignée dans la pleurefie. Elle pend quelquefois aux arbres en gros pelotons.

Dents incifives un peu obtufes. Dents canines fupérieures folitaires, fillonnées antérieurement par la dent de deffous; les dents canines inférieures doubles avec une petite dent incifive obtufe placée au milieu. Plufieurs dents molaires un peu mouffes. Narines prefque point divifées. Corps de la grandeur de l'écureuil, long de cinq à neuf pouces. Premier doigt des mains feparé, onguiculé, le fecond attaché à la membrane. Pieds poftérieurs fendus, onguiculés, les talons fe terminant en arrière en un cartilage fubulé adhérent à la membrane. Le plus grand coin de l'œil muni d'une membrane clignotante. La femelle ne met bas qu'un feul petit.

II. Le VAMPIRE. *Vefpertilio fpeĉrum.*

Point de queue; nez infundibuliforme, lanceolé. Schreb. Saeugth. I. p. 159. Briff. quad. 154. Seb. mus. I. p. 92. t. 58. f. I. Pifo. Brafil. p. 290. Buff. hiff. nat. X. p. 55.

Il habite dans l'Amérique meridionale. *Solander.*

Narines reffemblant antérieurement à un entonnoir, fe terminant en deffus en une feuille lanceolée; oreilles ovales, ayant à leur intérieur une découpure fubulée, membraneufe, de la longueur de l'oreillon. Dents canines folitaires, grandes; les molaires antérieures plus courtes & plus obtufes. Quatre doigts aux ailes, dont le premier eft annexé au fecond; le pouce eft court à ongle arqué. Pieds à cinq doigts égaux & à ongles arqués. Le talon s'allonge en un tendon fubulé qui fuit le bord de la membrane entre les pieds poftérieurs, mais ne fe joint pas à celui du côté oppofé.

III. La CHAUVE-SOURIS à lunette. *Vefpertilio perfpicillatus.*

Point de queue; nez folié, plat, acuminé.

Mus. ad. frid. p. 7. Schreb. Saeugth. I. p. 160. t. 46. A. Seb. mus. I. p. 90. t. 55. f. 2.

Elle habite dans l'Amérique méridionale. Elle a ainsi que l'espece suivante cinq doigts aux mains.

IV. La CHAUVE-SOURIS des Moluques.
Vespertilio spasma.

Point de queue ; nez folié , en forme de double cœur.

Schreb. Saeugth. I. p. 158. t. 48. Grenov. Zooph. I. p. 7. n. 27. Briff. quad. p. 161. n. 4. Seb. mus. I. p. 90. t. 56 f. 1. Penn. syn. p. 364. n. 278.

Elle habite à Ceylan & aux Moluques.

V. La CHAUVE-SOURIS fer de lance. *Vespertilio hastatus.*

Point de queue ; nez folié , en forme de trèfle.

Schreb. Saeugth. I. p. 161. t. 46. B. Buff. hist. nat. XIII. p. 226. pl. 33. Penn. syn. 363. n. 276.

Elle habite dans l'Amérique méridionale , & reffemble à la Chauve-Souris à lunette ; sa couleur est noire ou d'un brun-foncé.

VI. La CHAUVE-SOURIS musaraigne. *Vespertilio soricinus.*

(Presque) point de queue ; museau allongé ; nez folié , en forme de cœur.

Pallas spicil. Zool. 3. p. 24. t. 3. Schreb. Saeugth. I. p. 161. t. 47. Gron. Zooph. p. 7. n. 26. Edw. av. 5. 201. t. 201. f. 1. Penn. syn 364. n. 277. Buff. hist. nat. œuv. compl. 4° v. IV. p. 38. pl. 10.

Elle habite dans l'Amérique méridionale.

Queue très-courte. Langue parfemée de papilles aiguës.
VII. La

VII. La CHAUVE-SOURIS leporine. *Vespertilio leporinus.*

Une queue ; levre supérieure bifide.

Syst. nat. ed. X. p. 32. n. 5. Schreb. Saeugth. I. p. 162. t. 60. Syst. nat. ed. XII. p. 88. n. 1. Briss. quad. 227. Seb. mus. I. p. 89. t. 55. f. 1. Feuillé, obs. 1. p. 623. Penn. syn. p. 365. n. 279.

Elle habite dans l'Amérique méridionale ; elle vit du fruit des arbres ; sa taille égale celle d'un rat.

** *Quatre dents incisives à la máchoire supérieure, six à l'inférieure.*

VIII. L'OREILLAR. *Vespertilio auritus.*

Une queue ; nez & bouche simples ; oreilles doubles, plus grandes que la tête.

Faun. Suec. 3. Frisch. av. t. 103. Edw. av. 5. t. 201. f. 3. Gron. Zooph. p. 23. Briss. quad. 160. Jonst. av. p. 34. t. 20. Buff. hist. nat. VIII. p. 118. pl. 17. f. 1.

Il habite en Europe. C'est une espece vraiment distincte de la suivante.

IX. La CHAUVE-SOURIS commune. *Vespertilio murinus.*

Une queue ; nez & bouche simples ; oreilles plus petites que la tête.

Faun. Suec. 2. Briss. quad. p. 158. n. 1. Aldrov. ornithol. p. 575. 576. Frisch. av. t. 102. Edw. av. 4. t. 201. f. 2. Buff. hist. nat. VIII. p. 113. pl. 16. Penn. syn. p. 371. n. 291.

Elle habite en Europe. Elle se nourrit principalement de phalènes, & devient à son tour la proie des chat-huants. On la prend au moyen des calices blanchis de la Bardane à têtes glabres (qu'on jette en l'air lorsqu'elle vole) ; elle ne sauroit s'élever de terre. L'hiver elle est engourdie & comme morte, elle revit au commencement du printems. Elle multiplie pendant l'été.

Descr. Anat. E. N. C. d. 2. a. I. obs. 48.

E

X. La NOCTULE. *Vespertilio noctula.*

Une queue ; nez & bouche simples ; oreilles ovales, operculées, l'opercule menu.

Schreb. Saeugth. I. p. 166. t. 52. Gesn. av. p. 694. ic. Aldrov. Ornith. p. 575. 576. Buff. hist. nat. VIII. p. 128. pl.
18. f. 1. Penn. Zool. br. ill. t. 103.

Elle habite en France, en Allemagne, en Angleterre ; &
multiplie pendant l'été.

XI. La SEROTINE. *Vespertilio serotinus.*

Une queue ; corps jaunâtre ; oreilles courtes échancrées.

Schreb. Saeugth. I. p. 167. t. 53. Buff. hist. nat. v. VIII.
p. 129. pl. 18. f. 2.

Elle habite en France & en Allemagne.

XII. La PIPISTRELLE. *Vespertilio pipis-*
trellus.

Une queue ; corps d'un brun-noir ; front convexe ; oreilles
ovales, échancrées, à peine plus longues que la tête.

Schreb. Saeugth. I. p. 167. t. 54. Buff. hist. nat. VIII. p.
129. pl. 19. f. 1.

Elle habite en France, assez rarement en Allemagne. Sa
longueur est à peine de deux pouces. Elle multiplie fort peu.

XIII. La BARBASTELLE. *Vespertilio bar-*
bastellus.

Une queue ; joues élevées, pileuses ; oreilles grandes, an-
guleuses en leur partie inférieure.

Schreb. Saeugth. I. p. 168. t. 55. Buff. hist. nat. VIII. p.
130. pl. 19. f. 1.

Elle habite en Bourgogne ; sa longueur est de deux pouces.

XIV. Le CAMPAGNOL-volant. *Vespertilio*
hispidus.

Une queue ; corps couvert de poil ; narines canaliculées ;
oreilles longues, étroites.

Schreb. Saeugth. I. p. 169. t. 56. Daubent. act. par. 1759. p. 388. Buff. hist. nat. X. p. 88. pl. 20. f. 1. 2. Penn. syn. p. 367. n. 202.

Il habite près la riviere le Sénégal.

*** *Quatre dents incisives à la mâchoire supérieure, huit à l'inférieure.*

XV. Le MUSCARDIN - volant. Vespertilio pictus.

Une queue; nez simple ; oreilles en entonnoir, appendiculées.

Gronov. Zooph. p. 7. n. 25. Pall. spic. 3. p. 7. Schreb. Saeugth. I. p. 170. t. 49. Seb. mus. I. p. 91. t. 56. f. 2. 3. Daub. act. par. 1759. p. 388. Buff. hist. nat. X. p. 92. pl. 20. f. 3. Penn. syn. p. 368. n. 284.

Il habite à Ceylan , où on le nomme *Kiriwoula.*

**** *Deux dents incisives à la mâchoire supérieure , six à l'inférieure.*

XVI. La MARMOTTE-volante. Vespertilio nigrita.

Une queue ; pelage d'un brun-jaunâtre ; partie antérieure de la tête, pieds & queue de couleur noire.

Schreb. Saeugth. I. p. 171. t. 58. Daub. act. par. 1759. p. 385. Buff. hist. nat. X. p. 82. pl. 18. Penn. syn. p. 366. n. 281.

Elle habite près la rivière le Sénégal. Sa longueur est de quatre pouces. *Adanson.*

**** *Deux dents incisives à la mâchoire supérieure, quatre à l'inférieure.*

XVII. Le MULOT-volant. Verpertilio molossus.

Une queue, s'étendant de beaucoup au-delà la membrane qui l'accompagne ; levre supérieure pendante.

Pall. Spic. Zool. 3. p. 8. Penn. fyn. p. 366. n. 280. Schreb. Saeugth. I. p. 171. 172. t. 59. f. inf. Daubent. act. Parif. 1759. p. 387. Buff. hift. nat. X. p. 84. pl. 19. f. 1.

Il y en a une variété plus petite, brunâtre, mêlée de cendré en deffus, d'un blanc-fale en deffous. Schreb. Saeugth. I. p. 171. 172. t. 59. f. fup. Buff. hift. nat. X. p. 87. pl. 19. f. 2.

Il habite dans les îles voifines de l'Amérique.

****** *Deux dents incifives à la mâchoire fupérieure ; point de dents incifives à la mâchoire inférieure.*

XVIII. La CEPHALOTE. *Vefpertilio cephalotes.*

Une queue ; tête groffe ; levres avancées ; narines fpirales ; des verrues fous les yeux ; oreilles petites, non operculées.

Pall. Spic. fafc. 3. p. 10. t. 1. Schreb. Saeugt. 1. pag. 172. t. 61. Buff. hift. nat. œuv. compl. 4°. v. IV. p. 38. pl. 9.

Elle habite aux Moluques. Sa longueur eft de deux pouces & demi. *Schloffer.*

Langue hériffée de papilles aiguës. Poils cendrés en deffus ; blanchâtres en deffous.

******* *Point de dents incifives à la mâchoire fupérieure ; quatre à la mâchoire inférieure.*

XIX. La CHAUVE-SOURIS de Surinam. *Vefpertilio lepturus.*

Une queue ; narines tubulées ; oreilles longues, obtufes, operculées ; bourfe annexée intérieurement aux deux membranes qui joignent les pieds.

Schreb. Saeugth. I. p. 173. t. 57.

Elle habite à Surinam. *Rudolph.*

XX. Le FER-A-CHEVAL. *Vespertilio ferrum equinum.*

Une queue, de la longueur de la moitié du corps; nez semblable à un fer-à-cheval; oreilles aussi grandes que la tête, non operculées.

Buff. hist. nat. VIII. p. 131. pl. 17. f. 2. p. 132. pl. 20. Schreb. Saeugth. I. p. 174. 175. t. 62. fig. sup. inf.

Il habite en France, & en Franconie. C'est au savant Daubenton qui a si bien décrit le genre de la Chauve-Souris, qu'on en doit la découverte.

******** *Aucune dent incisive.*

XXI. La CHAUVE-SOURIS de New-Yorck. *Vespertilio noveboracensis.*

Une queue, longue; nez court, aigu; oreilles courtes, rondes.

Penn. syn. p. 367. t. 31. f. 2.

Elle habite dans l'Amérique septentrionale.

********* *Nombre & ordre des dents peu connus.*

XXII. La CHAUVE-SOURIS à grandes aîles. *Verpertilio lascopterus.*

Une queue; la membrane qui joint les pieds très-large.

Schreb. Saeugth. I. t. 58. B.

XXIII. La CHAUVE-SOURIS à grosse queue. *Vespertilio lasiurus.*

Une queue, large; levres enflées.

Schreb. Saeugth. I. t. 62. B.

E 3

ORDRE II.

LES BRUTES.

Point de dents incisives.

GENRE V.

RHINOCEROS.

Corne solide, persistante, conique, placée sur le nez, n'adhérant point à l'os.

I. Le RHINOCEROS à une corne. *Rhinoceros unicornis.*

Gesn. quad. p. 842. Albin. tab. muscul. 4. 8. Knorr delic. t. 2. p. 110. t. K. X. Parsons philosoph. transact. v. 42. n. 523. Edw. av. 1. 221. f. 2.

Il habite entre & près les tropiques, dans les lieux humides & marécageux ; il est mentionné au livre de Job sous le nom de *Reem.* Il étoit souvent employé chez les Romains dans leurs combats d'animaux ; on ne l'avoit plus revu en Europe pendant un long espace de tems, lorsqu'enfin au seizieme siecle quelques individus y furent de nouveau transportés. Il se nourrit de ronces, d'épines, se vautre dans la boue, s'apprivoise à un certain point ; il est doux à moins qu'on ne l'irrite ; dans sa fureur il déracine les arbres avec fracas. Il urine en arriere, & s'accouple à reculons. La femelle met bas un seul petit. La vue du Rhinoceros est foible, mais il a l'ouie & l'odorat d'autant plus fins.

Il approche de l'Elephant par la taille & la grosseur, mais il a les jambes plus courtes ; au reste il n'en a ni la sagacité, ni la docilité. Sa forme, ses manieres, son grognement le rangent plus près du cochon, surtout de celui d'Ethiopie. Il a le cuir dur, impénétrable aux fleches, aux balles, aux coups de sabre, dénué de poil, sinon à la queue & aux oreilles : il s'y trouve des sutures ou plicatures transversales, 1°. sur le derriere de la tête, 2°. fur les épaules, 3.°. fur le ventre en avant des cuiffes & enfin 4°. fur la croupe. Chair grof-fiere, fpongieufe, prefque point mangeable. Langue molle. Corne garnie de crins à fa bafe, aiguë, fibreufe, ayant quel-quefois trois pieds de longueur. Point de dents incifives dans l'animal adulte; les jeunes individus en ont deux à la mâchoire fupérieure & deux à l'inférieure, très-éloignées entr'elles; cel-les d'en haut recouvrent celles de deffous. Trois doigts à chaque pied, munis de fabots. Queue amincie, plus courte que les pieds.

II. Le RHINOCEROS à deux cornes. *Rhino-ceros bicornis.*

Syft. nat. ed. 10. p. 56. n. 2. Sparrmann act. holm. 1778. trim. 4. n. 5.

Il habite en Afrique. On trouve très-fouvent, au rapport de Pallas, des os de cet animal enterrés, dans la Ruffie, même boreale; Paufanias & Martial font mention de cette ef-pece, elle eft repréfentée fur les médailles de Domitien. Il en eft parlé au fixieme fiecle dans Cofme. A peine ce Rhinoceros paroit-il différer d'efpece avec le précédent, quoique ce-pendant la différence qui exifte entr'eux ne foit due ni au fexe ni à l'âge.

Sa chair reffemble à celle du cochon, fes vifceres à ceux du cheval. Veficule du fiel nulle. Point de dents incifives. Une feconde corne derriere la premiere vers le front.

Le Rhinoceros à trois cornes eft rare; la troifieme corne s'éleve alors de l'une ou l'autre des premieres.

E 4

GENRE·VI.

ELEPHANT.

Point de dents incifives.
Dents canines fupérieures, très-allongées ; point de
dents canines inférieures.
Trompe très longue, prenante.
Corps prefque nud.

I. L'ELEPHANT. *Elephas maximus.*

Briff. quad. 45. Raj. quad. 131. Seb. muf. 1. t. 111. f. 1.
Gefn. quad. 377. Aldr. quad. l. 1. c. 9. Jonft. quad. 30. t. 7.
8. 9. Edw. av. t. 221. f. 1. Buff. hift. nat. XI. p. 1. pl. I.

Il habite les endroits marécageux voifins des rivieres dans
la Zone torride de l'ancien Continent. Selon quelques commen-
tateurs, c'eft le Behemoth du livre de Job. Il fe nourrit de
jeunes arbres, de branches, de feuilles, de fruits, furtout de
l'oranger & du bananier, dont il devore auffi le bois, de
noix de cocos, de femences du bonduc, de froment ; il eft
vorace ; fe raffemble en troupe ; vit long-tems ; il eft docile
& intelligent, quoiqu'il ait le cerveau très-petit. Il fe fert comme
d'une main de fa longue trompe, qu'il peut étendre & retirer ;
qui eft douée d'un odorat très-fin, & terminée par un cro-
chet flexible en forme de doigt. Il prend avec cette trompe
fa nourriture & fa boiffon, il l'employe à repouffer fon ennemi, il meurt fi on la lui coupe. Comme elle communique
à la trachée-artère, une fouris qui y entreroit pendant fon fommeil, le fuffoqueroit ; il urine en arriere ; la femelle fe couche
fur le dos pendant l'accouplement (1) ; elle eft pleine l'efpace

---

(1) M. Marcellus Bles, feigneur de Moërgeftel, dit dans
uneflettre écrite de Bois-le Duc & inferée par extrait dans les
œuvres complettes du Comte de Buffon in·4°. v. IV. p. 274.
d'avoir vu que la femelle pendant l'accouplement fe courbe
la tête & le cou & appuye les deux pieds & le devant du
corps également courbés fur la racine d'un arbre comme fi
elle fe profternoit par terre, les deux pieds de derriere reftant
debout & la croupe en haut, ce qui donne au mâle, quoique la
partie naturelle de la femelle fe trouve en effet placée prefque
fous le milieu du ventre, la facilité de la couvrir & d'en ufer
comme les autres quadrupedes.

d'un an (1); le jeune Elephant tette fa mere au moyen de fes levres. Ce grand animal dirigé par un conducteur affis fur fon cou, porte toutes fortes de fardeaux, même des tours garnies de combattans. Il marche d'un pas affez vîte & nage avec beaucoup de dexterité. Les Indiens le dreffent pour la guerre, les Romains autrefois l'armoient à cet effet de faux tranchantes ; depuis l'invention de la poudre il eft moins propre aux ufages guerriers. Il meurt furieux, s'il eft bleffé, même légerement entre la tête & la premiere vertebre du cou.

C'eft un très-grand quadrupède, il s'en trouve des individus qui pefent jufqu'à 4500 livres. Corps cendré, rarement rougeâtre ou blanc, prefque fans poils. Trompe plane en deffous, tronquée à fon fommet. Yeux petits. Dents canines fupérieures allongées & recourbées en en-haut en forme de cornes, remarquables par leurs fibres crepues (l'ivoire) & dont il n'eft pas rare que chacune pefe au moins cent cinquante livres. Oreilles très-amples, pendantes, dentées, *act. ang. 277, p. 1051.* Peau très-épaiffe, calleufe, pénétrable cependant aux balles, même de plomb, & fenfible à la piquure des mouches. Deux mamelles près de la poitrine. Ongles fitués au deffus de l'extrêmité des cinq lobes des pieds. Genoux flexibles. Cou court.

Petri g. c. Elephantograph. Lips. 1723.

Defc. Anat. Biblioth. Med. Dubl. 1681.

P. Gillii. nov. def. Eleph. ad. calc. Ælian. de. h. an. Lugd. 1565. 8. p. 497-525. (fr. ferao) opufc. di. fis. argum. Napol. 1766. 4. p. 1-62. t. 1.

On trouve très-fouvent des offemens d'Elephans enfouis fous terre dans les Zones tempérées & froides, même de l'Amérique. Pallas nov. Comm. acad. fcient. petrop. v. 13. & 17. & Merk lettres 1-3 fur les os foffiles d'Elephans & de Rhinoceros qui fe trouvent en Allemagne & à Darmft. 1786. 4°. L'Elephant a les pieds couverts d'un cuir calleux, qu'on peut tirer en entier comme le fabot d'un cheval, & par ce caractère il ne feroit pas improprement rangé dans l'ordre des grands quadrupedes, mais comme les pieds femblent munis d'on-

---

(1) Selon les voyageurs il paffe pour conftant que la femelle de l'Elephant porte deux ans, cependant le même M. l ies affure qu'il a été reconnu par les Hollandois de Ceylan que la durée de la geftation n'eft que de neuf mois.

gles fur-impofés, au nombre de cinq dans les antérieurs &
de quatre dans les poſtérieurs, j'ai jugé plus convenable de
le placer ici, principalement parce qu'il a ſes mamelles ſituées dans les aiſſelles des jambes antérieures.

GENRE VII.

ODOBÈNE.

Point de dents inciſives (dans l'adulte).
Dents canines ſupérieures ſolitaires.
Dents molaires conſiſtant de chaque côté en un
  os ridé.
Corps oblong.
Levres géminées.
Pieds poſtérieurs confondus & réunis en nageoires.

1. Le MORSE. *Trichechus Roſmarus.*

Dents canines ſupérieures ſaillantes & éloignées.

Houtt. nat. 2. p. 7. t. 11. f. 1. Schreb. Sacugth. 2. p. 262.
t. 79. Syſt. nat. ed. 10. p. 38. Briſſ. quad. 48. Jonſt. piſc. t. 44.
Worm. muſ. 289. Clear. muſ. 38. t. 23. f. 3. Bonan. muſ.
269. f. 27. Gein. aquat. 211. Raj. quad. 191. Ellis hüdſon t. 6.
f. 3. Martens Spitsberg 78. t. 1 f. B. Buff. hiſt. nat. XIII. p. 358.
pl. 54.

Il habite ſous & près le pôle arctique, principalement à
l'embouchure des fleuves. Il mugit comme le bœuf, & ronfle en dormant. Sa longueur eſt environ de dix-huit pieds ;
il ſe défend vigoureuſement contre ſes ennemis ; il ſe réunit
en troupe. Deux petites dents inciſives à la mâchoire ſupérieure, lorſque l'animal eſt jeune. Dents canines longues,
très-éloignées l'une de l'autre, acuminées, finement ſtriées,
peſant quelquefois trente livres, & formant un ivoire à fibres entrecroiſées qui ne jaunit point aiſément, dont cependant le noyau tire ſur le brun. Quatre dents molaires menues,
aiguës, à chaque côté des mâchoires, creuſées à côté de
leur ſommet d'un enfoncement plane. Mouſtaches tranſparentes
de la groſſeur d'un tuyau de paille. Narines en forme de croiſ-

fant. Cou épais. Cinq doigts aux pieds , à ongles courts. Les Ruffes font de fa peau des traits de charriots , en quoi les Français viennent de les imiter. On eſtime fa graiffe. Son fquelette jetté fur le fable conſtitue en grande partie ce qu'on croit être les offemens du Mammout (1).

II. Le DUGON. *Trichechus Dugong.*

Dents canines fup'rieures faillantes, rapprochées.

Buff. hift. nat. XIII. p. 374. pl. 74. Penn. fyn. p. 338. n. 264.

Il habite la mer depuis le Cap de Bonne-Efpérance juf-qu'aux îles Philippines ; il eſt affez femblable au Morfe , mais il a la tête plus acuminée & plus étroite , les narines plus amples & pofées plus-haut : au lieu de dents incifives il a un plan incliné, preffé par les dents canines ; celles-ci manquent à la mâchoire inférieure , elles font rapprochées & fléchies en dehors dans la mâchoire fupérieure : dents mo-laires larges , diſtantes, au nombre de quatre de chaque côté à la mâchoire d'en haut, au nombre de trois à la mâchoire inférieure. Deux mamelles pectorales. La chair du Dugon a le goût de la viande de bœuf.

III. Le LAMANTIN. *Trichechus manatus.*

Point de dents canines.

Art. gen. 79. fyn. 107. Rondel. pifc. 490 Gefn. pifc. 213. Hern. mex. 323. Briff. quad. 49. Cluf. exot. 133. Aldr. pifc. 728. Raj. quad. 193. Buffon hift. nat. XIII. p. 277. pl. 57.

v. a. Le LAMANTIN AUSTRAL, *Trichechus manatus auſtralis*

Pileux ; pieds à quatre doigts onguiculés.

(1) Mr. d'Aubenton a prouvé , que les défenfes & les os prodigieux qu'on attribuoit au Mammout , appartiennent (pour la plûpart) à l'Eléphant.

Il habite les mers d'Afrique & d'Amérique, particuliérement à l'embouchure des fleuves, qu'il remonte très-fouvent, s'éloignant peu du rivage. Sa longueur est de huit à
dix pieds, sa largeur de six à sept pieds, son poids de cinq
à huit cens livres. Peau d'un noir-cendré. Dents molaires au
nombre de neuf de chaque côté des mâchoires, quarrées,
couvertes d'une écorce vernissée. Vertèbres au nombre de
cinquante.

v. b. Le LAMANTIN BORÉAL. *Trichechus manatus
Borealis.*

Sans poil ; pieds devourvus de doigts & d'ongles.

Il habite le rivage occidental de l'Amérique, & des îles
situées entre l'Amérique & le Kamtschatka. Il remonte aussi
très-fréquemment l'embouchure des fleuves. Il a vingt-trois
pieds de long & pese huit mille livres. Sa peau est brune
lorsqu'elle est fraiche ; desséchée, elle est noire. Un os ridé
de chaque côté des mâchoires au lieu de dents molaires.
Vertèbres au nombre de soixante.

Les sauvages de l'Amérique l'apprivoisent souvent (1) ; il
aime la musique ; c'est le Dauphin des anciens. Il est très-
vorace & mange sans cesse. Le mâle, la femelle & leurs
petits vivent en société. Ils sont monogames & s'accouplent
au printems, la femelle fuyant d'abord le mâle en faisant
dans l'eau divers tournoyemens ; elle se renverse sur le dos
pendant le coït. Lorsque l'animal pait l'herbe des bas fonds
& qu'ainsi la partie supérieure de son corps paroit à découvert, les oiseaux s'y abattent pour y chercher de la vermine.
Il mugit comme le bœuf. Sa vue est foible, mais il a l'ouie
d'autant plus aiguë. Pieds antérieurs palmés presque comme

---

(1) Gomara hist. gen. cap. 31. raconte qu'on en avoit élevé
& nourri un jeune dans un lac à Saint-Domingue pendant vingt
six ans, qu'il étoit si doux & si privé qu'il prenoit doucement
la nourriture qu'on lui présentoit, qu'il entendoit son nom,
& que quand on l'appelloit, il sortoit de l'eau & se trainoit en
rampant jusqu'à la maison pour y recevoir sa nourriture ; qu'il
sembloit se plaire à entendre la voix humaine, & le chant des
enfans, qu'il n'en avoit nulle peur, qu'il les laissoit asseoir sur
son dos & qu'il les passoit d'un bord du lac à l'autre sans se
plonger dans l'eau & sans leur faire aucun mal. Ce fait, ajoute
M. de Buffon, ne peut être vrai dans toutes ses circonstances,
car le Lamantin ne peut absolument se traîner sur la terre.

ceux des tortues de mer ; au lieu de pieds poſtérieurs ſe trouve une queue horiſontale. Point d'oreilles externes. Narines diſtantes, régulières. Levre ſupérieure hériſſée de mouſtaches roides, courbées. Deux mamelles pectorales. *V. Decham & Steller. nov. comm. Petrop. v. 2. p. 294 & ſq.* Chair très-ſavoureuſe. Son eſpece eſt voiſine du genre des Phoques & de l'ordre des Cétacées. Ce que les fictions ingénieuſes de ſirenes, ſi ſouvent chantées par les poëtes, peuvent avoir de véritable, paroit devoir appartenir au Lamantin.

Tous les Odobènes, habitans de la mer, vivent de varecs, de coralines, de teſtacées & point de chair.

GENRE VIII.

PARESSEUX.

Point de dents inciſives.
Six dents molaires de chaque côté, tronquées obliquement, cylindriques, les deux antérieures plus longues, laiſſant un grand intervalle entr'elles & les autres.
Corps couvert de poils.

I. L'AÏ. *Bradypus Trydactylus.*

Tous les pieds à trois doigts ; queue courte.

Muſ. ad. fr. 4. Brown. jamaïc. p. 489. Briſſ. quad. p. 21. Geſn. quad. p. 869. Cluſ. exot. p. 372. f. p. 373. Nieuhof braſ. p. 27. Nieremb. hiſt. nat. 163. 164. Edw. av. t. 220. Buff. hiſt. nat. XIII. p. 34. pl. 5. 6. Gautier obs. ſur l'hiſt. nat. 1. ptie. p. 81. pl. A. f. 4.

Il habite les arbres de la partie la plus chaude de l'Amérique méridionale. Il ſe nourrit de feuilles tendres, principalement de celle du Coulequin, ne boit pas, & craint la pluie. Il grimpe facilement, (1) mais marche avec peine & très

---

(1) Il paroît cependant au rapport des voyageurs, qu'il grimpe auſſi lentement qu'il marche.

lentement; il feroit à peine cinquante pas en un jour; épou-
vanté, il femble faire des inclinations de tête; lorfqu'il monte,
il rend le fon d'un vieillard haletant, fon cri eft plaintif &
par gémiffemens entrecoupés. (1) Corps très vélu, de couleur grife; face nue; gorge jaune; point d'oreilles; queue un
peu en ovale; pieds antérieurs plus longs que les poftérieurs,
très-ecartés; doigts combinés, trois à chaque pied; autant
d'ongles, comprimés, très-forts. Deux mamelles pectorales.

II. L'UNAU. *Bradypus didadylus.*

Pieds antérieurs à deux doigts; point de queue.

Muf. ad. fr. 4. Schreb. Saeugth. 2. p. 200. t. 65. Briff.
quad. p. 22 Seb mus. 1 p. 54. t. 33. f. 4. & t. 34. f. 1. Buff. hift.
nat. XIII. p. 34. pl. 1. Voyez auffi œuv. comp. in-4°. v.
V. p. 507 pl. 65. touchant le petit Unau ou Kouri.

Il habite dans l'Amérique méridionale & dans l'Inde. Il
vit de fruits & de racines; il a l'odorat foible & voit mieux
de nuit que de jour.

Corps couvert de poils ferrugineux, ondulés; tête arrondie;
oreilles grandes (2); deux ongles aux pieds antérieurs, trois
aux pieds poftérieurs. Deux mamelles pectorales.

G E N R E I X.

F O U R M I L I E R.

Point de dents.
Langue ronde, longue & extenfile; mufeau allongé
  en bec.
Corps couvert de poils.

I. Le PETIT FOURMILIER. *Myrmecophaga*
  didadyla.

Deux doigts (ou plutôt deux ongles) aux pieds de devant;
quatre à ceux de derrière; queue velue.

---

(1) L'auteur dit que fon *cri eft horrible*; je ne trouve point
ce fait dans les autres naturaliftes, il femble qu'il ne rend
que le fon trifte a, i, d'où vient fon nom.
(2) Elles font plates, appliquées contre la tête & cachées fous les poils.

Muf. ad. fr. 1. p. 8. Briff. quad. 98. Seb. mus. 1. p. 60. t. 37. f. 3. Edw. av. t. 220. Buff. hift. nat. X. p. 144. pl. 30.

Il habite dans l'Amérique méridionale. Il marche fur fes talons & lentement.

Corps jaunâtre ; fa taille eft plus petite & fon mufeau moins allongé que dans les autres efpeces ; (fa queue eft longue de fept pouces, recourbée en deffous par l'extrémité qui eft dégarnie de poils).

II. Le FOURMILIER à longues oreilles. *Myrmecophaga tridactyla.*

Pieds antérieurs à trois doigts, les pofterieurs à cinq doigts. Queue velue.

Briff. quad. 27. Seb. muf. 1. p. 60. t. 37. f. 2.

Il habite dans l'Inde. (1) il court avec lenteur, fe couvre de fa large queue en guife de chaffe-mouche, grimpe aufli fes arbres.

Deux mamelles pectorales, fix abdominales. Bande noire fur les côtés du corps. Dos garni longitudinalement d'une crinière. Queue comprimée, noire en deffous, à poils longs ; ceux du deffus de la queue plus longs & terminés de blanc. Eft-ce véritablement une efpece diftincte ? (le nombre de fes ongles doit le faire croire, s'il eft vrai, qu'elle exifte.)

III. Le TAMANOIR. *Myrmecophaga jubata.*

Pieds antérieurs à quatre doigts, pieds poftérieurs à cinq doigts ; queue en crinière.

Schreb. Saeugth. 2. p. 203. t. 67. Briff. quad. 24. Marcgr. bras. 225. t. 225. Buff. hift. nat. X. p. 141. pl. 29. Penn. fyn. p. 331. n. 260.

---

(1) Briffon dit qu'on le trouve dans les Indes Occidentales. Le genre du Fourmilier ne paroît pas être naturel à l'ancien continent. Il faut donc que Linné par le mot d'*Inde* ait entendu les Indes Occidentales ou l'Amérique, ou bien que ce foit une faute d'impreffion.

Il habite dans l'Amérique méridionale & au Congo. Il se couvre de sa queue en dormant, il s'en garantit de même contre la pluie.

Bande noire sur la poitrine & les côtés du corps. Queue très-velue, à longs poils, plats & sans rondeur. Les habitans de l'Amérique mangent la chair de cet animal.

IV. Le TAMANDUA. *Myrmecophaga tetra-dactyla.*

Pieds de devant à quatre doigts; ceux de derrière à cinq doigts. Queue chauve.

Schreb. Saeugth. 2. p. 205. t. 66. Briff. quad. 26. Buff. hist. nat. X. p. 144. Penn. syn. p. 332. n. 261.

Il habite dans l'Amérique méridionale. Il rode de nuit, dort le jour. Irrité, il se saisit du bâton dont on le menace. Il repose en dormant sur ses pieds de derriere, & ronfle pendant son sommeil. Extrêmité de la queue chauve, au moyen de laquelle il peut se suspendre aux branches des arbres. Bande noire sur la poitrine & les côtés du corps.

V. Le FOURMILIER du Cap. *Myrmeco-phaga capensis.*

Pieds antérieurs à quatre doigts; museau long; oreilles grandes, pendantes; queue plus courte que le corps, amincie à son sommet.

Pall. miscell. Zool. n. 6.

Il habite au cap de Bonne-Espérance. Il est plus grand que les autres Fourmiliers, au point que Kolbe le compare à un cochon & dit son poids être de cent livres. Il fouit la terre, dort de jour, rode de nuit.

Les Fourmiliers vivent de fourmis, dont ils déterrent les nids avec leurs ongles; y insinuant ensuite leur longue langue, ils la retirent couverte de ces insectes qu'ils avalent: on les apprivoise; ils vivent long-tems sans manger, dorment pendant le jour, la tête cachée entre les bras; sortent de nuit. Leur fourrure est très-épaisse,

GENRE

GENRE X.

P H O L I D O T E.

Point de dents.
Langue ronde longue & extenfile.
Mufeau retreci en bec.
Corps couvert en deffus d'écailles mobiles, of-
feufes.

I. Le PANGOLIN. *Manis pentadaƈyla.*

Pieds à cinq doigts, ou ongles.

Aƈt. Stockh. 1749. p. 265. t. 6. f. 3. Schreb. Saeugth. 2.
p. 210. t. 69. Briff. quad. 29. Bont. jav. p. 60. Petiv. gaz.
32. t. 20. f. 2. Seb. Muf. 1. p. 88. t. 54. f. I. & t. 53. f. 4.
Herin. Muf. 295. Buff. hift. nat. X. p. 180. pl. 34. Penn.
fyn. p. 329.

Il habite en Guinée, dans la Chine, dans l'Inde; & dans
les îles de l'Ocean Indien.

II. Le PHATAGIN. *Manis tetradaƈyla.*

Pieds à quatre doigts, ou ongles. (1)

Schre b. Saeugth. 2. p. 211. t. 70. Briff. quad. 31. Cluf.
exot. 374. Aldr. ovip. dig. 668. t. 667. Grew. rar. p. 46.
Penn. fyn. p. 328. n. 258. Buff. hift. nat. X. p. 180. pl. 34.

Il habite dans l'Inde.

Les Pholidotes fe nourriffent de fourmis, de vers, de lezards; ils font muets, marchent lentement, creufent la terre,

---

(1) Selon Buffon le Phatagin a comme le Pangolin cinq
doigts ou plutôt cinq ongles à tous les pieds; mais le Phatagin a la queue beaucoup plus longue que le corps, au
lieu que dans le Pangolin, elle n'excède pas cette longueur;
celui-ci a fes pieds de devant garnis d'écailles jufqu'à l'extrêmité, tandis que le Phatagin a fes pieds & même une partie des jambes de devant dégarnis d'écailles & couverts de
poils.

cherchent de nuit leur nourriture ; étant irrités, leurs écailles
se redreffent, mais ayant peur, ils se ramaffent en boule, la
tête & la queue pliées fous le ventre, de façon qu'ils ne paroiffent qu'un globe couvert d'écailles tranchantes. Leur chair
est mangeable ; leur queue est graffe, recherchée dans les fef-
tins. Corps couvert en deffus, en forme de cône de pin, d'é-
cailles ftriées à leur bafe, & entre-mélées de foies, (dans le
pangolin) pileux en deffous (dans le phatagin.) Queue écailleufe embriquée. Oreilles nues arrondies. Ongles intermédiaires
des pieds antérieurs plus grands, qu'ils retirent en marchant.
Ils font fi voifins des Fourmiliers, qu'ils ne different guère
que par leur vêtement.

GENRE XI.

TATOU.

Point de dents canines.
Dents molaires courtes, cylindriques, au nom-
bre de fept ou huit de chaque côté.
Corps encuiraffé d'un têt offeux, entrecoupé de
bandes.

I. Le KABASSOU. *Dafypus unicinctus.*

Têt divifé en trois parties (1); pieds à cinq doigts.

Briff. quad. 43. Schreb. Saeugth. 2. p. 225. t. 75. 76. f. 11.
12. Seb. muf. 1. p. 47. t. 30. f. 3. 4. Buff. hift. nat. X. p. 218.
pl. 40. Penn. quad. p. 326. n. 256.

---

(1) M. de Buffon dit dans une note, que ce qui a fait
croire que cet animal n'avoit en effet le têt divifé qu'en trois
parties, c'eft que les douze bandes mobiles de la cuiraffe du corps
ne paroiffent pas auffi diftinctes & anticipent beaucoup moins
les unes fur les autres que dans les autres efpeces, en forte
que cette cuiraffe paroît au premier coup d'œil comme fi elle
n'étoit que d'une feule piece, dont les rangs feroient immo-
biles comme ceux des boucliers, mais pour peu qu'on y regarde de plus près on voit que les bandes font mobiles entr'elles & qu'elles font au nombre de douze.

Il habite en Afrique (1).

Cuiraffe antérieure du dos compofée de fept rangs de petits boucliers, celle de la croupe formée de neuf rangs.

II. Le CIRQUINÇON. *Dafypus 18cinctus.*

Bouclier fimple; (dix huit bandes mobiles.)

Il habite....

Eft-il réellement diftingué du Chelonifque & du Tatou à dix huit bandes de Molina *hift. nat. du Chili L. 4. p. 271*, où il lui donne quatre doigts aux pieds de devant ? (On diftingue aifément cette efpece des autres en ce qu'elle n'a point de grand bouclier derrière, mais depuis le bouclier antérieur jufqu'à la queue, le têt offeux eft divifé en dix huit bandes jointes enfemble par une peau membraneufe. *Briffon*)

III. L'APAR. *Dafypus tricinctus.*

Trois bandes mobiles, pieds à cinq doigts. (Ongle extérieur des pieds de devant fait en forme d'ergot.

Houtt. nat..2. p. 280. t. 16. f. 2. Schreb. Saeugth. 2. p. 215. t. 71. A. 76. 1. 2. Briff. quad. 24. Red. exper. 91. t. 92. Seb. muf. 1. p. 62. t. 38. f. 2. 3. Marcg. braf. 232. Cluf. exot. 109. Grew. muf. 17. Buff. hift. nat. X. p. 206.

Il habite au Bréfil. Il fe nourrit de mélons, de patates, de poules.

La bande intermédiaire de la cuiraffe eft la plus étroite; fa fuperficie ainfi que celle des autres bandes, auffi bien que des écailles dont les boucliers font compofés, eft noueufe ou garnie de petites éminences lenticulaires.

IV. Le CHELONISQUE. *Dafypus quadricinctus.*

Quatre bandes mobiles.

Briff. quad. 25. Column. aquat. 2. p. 15. t. 16.

---

(1) Le célèbre naturalifte cité dans la note précédente, rapporte que tous les tatous font originaires d'Amérique, que les voyageurs en parlent tous comme d'animaux naturels & particuliers au Mexique, au Bréfil, à la Guiane &c., aucun d'eux ne difant en avoir trouvé l'efpece exiftante en Afie ni en Afrique. Il paroît que l'erreur de Linné à l'égard du Kabaffou a pour origine l'indication de Seba.

Est-ce une variété du précédent ? Le Tatou à quatre bandes de Molina *hist. nat. Chil. L. 4. p. 270.* en est-il différent ?

V. L'ENCOUBERT. *Dasypus sexcinctus.*

Six bandes mobiles ; pieds à cinq doigts.

Muf. Ad. Frid. 7. Schreb. Saeugth. 2. p. 218. t. 71. B. Briff. quad. 25. Raj. quad. 233. Marcg. Braf. p. 231. Olear. muf. p. 7. t. 6. f. 4. Cluf. exot. 330. Buff. hift. nat. X. p. 209. pl. 42.

Il habite dans l'Amérique méridionale. Sa chair est mangeable. Il vit de melons & d'autres fruits, de patates & d'autres racines ; il fait beaucoup de dégâts dans les plantations. La nuque du cou est aussi couverte d'un bouclier. Penis en spirale, à gland plane, comprimé, bordé.

VI. Le TATOU à sept bandes. *Dasypus septem-cinctus.*

Sept bandes ; pieds antérieurs à quatre doigts, ceux de derrière à cinq doigts.

Amoen. acad. 1. p. 281. Schreb. Saeugth. 2. p. 220. t. 72. 76. f. 3. 4. Gefn. quad. 103.

Il habite dans l'Amérique méridionale.

Bouclier antérieur échancré par devant. Six bandes seulement mobiles.

VII. Le TATUÈTE. *Dasypus octocinctus.*

Huit bandes mobiles, deux boucliers.

Schreb. Saeugth. 2. p. 222. t. 73. 76. f. 5. 6. Briff. quad. 27. Hernand. mex. p. 314. Buff. hift. nat. X. p. 212.

Cette espece & la précédente font-elles véritablement distinctes ? le Tatou à huit bandes de Molina *hift. nat. chil L. 4. p. 271.* qui a cinq doigts aux pieds postérieurs, en differe-t-il ?

VIII. Le CACHICAME. *Dasypus novem-cinctus.*

Neuf bandes mobiles ; pieds de devant à quatre doigts ; ceux de derrière à cinq doigts.

Muf. Ad. Frid. 6. Houtt. nat. 2. p. 284. t. 16. f. 3. Schreb. Saeugth. 2. p. 223. t. 74. 76. f. 7-10. Briff. quad. 42. Gefn. quad. p. 935. Marcg. Braf. p. 235. Seb. muf. 1. p. 45. t. 29. f. 1. Nieremb. hift. nat. p. 158. f. fup. Grew. muf. p. 18. Buff. hift. nat. X. p. 215. pl. 37.

Il habite dans l'Amérique méridionale ; on le trouve furtout frequemment en Guiane. Sa chair eft bonne à manger. Le Tatou à onze bandes de Molina *hift. nat. chil. L. 4. p. 271.* , ayant quatre doigts aux pieds de devant & cinq doigts à ceux de derrière, eft-il une efpece particuliere ?

Les Tatous fe nourriffent de racines, de mêlons, de patates, de viande, de poiffon, d'infectes, de lombrics ; ils fortent de nuit, repofent pendant le jour, fouiffent la terre, font d'un naturel doux ; ils fe défendent contre leurs ennemis au moyen de leur cuiraffe qu'ils contractent en rond, fe refferrant ainfi en boule. Leur patrie eft particulierement l'Amérique méridionale. Les femelles font des petits tous les mois.

F 3

ORDRE III.

LES BÊTES FAUVES.

Dents incifives fupérieures au nombre de fix, un peu aiguës ; les dents canines folitaires.

GENRE XII.
PHOQUE.

Six dents incifives aiguës, parallèles à la mâchoire fupérieure : les exterieures plus grandes.
Quatre dents incifives à la mâchoire inférieure, parallèles, diftinctes, égales, un peu obtufes.
Dents canines deux fois plus longues, aiguës, fortes, folitaires, les fupérieures éloignées des incifives, les inférieures éloignées des molaires.
Dents molaires au nombre de cinq ou fix à chaque côté des mâchoires, étroites, à trois pointes.
Point d'oreilles.
Pieds poftérieurs réunis.

I. Le PHOQUE OURS MARIN. *Phoca urfina.*

Des oreilles externes.

Schreb. Saength. 3. p. 289. t. 82. Steller nov. act. Petrop. 2. p. 331. t. 15.

Il habite les côtes des mers du Kamtfchatka entre l'Afie & la partie d'Amérique qui lui eft voifine, fur-tout dans l'île de Bhering, dans la nouvelle Zeelande & les îles du nouvel-an.

Il nage très-impétueufement ; les mâles ont plufieurs femelles & vivent en troupes avec elles & leurs petits de deux fexes au nombre de cent & vingt. Ils s'accouplent fur le ri-

vage, la femelle renverſée ſur le dos. Ils craignent peu
l'homme ; ils mordent la pierre qu'on leur jette ; les vieux
engraiſſent en leur retraite dans un doux repos. Ils ont leur
rocher propre pour domicile, qu'ils ne quittent pas. Ils ſe
font la guerre pour leurs femelles, leur demeure ; ſi l'un
d'entr'eux ſuccombe, un autre vient à ſon aide, ſon adver-
ſaire reçoit alors le même ſecours pour qu'ils ne ſoient deux
contre un, & de cette maniere ils ſe trouvent tous à la fin engagés au combat. Etant affligés, ils repandent des larmes en
abondance, *Steller.*

II. Le PHOQUE LOUP-MARIN. *Phoca leonina.*

Tête crêtée antérieurement ; corps brun.

Schreb. Saeugth. 3. p. 297. t. 83. Anſon itin. 100. t. 100.
Ellis Hudſon t. 6. f. 4. Pernetty voyag. 2. p. 40. t. 11. f. 1.

Il habite vers le pôle antarctique & ſur les côtes du Chili.
Il a à la baſe du muſeau un tubercule couvert de poils, qu'il
enfle comme une veſſie, & au moyen du quel il ſe couvre
le devant de la tête à l'effet de la garantir des coups qu'on
voudroit y porter. Il nage en troupe, il combat pour ſes femelles ; la nuit, un de la bande fait ſentinelle.

Le mâle a la levre ſupérieure ou le front muni d'une crête.
Deux dents de la mâchoire inférieure un peu ſaillantes. Yeux
grands. Mouſtaches blanches, annelées de rouge. Tous les
pieds palmés, à cinq doigts, munis d'ongles implantés plus
haut que leur ſommet ; ceux de derriere réunis en nageoire
horiſontale avec la queue interpoſée, qui eſt longue de deux
pouces, & à doigt extérieur plus gros.

III. Le PHOQUE LION-MARIN. *Phoca jubata.*

Cou garni d'une criniere (dans le mâle).

Schreb. Saeugth. 3. p. 300. t. 83. B. Molina hiſt. nat. Chil.
l. 4. p. 250. Steller nov. act. Petrop. 2. p. 360. Pernetty voy.
2. p. 47. t. 10.

Il habite la partie ſeptentrionale de la mer pacifique, la côte occidentale de l'Amérique, le rivage oriental des îles Falkland, du pays des Patagons, du Kamfchatka, fur-tout autour des îles fituées entre le Kamfchatka & l'Amérique & de celles qu'on nomme Kuriles.

Couleur d'un rouge bai, plus foncé dans le jeune animal, plus vif dans la femelle. Ce phoque eft plus grand que le précédent; fa longueur eft quelque fois de vingt-cinq pieds & fon poids de cent-foixante livres. Il mugit comme le bœuf.

IV. Le PHOQUE veau-marin. *Phoca vitulina.*

Point d'oreilles externes, corps brun; point de crinière.

Schreb. Saeugth. 3. p. 303. t. 84. Gefn. aquat. 702. Aldrov. pifc. 722. Jonft. pifc. 44. Dodart. act. 191. t. 191. Raj. quad. 189. Steller nov. comm. Petrop. 2. p. 290. Buff. hift. nat. XIII. p. 333. Rondel. pifc. p. 458. Belon poiff. p. 25. f. 26. Penn. br. Zool. I. p. 71. t. 48.

v. b. Le Phoque veau-marin de Bothnie. *Phoca vitulina botnica* Linn. faun. fuec. 4. p. 2.

Il differe par fon nez plus large, fes ongles plus longs, fa couleur plus obfcure.

v. c. Le Phoque veau-marin de Siberie. *Phoca vitulina fibirica*
Il habite les lacs Baikal & Orom. Couleur argentée.

v. d. Le Phoque veau-marin de la mer Caspienne. *Phoca vitulina cafpica.*

Ils habitent la mer du Nord, la mer pacifique & la mer Cafpienne. Ils dorment fur un rocher à fleur d'eau; les femelles font leurs petits fur la glace, qu'ils percent pour en fortir, à ce qu'on rapporte, par la chaleur de leur haleine, mais qu'ils ne fauroient brifer pour y rentrer. Ils engraiffent parmi les troupeaux de harengs; tourmentés par les Goëlands, ils rejettent le poiffon qu'ils ont avalé; on les tue aifément en les frappant fur le nez. Oedman act. ftokh. nov. ann. 1784. trim. 1. n. 10. fait mention de plufieurs autres variétés de veaux-marins; d'une, de couleur cendrée & de la groffeur d'un bœuf;

lorfqu'il a fa taille ; d'une autre de couleur blanche ou perlée ; toutes dormant fous l'eau même ; d'une de couleur grife , d'une de couleur noire, & d'une enfin plus petite, tachée.

Mouftaches ondulées. Yeux munis d'une membrane clignotante , & à cryftallin globuleux. Langue fourchue. On dit qu'ils ont le trou oval du cœur ouvert.

Defcr. Anat. E. N. C. d. 1. a. 9. obf. 98. & d. 3. a. 7. app. 15.

V. Le PHOQUE MOINE. *Phoca monachus.*

Point d'oreilles externes ; dents incifives au nombre de quatre à chaque mâchoire ; pieds antérieurs non divifés ; pieds poftérieurs onguiculés , à l'extrêmité des doigts , en dehors de la membrane qui les joint.

Hermann. act. nat. fcript. Berol. 4. p. 456. t. 12. 13.

Il habite dans la mer de Dalmatie.
(N'eft-ce point le Phoque dépeint dans Buffon œuv. compl. 4°. v. VI. p. 292. pl. 45. ?)

VI. Le PHOQUE à croiffant. *Phoca groënlandica.*

Point d'oreilles externes ; tête liffe ; (1) corps gris , marqué d'un croiffant noir fur chacun des côtés.

Erxleb. fyft. mamm. p. 588. Egede groënl. f. p. 62. Cranz. groenl. p. 163. Penn. fyn. n. 269. p. 242.

Il habite au Groënland & à l'île de terre neuve, ainfi qu'aux environs du Kamtfchatka.

VII. Le PHOQUE Neit-foak. *Phoca hifpida.*

Point d'oreilles externes ; tête liffe ; corps d'un brun-pâle ; heriffé de poils rudes.

---

(1) C'eft-à-dire fans crinière ni crête ni capuchon.

Erxleben ſyſt. mamm. p. 589. Schreber Saeugth. 3. p. 312.
t. 86. Müller Zool. dan. prodr. p. 8. Cranz groënl. p. 164.

Il habite au Groënland & au Labrador. Les habitans ſe font
des habits de ſa peau.

VIII. Le PHOQUE à capuchon. *Phoca criſtata.*

Capuchon de peau ſur le devant de la tête (dans lequel
il peut la renfoncer juſqu'aux yeux.) Corps gris.

Erxleb. ſyſt. mamm. p. 590. Egede groënl. p. 62. t. 6.
Olaffen iſl. I. p. 283. Cranz groënl. I. p. 164. Penn. ſyn. n.
268. p. 342.

Il habite la partie méridionale du Groënland, l'occidentale de l'Iſlande & aux environs de terre neuve. Il eſt
plus grand que les précédens. Peau couverte d'une laine courte
denſe & noire, ſurmontée de poils blancs.

IX. Le PHOQUE Laktak. *Phoca barbata.*

Point d'oreilles externes ; tête liſſe ; corps noirâtre.

Müller Zool. dan. prodr. p. 8. Olaff. iſl. I. p. 260. Cranz
groënl. I. p. 165. Steller nov. comm. petrop. 2. p. 290. Parſons act. angl. n. 469. p. 383. t. 1. f. 1. Buff. hiſt. nat. XIII.
p. 333. 343. œuv. compl. 4°. v. VI. p. 288. pl. 44.

Il habite aux environs de l'Ecoſſe & de la partie la plus
auſtrale du Groënland ; il eſt commun près de l'Iſlande.

La femelle met bas aux mois de Novembre & de Decembre
des petits, qui ſont de couleur blanche. Peau denſe, couverte
de poils noirâtres. Corps long de douze pieds.

X. Le PETIT-PHOQUE. *Phoca puſilla.*

Tête liſſe, un peu oreillée ; corps brun.

Schreb. Saeugth. 3. p. 314. t. 85. Bellon aq. p. 19. f. p.
21. Rondel. piſc. p. 453. Dampier voy. 1. p. 116. Ulloa

voyag. 2. p. 2 ? 26 ? Aleff. quad. 4. t. 171. Buff. hift. nat. XIII.
p. 333. t. 53.

Il habite l'Ocean, la méditerranée, les côtes du Chili ;
près l'île de Juan Fernandez. C'eft le veau marin de Pline.

Le Phoca Porcina de Molina *hift. nat. chil. a. IV. p. 248.*
n'eft-il peut-être qu'une variété de cette efpece ? Il differe
par un mufeau plus allongé, par des oreilles plus apparentes
& par fes pieds à cinq doigts.

───────※ ───────

Les Phoques en général font mal-propres, curieux, courageux, âpres au combat ; ils s'apprivoifent ; ils font polygames ; leur chair eft fucculente, tendre ; leur graiffe & leur
cuir font utiles ; ils habitent les eaux, & y plongent. Ils marchent avec peine par rapport à la briéveté des pieds antérieurs,
& la réunion des pieds poftérieurs. Ils fe nourriffent de poiffons & d'autres animaux marins. Le *fee-ape* de *Pennant quad.
356.* paroît-être du genre des Phoques.

GENRE XIII.

CHIEN.

*Dents incifives fupérieures au nombre de fix, les
latérales plus longues, diftantes; les intermédiaires lobées.*

*Dents incifives inférieures au nombre de fix; les
latérales lobées.*

Dents canines folitaires, courbées.

*Dents molaires au nombre de fix ou fept à cha-
que côté des máchoires (ou en plus grand
nombre que les autres.)*

I. Le CHIEN DOMESTIQUE. *Canis fami-
liaris.*

Queue recourbée (du côté gauche.)

Faun. fuec. 5. amœn. acad. 4. p. 43. t. 1. f. 1. Gefn. quad.
91. Aldrov. dig. 482. Jonft. quad. 122. Raj. quad. 176.

v. a. LE CHIEN DE BERGER. *Canis domesticus.*
Oreilles droites ; queue laineuse en dessous.
Raj. quad. p. 177. n. 8. Buff. hist. nat. V. p. 241. pl. 28.

b. LE CHIEN-LOUP. *Canis pomeranus.*
Poils de la tête longs ; oreilles droites , queue très-courbée
en en-haut.
Buff. hist. nat. V. p. 242. pl. 29.

c. LE CHIEN DE SIBERIE. *Canis sibiricus.*
Oreilles droites; poils longs par tout le corps.
Steller Kamschatk. p. 182. Buff. hist. nat. V. p. 242. pl. 30.

d. LE CHIEN D'ISLANDE. *Canis islandicus.*
Oreilles droites à extrêmités pendantes ; poils longs , hors
sur le museau, qui est court.
Olass. isl. 1. p. 30. Buff. hist. nat. V. p. 242. pl. 31.

e. LE GRAND BARBET. *Canis aquaticus.*
Poil frisé , long , semblable à de la laine de mouton.
Aldrov. dig. p. 556. Gesn. quad. p. 256. Raj. syn. p. 177.
n. 6. Buff. hist. nat. p. 246. pl. 37. Penn. quad. 2. var.
A. p. 145. Ridinger Thier. t. 18.

f. LE PETIT BARBET. *Canis aquaticus minor.*
Taille petite ; poil frisé , long , plus long près des oreilles
& pendant.
Buff. hist. nat. V. p. 250. t. 38. pl. 2.

g. LE GREDIN. *Canis brevipilis.*
Tête petite , arrondie ; museau court ; queue courbée en
en-haut.
Aldrov. dig. p. 541. Buff. hist. nat. V. p. 247. pl. 39. f.
1. & f. 2. (le *pyrame* , noir avec des taches couleur de
feu) Penn. quad. p. 145. n. 3. a. (King-Charles-dog.,
palais & poils noirs.)

h. L'EPAGNEUL. *Canis extrarius.*
Oreilles longues , laineuses , pendantes.

Aldr. dig. p. 561. 562. Buff. hift. nat. V. p. 246. pl. 38. f. 1.

i. LE BICHON. *Canis melithæus.*

Grandeur d'un écureuil ; tout le corps couvert de poils très-doux foyeux, & fort longs.

Aldr. dig. p. 542. Raj. fyn. quad. p. 177. n. 9. Buff. hift. nat. V. p. 257. pl. 40. f. 1.

k. LE CHIEN-LION. *Canis leoninus.*

Taille très-petite ; poils du ventre & de la queue courts. (Ceux de la tête & du cou longs ; queue terminée par un floccon.)

Buff. hift. nat. V. p. 251. pl. 40. f. 2.

l LE PETIT DANOIS. *Canis variegatus.*

Oreilles petites un peu pendantes ; mufeau mince & aigu ; jambes effilées.

Buff. hift. nat. V. p. 247. pl. 41. f. 1.

m. LE ROQUET. *Canis hybridus.*

Oreilles petites, un peu pendantes ; mufeau un peu camus, & gros.

Buff. hift. nat. V. p. 253. pl. 41. f. 2.

Vient-il du petit Danois & du Doguin ?

n. LE DOGUIN. *Canis fricator.*

Nez retrouffé ; oreilles pendantes ; corps quarré.

Buff. hift. nat. p. 252. pl. 44. Penn. quad. p. 147. n. 5. Aleff. quad. 3. t. 103.

v. 1. L'ARTOIS.

Il provient du Roquet & du Doguin.

Buff. hift. nat. V. p. 253.

v. 2. LE CHIEN D'ALICANTE.

Il vient du Doguin & de l'Epagneul.

Buff. hift. nat. V. p. 254.

o. LE DOGUE. *Canis moloſſus.*

De la grandeur d'un loup ; levres pendantes ſur les côtés de la gueule ; corps muſculeux.

Geſn. quad. p. 251. Buff. hiſt. nat. V. p. 249. pl. 43. Penn. quad. p. 147. n. 5. *a.* Ridinger Thier. t. 3.

p. LE DOGUE DE FORTE RACE. *Canis moloſſus anglicus.*

Très-grand ; levres pendantes ſur les côtés de la gueule. Corps muſculeux.

Aldr. dig. p. 559. Raj. quad. p. 176. n. 1. Penn. quad. p. 146. n. 4. *a.* Buff. hiſt. nat. V. p. 252. pl. 45. Ridinger Thier. t. 1. 2.

q. LE CHIEN DE CHASSE D'ALLEMAGNE. *Canis ſagax.*

Orcilles pendantes ; un faux doigt aux jambes de derriere. Ridinger Thiere t. 5. Les deux fig. à droite.

r. LE CHIEN COURANT. *Canis gallicus.*

Oreilles pendantes ; un faux doigt aux jambes de derriere; poil blanchâtre.

Raj. quad. p. 174. n. 4. Buff. hiſt. nat. V. p. 243. pl. 32. Penn. quad. p. 144. n. 2. Ridinger Thiere t. 5. Les deux fig. à gauche & t. 6.

s. LE CHIEN COURANT D'ECOSSE. *Canis ſcoticus ſagax.*

Geſn. quad. p. 250. Penn. quad. p. 144. n. 2. Raj. quad. p. 174. Ridinger Thiere t. X.

t. LE CHIEN DE CHASSE. *Canis venaticus.*

Ridinger Thiere t. 4.

v. LE BRAQUE. *Canis avicularius.*

Queue tronquée.
Aldr. dig. p. 535. Raj. quad. p. 177. n. 5. Penn. quad. p. 145. n. 3. Buff. hiſt. nat. V. p. 245. pl. 33 & 34. Ridinger Thiere t. 14.

u. LE BARBET. *Canis aquatilis.*

Queue tronquée ; poils longs, rudes.
Ridinger allerley Tiere t. 42.

v. Le CHIEN COUREUR. *Canis curforius.*

Tête longue , muſeau robuſte ; oreilles petites un peu pendantes ; jambes longues , muſculeuſes ; corps allongé ,
aſſez délié.

Ridinger Thiere t. 13.

x. LE LEVRIER D'IRLANDE. *Canis hibernicus.*

De la grandeur du dogue de forte race ; tronc courbé ; muſeau effilé.

Schreb. Saeugth. 3. p. 327. t. 87. Raj. quad. p. 176. n. 3.
Penn. quad. p. 146. n. 4. *a.*

y. LE LEVRIER DE TURQUIE. *Canis turcicus.*

De la grandeur du dogue de forte race ; tronc courbé ;
muſeau effilé ; poil un peu friſé.

Ridinger Thiere t. 9. Aldr. dig. p. 550 ?

z. LE LEVRIER commun. *Canis grajus.*

De la grandeur d'un loup ; tronc courbé ; muſeau effilé.

Geſn. quad. p. 249. Aldr. dig. p. 545. Raj. quad. p. 176. n. 2.

Buff. hiſt. nat. V. p. 240. pl. 27. Penn. quad. p. 146. n.
4. B. Ridinger Thiere t. 7.

aa. LE LEVRIER FRISÉ. *Canis grajus hirſutus.*

De la grandeur d'un loup ; tronc courbé , muſeau effilé ;
poil un peu long , friſé.

Aldrov. dig. p. 549. Ridinger Thiere t. 7. fig. anter.

bb. LE LEVRON. *Canis italicus,*

Taille petite ; tronc courbé ; muſeau effilé.

Buff. hiſt. nat. V. p. 241. Penn. quad. p. 146. n. IV. *b.* 1.
Ridinger Thiere. t. 15.

cc. LE CHIEN TURC. *Canis ægyptius.*

Nud , ſans poils.

Aldr. dig. p. 562. Brown. jam. p. 486 ? Buff. hiſt. nat. V.
p. 248. pl. 42. f. 1. Penn. quad. p. 147. n. 5. *d.*

dd. LE MATIN. *Canis laniarius.*

> Corps étroit ; jambes musculeuses ; queue robuste, droite ;
> poils courts, serrés.
>
> Buff. hist. nat. V. p. 239, pl. 25.

ee. LE CHIEN DE SANGLIER. *Canis aprinus.*

> Corps étroit ; jambes musculeuses ; queue robuste, droite ;
> poils longs, rudes.
>
> Ridinger Thiere t. 11.

ff. LE GRAND CHIEN DE SANGLIER. *Canis suillus.*

> Tête & museau robustes ; tronc étroit par derriere ; jambes
> longues ; poils longs & rudes.
>
> Ridinger thiere t. 12.

gg. LE BASSET. *Canis vertagus.*

> Jambes courtes ; tronc allongé, souvent panaché de diver-
> ses couleurs.
>
> Penn. quad. p. 145. n. 11. c. Buff. hist. nat. V. p. 245.
> pl. 35. f. I.

v. 1. LE BASSET à jambes torses.

> Raj. quad. p. 177. n. 7. Buff. hist. nat. p. 245. pl. 35.
> f. 2. Ridinger thiere A. 16.

v. 2. LE BASSET à poils longs frisés.

hh.. L'ALCO. *Canis Americanus.*

> De la grandeur du Bichon ; tête petite ; oreilles pendan-
> tes ; dos courbé, queue courte.
>
> Buff. hist. nat. XV. p. 150. Hernandez hist. mex. p. 466.
> Fernand. anim. nov. hisp. p. 7. & 10.

Le Chien habite le plus souvent avec l'homme ; il s'est
quelquefois enfui spontanément. Est-il naturalisé dans l'Inde ?

Il mange de la viande, des cadavres, des vegetaux fari-
neux, pas ordinairement des legumes. Il digere les os, se
purge par le vomissement au moyen du chien-dent, n'enfouit pas ses excremens. Il boit en lappant, pisse de côté en
levant

levant la jambe, souvent cent fois de suite avec un compagnon, flaire l'anus d'un autre chien; il a l'odorat excellent,
son nez est humide; il court obliquement, marche sur ses
doigts, ne sue guere; ayant chaud, il tire la langue, il
tourne plusieurs fois autour de l'endroit où il veut se coucher;
il rêve en dormant & s'éveille au moindre bruit. Il est cruel
à ses rivaux; la femelle en chaleur se laisse couvrir par plusieurs. Ils sont joints ensemble dans l'accouplement sans se
pouvoir séparer (même après la consommation de l'acte de
la génération, & tant que l'état d'érection & de gonflement
subsiste.) La gestation dure pendant soixante trois jours, la portée est souvent de quatre à huit petits, les mâles tenant pour
la plûpart du pere & les femelles de la mere. C'est le plus
fidèle des animaux, il séjourne avec l'homme, caresse son
maitre à son arrivée, ne lui tient point rancune de ses châ-
timens, le précéde en route, le regarde afin de connoître le
chemin qu'il doit prendre; il est docile, cherche ce qu'on
lui dit avoir perdu, veille la nuit, annonce les étrangers, les
survenans; garde les denrées, éloigne les bestiaux des champs,
force les cerfs; préserve les bœufs, les brébis des bêtes fé-
roces, retient les lions, chasse les bêtes fauves, arrête aux ca-
nards, fait entrer le gibier dans le filet en rampant & faisant
de petits sauts, rapporte ce que le chasseur a tué sans se l'ap-
proprier; il tourne la broche en France, & tire la voiture en
Sibérie. Il mendie à la table; ayant derobé quelque chose, il
craint & tient la queue basse; il mange avec envie; il est
le maître chez soi; il aboye les inconnus sans même qu'ils
lui fassent injure; il est ennemi des mendians. Il soulage la
goutte, les plaies, les ulceres en les léchant. Il hurle au son
de la musique, mord la pierre qu'on lui jette; il est malade
& pue à l'approche de l'orage. Il a le ver solitaire; communique la rage, devient aveugle dans la vieillesse & se
ronge la queue. Il jette les hauts cris si on lui frotte la queue
avec de l'huile empyreumatique. Il est souvent atteint de go-
norrhée; les mahométans le détestent. Il est la victime ordinaire des anatomistes pour la circulation, la transfusion du
sang, l'observation des vaisseaux lactés, la section du nerf, &c.
ainsi que des medecins pour l'essai des poisons. Tête cari-
née à son sommet. Levre inférieure cachée, à côtés dentés,
nus. Moustaches en cinq ou six rangs. Narines en forme de
croissant à sinus recourbés en dehors. Bord supérieur de la
base des oreilles reflechi, le bord postérieur doublé, l'antérieur trilobe. Sept verrues pileuses sur la face. Sutures de la

G

peau, au nombre de huit, favoir au cou, au sternum, aux coudes, au ventre, aux yeux, aux lombes, aux oreilles, & à l'anus. Dix mamelles, dont quatre fur la poitrine. Pieds un peu palmés.

II. Le LOUP commun. *Canis lupus.*

Queue courbée en en-bas.

Faun. f. ec. 6. Schreb. Saeugth. 3. p. 346. pl. 88. Briff. quad. p. 170. Gefn. quad. 634. Aldrov. dig. 144. jonft. quad. 89. Raj. quad. 173. Buff. hift. nat. 7. p. 39. pl. I. Penn. Brit. Zool. 1. p. 61. t. 1. Ridinger Thiere t. 21.

Il habite dans les forêts, même les plus froides, de l'Amérique Septentrionale, de l'Afie, de l'Afrique & furtout de l'Europe. L'efpece en eft détruite en Angleterre dès l'année 800. Il marche en troupe, tue les beftiaux, les chevaux, les cochons, les chiens. Très-foupçonneux dans les bois, il n'y ofe guere rien entreprendre. Il s'éloigne d'une corde tendue, n'entre point dans une porte, mais franchit une haye, & ne fouffre pas le fon du cor; il a l'ouie & l'odorat excellens; il s'accouple en Janvier; la femelle porte pendant dix femaines, & met-bas cinq à neuf louveteaux, qui naiffent les yeux fermés. Il eft adulte à trois ans & parvient à l'age de quinze à vingt ans. Preffé par la faim & le froid, il attaque l'homme & même fa propre efpece; il fupporte longtems la difette; il marche à ongles retirés, flechit aifément le cou, hurle pendant la nuit; le Lichen vert-jaune le fait mourir. *Faun. fuec.* 1129. Strom. fondm. 391.

Defcr. Anat. E. N. C. d. 2. a. g. obf. 71. & cent. 10. app. 456

III. Le LOUP DU MEXIQUE. *Canis mexicanus.*

Queue écartée, liffe; corps cendré, varié de bandes brunes & de taches fauves.

Briff. quad. 237. Seb. muf. I. p. 68. t. 42. f. 2. Hernand. Mex. p. 479. Fernand. nov. hifp. 7. Buff. hift. nat. XV. p. 49.

Il habite les centrées les plus chaudes du Mexique (ou plutôt de la nouvelle Efpagne.)

Corps cendré, à bandes brunes. Des taches fauves fur le front, le cou, la poitrine, le ventre, la queue.

IV. Le THOÜS. *Canis thous.*

Queue écartée, liffe ; corps grisâtre, blanc en deffous.

Il habite à Surinam.

Corps gris, entièrement blanc en deffous ; de la taille d'un gros chat. Oreilles de la couleur du corps, droites. Verrue au deffus des yeux , fur les joues, fous la gorge. Langue ciliée fur les côtés.

V. L'HYÈNE. *Canis hyæna.*

Queue droite ; poils de la nuque redreffés ; oreilles nues ; pieds à quatre doigts.

Schreb. Saeugth. 3. p. 371. t. 96. Miller on Various fubj. t. 19. a. Kaempfer amœn. exot. p. 411. t. 407. f. 4. Bellon aquat. 33. t. 34. Jonft. quad. t. 57. Gefner Thierb. p. 359. Briff. quad. p. 169. Buff. hift. nat. V. p. 268. pl. 25. Penn. fyn. p. 161. n. 118. Ridinger allerl. Thier. t. 37.

Cet animal habite dans l'Orient ; en Perfe ; en Afrique ; même dans fa partie méridionale. Il creufe la terre ou vit dans les cavernes des montagnes. Il peut fe paffer longtems de nourriture : il exerce fa férocité , même fur lescadavres humains qu'il déterre,& les cimetieres éprouvent fouvent fes ravages ; ce qu'il mord dans fa colere il le tient avec fureur , & ne le lâche qu'avec la vie ; il tombe d'autant plus aifément fous les coups du chaffeur.

Il eft de la grandeur du cochon, & a la face du fanglier.

Poils du dos prefque de la longueur d'un empan , dreffés , terminés de noir. Yeux affez rapprochés du mufeau. Oreilles nues. Queue le plus fouvent variée d'anneaux noirâtres. Rayes tranfverfales fur le corps, brunes & noires , s'étendant du dos au ventre. On devroit peut-être ranger l'Hyène dans le genre de l'ours ou du blaireau , furtout parce que comme ce dernier elle a entre l'anus & la queue une poche remplie d'une excrétion fetide.

VI L'HYENE TIGRÉE. *Canis crocuta.*

Queue droite ; corps taché de noir ; pieds à quatre doigts.

Erxleben hift. Mamm. p. 578. Ludolf Aeth. L. 1. c. 10. n. 50. Barbot guin. p. 486. Boflin guin. p. 291. Penn. fyn. quad. p. 162. n. 119. t. 17. f. 2.

Elle habite en Guinée, en Ethiopie, au cap de bonne Efpérance, dans les cavités des terres & des rochers. Elle fe jette de nuit fur les moutons, fouille les tombeaux, devore les cadavres & affaillit même l'homme. Sa voix eft terrible.

Face & deffus de la tête de couleur noire. Criniere courte, noire. Corps vêtu de poils courts, doux, d'un rouge brun comme les membres, mais marqué de taches rondes & noires. Queue courte, noire, velue.

VII. Le CHACAL-ADIVE. *Canis aureus.*

Queue droite ; corps d'un fauve-pâle.

Schreb. Saeugth. 3. p. 365. t. 94. Briff. quad. p. 171. Kaempfer amœn. exot. p. 413. t. 407. f. 3. Raj. quad. p. 174. Klein quad. p. 70. Valent. muf. 452. t. 452. Bellon obf. p. 160. Buff. hift. nat. XIII. p. 255. Vofmaer defcript. Amft. 1773. f. g. Gmelin it. ruff. 3. p. 80. t. 13. & Guldenfted. nov. comm. petrop. 20. p. 449. fq. t. 10.

Il habite dans les regions les plus chaudes de l'Afie, & en Barbarie ; c'eft le *Thos* d'Ariftote & d'Aelien, le *Thoes* de Pline.

Il fe cache pendant le jour dans les montagnes & les bois ; de nuit il marche par troupe d'environ deux cents ; il eft enclin à la rapine ; il a l'allure lente & va la tête baiffée, mais dès qu'il apperçoit fa proie il s'élance & court très-vite ; il n'attaque guère les hommes faits, mais fe jette fur les enfans ; il fe nourrit de petits animaux, d'oifeaux, de diverfes mangeailles, de fruits, de racines, même de cadavres qu'il de-

terre. Il s'accouple au printems, à la maniere des chiens ; la
femelle porte l'espace d'un mois & met bas cinq à huit petits ; il s'apprivoise très-bien ; il sent le musc. Au cri nocturne
de l'un, les autres répondent au loin, le son se promenant
ainsi de distance en distance. C'est un vilain hurlement, semblable à des gemissemens, entrecoupés d'aboyemens. On dit
qu'il chasse les bêtes fauves en aboyant ; qu'à ce bruit d'autres
adives se rassemblent en troupe & poursuivent aussi la bête
lancée, jusqu'au moment qu'un lion ou un tigre sortant de sa
retraite, la terrasse, la dévore & se rassasie de sa proie à l'aspect de ces animaux chasseurs (qui apparemment attendent son
départ pour se partager les restes de sa table.

Cet animal est-il le chien sauvage ?

VIII. Le CHACAL du Cap de Bonne Espé-
rance. *Canis mesomelas.*

Queue droite ; corps ferrugineux, bande dorsale noire.

Erxleb. syst. mamm. p. 574. Schreb. Saeugth. 3. p. 370.
t. 95. Kolbe cap. bon. sp. p. 150. Buff. hist. nat. XIII. p.
268.

Il est commun au Cap de Bonne Espérance.

Il a la face du renard ; sa longueur est de deux pieds trois
quart, celle de sa queue est d'un pied.

IX. Le LOUP NOIR. *Canis lycaon.*

Queue droite ; corps entierement noir.

Erxleb. syst. mamm. p. 560. Schreb. Saeugth. 3. p. 353.
t. 89. Mill. on var. subj. t. 19. B. Scheff. Lapon. p. 340.
Steller Kamtschatk. p. 124. Buff. hist. nat. IX. p. 362. pl. 41.
Penn. syn. p. 152. n. 112. aless. quad. I. t. 24.

Il habite dans les regions les plus froides d'Europe, d'Asie
& d'Amérique. C'est le plus rusé des loups ; il ressemble assez
à l'espece commune, & sa taille est moyenne entre celle du
loup vulgaire & celle du renard ; sa couleur est toute noire quoi-

G 3

que cependant elle varie quelquefois en grisâtre, oa à fommet des poils d'un blanc argenté. Sa fourrure est très-précieufe.

X. Le RENARD COMMUN. *Canis vulpes.*

Queue droite, à extrêmité blanche.

Schreb. Saeugth. 3. p. 354. t. 90. Gefn. quad. 966. Aldrov. dig. 195. Jonft. quad. 82. Raj. quad. 177. Buff. hift.
nat. VII. p. 75. pl. 6. Ridinger jagdbare Thiere t. 14.

Il habite en Europe, en Afie, enAfrique, en Amérique au
royaume du Chili. C'eft un animal fin & rufé; il fe
creufe des terriers, exerce fa cruauté fur les agneaux,
les oies, les poules, les petits oifeaux; mais n'en veut pas
aux oifeaux de proie. Il mange les excremens des animaux;
engraiffe en fe nourriffant de raifins, cherche fa proie au loin,
ne la trouvant pas aifément dans le terrein qu'il occupe; il
glapit de nuit dans le tems du rut; l'explofion d'une arme à
feu & l'odeur de la poudre le font fuir; la fumée l'éloigne
auffi.

Corps fauve, rarement blanc; pieds de devant & bout des
oreilles noirs; elles font droites. Levres blanches. Il exhale une
odeur ambrée en deffus de la bafe de la queue.

XI. LE RENARD CHARBONNIER. *Canis alopex.*

Queue droite, à extrêmité noire.

Schreb. Saeugth. 3. p. 358. t. 91. Gefn. quad. p. 967. Buff.
hift. nat. VII. p. 82. Penn. fyn. p. 153. d.

Il habite en Europe, en Afie, en Amérique au royaume
du Chili.

Il eft moins commun que le précédent, plus petit, d'une
couleur plus obfcure; du refte lui eft affez femblable.

XII. Le CORSAC. *Canis corfac.*

Queue droite, fauve, noire à fa bafe & à fon fommet,

Syſt. nat. 12. app. 3. p. 23. Schreb. Saeugth. 3. p. 359. t. 91. B. Rytſchkow Orenb. 1. p. 232. Pallas neue nord-Beytr. 1. 29.

Il eſt très-commun dans le grand déſert qui s'étend du fleuve Ural juſqu'à l'Irtis; il détruit les oiſeaux; il ſent mauvais; il aboie & hurle. Sa taille eſt plus petite que celle du renard commun, auquel d'ailleurs il reſſemble.

XIII. Le KARAGAN. *Canis Karagan.*

Queue droite; corps gris; oreilles noires.

Pall. it. I. p. 199. 234.

Il habite les déſerts des Kalmoucs & des Kirgiſes.

XIV. Le RENARD GRIS. *Canis cinereo-argenteus.*

Queue droite; corps cendré, côtés du cou fauves.

Erxleb. fyſt. mamm. p. 567. Schreb. Saeugth. 3. p. 360. t. 92. A.

Il habite dans l'Amérique Septentrionale. Il eſt plus petit que le renard commun.

XV. Le RENARD de VIRGINIE. *Canis virginianus.*

Queue droite; corps d'un cendré blanchâtre.

Erxleb. fyſt. mamm. p. 567. Schreb. Saeugth. 3. p. 361. t. 92. B. Briſſ. quad. p. 174. Klein. quad. p. 71. Catesb. Car. 2. p. 78. t. 78.

Il habite dans la Caroline & les autres regions temperées de l'Amérique Septentrionale; il ſe tient dans le creux des arbres. On l'apprivoiſe aiſément.

G 4

XVI. L'ISATIS. *Canis lagopus.*

Queue droite, pieds de devant & de derriere couverts d'un poil épais.

Erxleb. fyft. mamm. p. 568. fyft. nat. 12. p. 59. Schreb. Saeugth. 3. p. 362. t. 93. Brill. quad. p. 174. Kalm. bahus. 236. Gmelin. nov. comm. petrop. 5. 1760. p. 358. Buff. hift. nat. XIII. p. 72. Penn. fyn. quad. p. 155. t. 17. f. 1. Faun. fuec. 14.

Il eft très-commun aux environs de toute la mer Glaciale, auffi dans le Nord de l'Amérique, même au Chili. Il ne fe tient point dans les bois, mais fur les montagnes pelées, dans des terriers; il vit de rats, d'oies, & ce n'eft que tourmenté par la faim qu'il fe nourrit de baies & d'animaux teftacés. Il aboie comme le renard commun, mais n'a point fa mauvaife odeur; la femelle porte pendant neuf femaines. La fourrure de cet animal eft fuperbe. (Il y en a de blancs, de bleus-cendrés, de fauves avec une croix noire fur le dos, & qu'on nomme *renards croifés; Briff. anim. p. 241. n. 6.* d'autres à queue droite, longue, & à fommet liffe de la couleur du corps. *Mol. hift. nat. Chil. L. 4. p. 259.* ne font-ce que des variétés?

XVII. Le FENNEC. *Canis cerdo.*

Queue droite; corps pâle; (d'un blanc mêlé d'un peu de gris & de fauve-clair; oreilles couleur de rofe, droites, très-longues. (1)

Skioldebrand. act. ac. fuec. ad. ann. 1777. trim. 3. art. 7. t. 6. Buff. œuv. compl. 4°. v. 5. p. 522. pl. 70.

Il habite le grand défert du Zaara en Afrique.

---

(1) Le Chevalier Bruce dit dans fa defcription rapportée dans les œuvres du Comte de Buffon, que les oreilles font couvertes d'un petit poil brun mêlé de fauve & garnies en dedans de grands poils blancs, elles ne font nues qu'à l'intérieur dans leur milieu.

Il est plus petit que les autres especes de ce genre, court très-vite, grimpe les arbres, se nourrit de sauterelles & d'autres insectes. Il aboie comme un jeune chien. Est-il véritablement de ce genre?

※══════════════════════════════※

Le genre *chien* est vorace, déchire en mordant, ne grimpe point, il est léger à la course; la femelle met-bas plusieurs petits, elle a ordinairement dix mamelles, quatre sur la poitrine, six sur le ventre. Dessus de la tête plane, museau assez mince. Tronc plus épais antérieurement. Penis noueux. Pieds de devant à cinq doigts, les hyènes exceptées qui n'en ont que quatre, ceux de derriere à quatre doigts, munis chacun d'un ongle long, un peu courbé, non retractible. Les chats, les phoques, les ours, les belettes ont cinq doigts à tous les pieds.

GENRE XIV.

C H A T.

Dents incisives intermédiaires égales.

Dents molaires ternées.

Langue hérissée de papilles aiguës dirigées en arriere.

Ongles retractibles.

I. Le LION. *Felis leo.*

Queue longue (terminée par un floccon); pélage d'un rouge bai.

Schreb. Saeugth. 3. p. 376. t. 97. A. B. syst. nat. 6. p. 4. n. 1. Briss. quad. p. 194. Gesn. quad. 572. Ald. dig. 2. Jonst. quad. 72. Dodart act. 1. t. 1. & 7. t. 7. Raj. quad. 162. Buff. hist. nat. IX p. 1. pl. 1. 2.

Il habite en Afrique, surtout dans sa partie intérieure, plus rarement dans les déserts de la Perse, de l'Inde, du Japon;

il se trouvoit aussi anciennement dans les autres parties chaudes de l'Asie, en Palestine, en Armenie, en Thrace.

Il est paresseux ; ayant faim , il se jette sur les chevaux & d'autres grands animaux , mais ce n'est que dans un grand besoin qu'il assaillit l'homme ; il a peur de la flamme ; les chiens le chassent & le forcent; (1) on peut l'apprivoiser dans sa jeunesse ; il pisse en arriere. Son rugissement est horrible , formé au moyen des anneaux, entiers, embriqués, de la trachée artère. Il dort dans quelque endroit exposé au soleil & abrié du vent; il mange pour deux ou trois jours ; il est adroit ; sa démarche est lente , il s'élance sur sa proie par un saut; il a l'haleine fétide, l'odorat assez foible. Les Africains mangent de sa chair. Pélage d'un jaune-roux, quelquefois plus foncé. Tête grosse, arrondie. Front quarré. Yeux très-grands. Levres pendantes. Cœur très ample. Le mâle est d'un quart plus grand que la femelle, sa longueur passe quelquefois huit pieds. Poitrine (& dessous du corps) hérissés de long poils ; côtés de la tête & du cou garnis d'une crinière de poils jaunâtres tirant sur le brun , pendants de deux côtés & longs d'environ deux pieds (*le mâle*); les autres poils du corps courts & serrés ; queue terminée par un floccon.

Desc. Anat. E. N. C. d. 1. a. 2. obs. 6. Bartholin. act. 1671. n. 17. nov. comm. acad. imp. petrop. 1771. t. 16.

II Le TIGRE. *Felis tigris.*

Queue longue ; toutes les taches du corps en forme de bandes ou rayures.

Schreb. Saeugth. 3. p. 381. t. 98. Briss. quad. p. 195. Ludolf. hist. æthiop. comm. p. 151. Gesn. quad. 936. Aldr. dig. 101. Jonst. quad. p. 84. t. 54. Bont. jav. p. 53. Buff. hist. nat. IX. p. 129. pl. 9.

---

(1) Voici ce que dit à ce sujet le Comte de Buffon : » quelque terrible que soit cet animal , on ne laisse pas de lui donner la chasse avec des chiens de grande taille & bien appuyés par des hommes à cheval, on le déloge, on le fait retirer , mais il faut que les chiens & même les chevaux soient aguerris auparavant , car presque tous les animaux tremissent & s'enfuient à la seule odeur du lion.

Il habite dans la partie la plus chaude d'Afie; ainfi qu'en Chine & au Japon, en Arménie fur le mont Aran...; & fe tient dans les bois & les broutfailles, principalement près des rivières; c'eft un animal très-rufé, très-cruel, très-fort, fétide, & d'une velocité redoutable. Très-dangereux à l'homme, il porte fes ravages au loin parmi les Indiens; il exerce fa férocité innée, quoiqu'approivoifé dès fa naiffance, fitôt qu'il peut fe délivrer de fes chaines. Le mâle égorge même fes propres petits. On en a vu terraffer un lion. Il s'élance par un faut fur fa proie qu'il attend au paffage. Cette fuperbe bête fauvage eft prefque de la grandeur du lion & marquée de rayures tranfverfales.

Def. Anat. E. N. C. d. 1. a. 2. obf. 7. &. a. 9. obf. 194. S. G. Gmelin. itin. ruff. 3. p. 483.

III. La PANTHÈRE. *Felis pardus.*

Queue longue; taches fupérieures du corps orbiculées, les inférieures en forme de rayures.

Schreb. Saeugth. 3. p. 384. t. 99. Briff. quad. p. 194. Gefn. quad. p. 824. Raj. fyn. p. 166. Ludolf. hift. æth. comm. p. 51. Buff. hift. nat. IX. p. 151. pl. 11. 12.

Elle habite en Afrique & dans la partie la plus chaude de l'Afie; fa longueur fans y comprendre la queue eft de cinq à fix pieds; elle n'eft point dangereufe à l'homme, à moins qu'il ne l'irrite; elle entre de nuit dans les maifons & y fait fa proie des chats. Elle reffemble d'ailleurs au tigre pour l'induftrie & la manière de chaffer.

IV. L'ONCE. *Felis uncia.*

Queue longue; corps blanchâtre, à taches irrégulières noires.

Erxleb. fyft. mamm. p. 508. Schreb. Saeugth. 3. p. 386. t. 100. Buff. hift. nat. IX. p. 151. pl. 13.

Il habite dans le Nord de l'Afrique, en Perfe, en Hircanie, en Chine; c'eft la Panthère de Pline; il eft plus doux que les précédens, & on l'approivoife au point qu'on s'en fert pour la chaffe ; il eft auffi plus petit , puifque la longueur de fon corps ne paffe point trois pieds & demi.

V. Le LEOPARD. *Felis leopardus.*

Queue médiocre ; (1) corps brun à taches noires un peu réunies.

Erxleb. fyft. mamm. p. 509. n. 5. Schreb. Saeugth. 3. p. 387. t. 101. Caj. op. p. 42. Gefn. quad. p. 825. Buff. hift. nat. IX. p. 151. pl. 14.

Il habite en Afrique , furtout dans fa partie occidentale ; il n'eft guère plus grand que l'once & lui reffemble par fes mœurs. Les Hottentots mangent de fa chair.

VI. Le JAGUAR. *Felis oncà.*

Queue médiocre ; corps jaunâtre , taché en forme d'yeux noirs , arrondis-anguleux , jaunes dans leur milieu.

Schreb. Saeugth. 3. p. 388. t. 102. Briff. quad. p. 196. Brown. nat. hift. of. jamaic. p. 485. Raj. fyn. p. 168. Hernand. mex. p. 498. Marcgr. braf. p. 235. Pif. ind. p. 103. Perr. anim. 3. p. 287.

Il habite dans toute l'Amérique méridionale , jufqu'au Mexique. Il reffemble au tigre par la férocité & les mœurs , mais non par le courage ; il eft plus petit que les précédens ; il guette fa proie & l'atteint en trois fauts , faifit un cheval par les épaules , fe rend maître d'un animal trois fois plus grand que lui , eft avide de fang humain , s'il l'a une fois goûté. On dit qu'il attaque de préférence un negre , enfuite un Européen , & en dernier lieu un Américain ; il fe nourrit auffi de poiffon ; c'eft l'ennemi du crocodile ; il fuit la flamme.

Pélage jaunâtre marqué de taches en forme d'yeux , de couleur noire , ayant fouvent dans leur milieu une ou deux ta-

_____

(1) Il a la queue plus courte que l'once , quoiqu'elle foit longue de deux pieds ou deux pieds & demi. *Buff.*

ches noires en guife de prunelle. Ventre blanc, taché de noir; jambes auffi marquées de taches, mais qui font plus petites. Queue une fois plus courte que le corps, à taches longues également de couleur noire. Le *Guigna* des Chilois, dont la queue eft longue & dont toutes les taches font orbiculaires, eft-il une variété de celui-ci ?

VII. L'OCELOT. *Felis pardalis.*

Queue longue; taches fupérieures du corps en forme de bandes, les inférieures orbiculées.

Schreb. Saeugth. 3. p. 390. t. 103. Briff. quad. p. 199. Klein. quad. p. 78. Hernand. mex. p. 512. Raj. quad. 169. Buff. hift. nat. XIII. p. 239. pl. 35. 36. Penn. fyn. p. 177. n. 128.

Il habite les parties les plus chaudes de l'Amérique, particulierement dans la Terre-ferme, en Californie, & dans la nouvelle Efpagne; il grimpe fur un arbre dès qu'il apperçoit un chien, craint l'homme, eft au refte féroce & ne s'apprivoife pas. On dit qu'il furprend les finges aux pieges qu'il leur tend.

Il eft de la taille du blaireau; brun en deffus, blanchâtre en deffous, des lignes & des points noirs font répandus longitudinalement fur tout le corps, mais il n'y a que des points fur le ventre & fur les jambes; les côtés font peints de lignes plus larges, blanches & brunes. Oreilles courtes bifides en leur bord, non furmontées de pinceaux de poils. Cinq doigts aux pieds de devant, quatre à ceux de derrière. Queue à taches ou lignes verticillées, de la proportion de celle du chat. Quatre rangs de mouftaches, formées de trois à cinq fois dans chaque rang, de couleur blanche, noires à leur bafe & de la longueur de la tête.

VIII Le GUÉPARD. *Felis jubata.*

Queue médiocre; pélage fauve, parfemé de taches noires; cou garni d'une criniere.

Erxleb. fyft. mamm. p. 510. Schreb. Saeugth. 3. p. 392. t. 105. Briff. anim. p. 271. n. 10. Kolbe Vorgeb. p. 171. t.

6. f. 5. Buff. hist. nat. XIII. p. 249. 254. Penn. syn. p. 174.
n. 125. t. 18. f. 1.

Il habite dans l'Afrique méridionale & dans l'Inde. On l'ap-
prive & on le dresse pour l'usage de la chasse.

IX. Le JAGUARÈTE. *Felis discolor.*

Queue longue; pélage pour la plus grande partie de couleur noire.

Schreb. Saeugth. 3. p. 393. t. 104. B. Erxleb. syst. mamm.
p. 510. n. 8. Margr. braf. p. 235. Pif. ind. p. 103. Raj. quad.
p. 169. des Marchais voy. 3. p. 300. Penn. syn. p. 180. n.
130. t. 18. f. 2.

Il habite dans l'Amérique méridionale; il est robuste & cruel.
Sa taille est celle d'un veau d'un an. Poils courts, d'un brun
noir, luisant. Levre supérieure, pieds de devant & de derrière blancs; levre inférieure, gorge, poitrine, ventre, partie interne des jambes blanchâtres.

X. Le COUGUAR. *Felis concolor.*

Queue longue; pélage fauve sans taches.

Mantiss. pl. 2. p. 522. Schreb. Saeugth. 3. p. 394. t. 104.
Briff. anim. p. 272. n. 11. Hernand. mex. p. 518. Pif. ind.
p. 103. Marcgr. braf. p. 235. Raj. quad. p. 169. Lawfon.
Carol. p. 117. Catesb. app. p. 25. Barrère fr. equin. p. 166.
Buff. hist. nat. IX. p. 216. pl. 19. Penn. syn. p. 179. n. 129.

Il habite en Amérique depuis le Canada jusqu'aux Patagons;
il grimpe les arbres, attaque rarement l'homme; il est d'ailleurs féroce & rusé. Il craint le feu.

Par sa grandeur & sa forme, il approche du tigre, il en
diffère par sa couleur presque uniforme.

XI. Le MARGAY. *Felis tigrina.*

Queue longue; corps fauve, rayé & taché de noir, blanchâtre en dessous.

Erxleb. fyſt. mamm. p. 517. n. 11. Schreb. Saeugth. 3. p. 396. t. 106. Briſſ. quad. p. 193. Barr. fr. equin. p. 152. Marcgr. braſ. p. 233. Fernand. nov. Hiſp. p. 9. Buff. hiſt. nat. XIII. p. 248. pl. 38. Penn. ſyn. p. 182. n. 132.

Il habite dans l'Amérique méridionale ; il ne s'apprivoiſe pas, ſe nourrit d'oiſeaux. Sa voix & ſa taille ſont celles du chat.

XII. Le CHAT COMMUN. *Felis catus.*

Queue longue, annelée.

v. a. LE CHAT SAUVAGE. *Catus ferus.*

Queue longue, annelée de brun ; corps marqué de bandes noirâtres, dont trois longitudinales ſur le dos ; celles des côtés ſpirales.

Schreb. Saeugth. 3. p.397. t. 107. A. 107. Aa. Briſſ. quad. 192. Aldrov. dig. p. 582. f. p. 583 .Jonſt. quad. p.127. t. 72 Geſn. quad. p. 353. Klein quad. p. 75. Buff. hiſt. nat. VI. p. 1. pl. 1. Ridinger wilde Thiere t. 240. Penn. Brit. Zool. I. p. 47.

v. b. LE CHAT DOMESTIQUE. *Catus domeſticus.*

Plus petit, à poils plus courts & plus épais.

Schreb. Saeugth. 3. p. 397. t. 107. B. 1. Briſſ. quad. 191. Aldrov. dig. p. 564. Geſn. quad. p. 344. f. p. 345. Jonſt. quad. p. 126. t. 72. Raj. quad. p. 170. Buff. hiſt. nat. VI. pl. 2.

v. c. LE CHAT D'ANGORA. *Catus angorenſis.*

Poils longs, argentés & ſoyeux, très longs ſur le cou.

Schreb. Saeugth. 3. p. 398. t. 107. B. 2. Briſſ. anim. p. 266. n. 4. Buff. hiſt. nat. VI. pl. 5. Penn. quad. p. 184. n. 133.

v. d. LE CHAT D'ESPAGNE. *Catus hifpanicus.*

Varié de noir, de blanc, & d'orangé.

Buff. hift. nat. VI. pl. 3. Penn. quad. p. 184. n. 133. b.

v. e. LE CHAT DES CHARTREUX. *Catus cœruleus.*

Pélage d'un bleu-cendré.

Buff. hift. nat. VI. pl. 4. Kolbe Vorgeb. p. 153. Penn. quad. p. 184. n. 133. c.

v. f. LE CHAT ROUGE. *Catus ruber.*

Bande rouge fur le dos, prenant fon origine dès la tête. Kolbe Vorgeb. p. 153.

Le Chat habite, dans l'état fauvage, les forêts de l'Europe, & de la partie d'Afie qui lui eft voifine. Il a les mœurs de fes congenères; étant tranquille, il imite avec la gueule le bruit d'un rouet; il dreffe la queue; étant pourfuivi, il grimpe avec beaucoup d'agilité; irrité, il frémit & répand une odeur d'ambre; fes yeux luifent dans l'obfcurité, leur prunelle eft durant le jour perpendiculaire & oblongue, pendant la nuit elle eft arrondie & plus grande; il marche les ongles retirés à l'intérieur; il boit peu; l'urine du mâle eft corrofive; il a des rôts très-fétides; il enterre fes excremens. Ses amours font miférablement accompagnés de cris & de querelles. Il joue avec fes petits, il les appelle. Guettant fa proie, il remue la queue. C'eft le lion des rats & des fouris, ainfi que dans l'état fauvage des autres menus quadrupèdes & des oifeaux. Il eft paifible à l'égard de fes commenfaux; il mange de la viande, du poiffon, pourvu que ces mêts foient froids, refufe les chofes falées & les vegetaux. A l'approche du mauvais tems, il fe peigne; fon dos frotté dans un lieu obfcur paroît electrique. Jetté en l'air, il retombe fur fes pattes. Il n'a point de puces. Il s'accouple au commencement du printems; la femelle porte pendant foixante trois jours & met bas trois à fix petits qui font aveugles pendant neuf jours. Il eft paffionné pour la germandrée maritime, la chataire officinale, la valériane.

XIII.

XIII. Le CHAT-TIGRE du Cap de Bonne Espérance. *Felis capensis.*

Queue assez longue, brune maculée de noir; corps fauve marqué en dessus de taches en forme de bandes ou rayures & de taches orbiculaires en dessous; oreilles nues avec une tache blanche en guise de croissant.

Penn. quad. p. 181. n. 131. Labat. Eth. I. 177. Forst. act. angl. v. 71. p. I. n. 1. t. 1.

Il habite au Cap de Bonne Espérance dans les bois montueux; il ressemble au chat commun par les mœurs, & vit de lievres, de gerboises, de gazelles. Il est doux & s'apprivoise facilement.

XIV. Le MANUL. *Felis manul.*

Queue longue, annelée de noir; tête marquée de points & de deux bandes latérales, de couleur noire.

Pall. it. 3. p. 692. n. 2.

Il habite dans les plaines du désert Tartare Mongol, surtout aux environs des rivieres Selenga & Dschida; il se nourrit du Tolaï ou lievre daurique.

Il est de la taille du renard.

XV. Le SERVAL. *Felis serval.*

Queue assez courte; corps brun en dessus, marqué de taches noires, ventre & orbites des yeux de couleur blanche.

Erxleb. syst. mam. p. 523. n. 13. Schreb. Saeugth 3. p. 407. t. 108. Perr. anim. I. p. 108. t. 13. Buff. hist. nat. XIII. p. 233. pl. 35.

Il habite dans l'Inde & au royaume du Thibet & se tient la plûpart sur les arbres; il craint l'homme, à moins qu'on ne l'ait irrité. Il ne s'apprivoise pas.

H

XVI. Le CHAT CASPIEN. *Felis chaus.*

Queue médiocre, annelée vers son sommet & terminée de noir, reste du corps d'un jaune brunâtre ; oreilles brunes extérieurement, terminées de noir & barbues.

Guldenstedt Nov. comm. Petrop. 10. a. 1775. p. 483. t. 14. 15. Schreb. Saeugth. 3. p. 414. t. 110. B.

Il habite les déserts boisés des environs de la mer Caspienne, surtout dans les provinces Persiques Galan & Masanderan.

Il ressemble au chat sauvage par les mœurs, le cri, la nourriture ; sa taille est moyenne entre celui-ci & le lynx. Cet animal très-féroce ne fréquente point les lieux habités ; il grimpe rarement les arbres, il va de nuit, par les campagnes & les lieux inondés à la chasse des poissons, des rats, des oiseaux. Il s'élance par un saut sur sa proie.

XVII. Le CARACAL. *Felis caracal.*

Queue assez courte ; & de la même couleur que le corps qui est d'un brun peu foncé ; oreilles noires à l'extérieur, ayant un long pinceau de poil à leur sommet.

Schreb. Saeugth. 3. p. 413. t. 110. Charleton ex. 21. t. p. 23. Raj. quad. p. 168. act. ang. 51. p. 2. p. 648. t. 14. Klein quad. p. 77. Buff. hist. nat. IX. p. 262. pl. 24. & v. XII. p. 442. Penn. quad. p. 189. n. 137. t. 19. f. 2.

Il habite en Barbarie, en Perse, & dans l'Inde ; il cherche sa proie de nuit ; étant apprivoisé, on s'en sert pour la chasse. Il a le gland du penis lisse.

XVIII. Le CHAT DE NEW-YORCK. *Felis rufa.*

Queue assez courte, blanche en dessous & au sommet, fasciée de noir en dessus ; corps roux taché de brun ; oreilles terminées par un pinceau de poil.

Schreb. Saeugth. 3. p. 412. t. 109. B. Penn. quad. p. 188. n. 136. t. 19. f. 1.

Il habite dans la province de New-yorck. Il est une fois plus grand qu'un gros chat.

XIX Le LYNX. *Felis lynx.*

Queue courte, à anneaux noirs peu distincts, & terminée de noir ; tête & corps blanchâtres, tachés de noir & de roux ; oreilles terminées par un long pinceau de poil.

Schreb. Saeugth. 3. p. 408. t. 109. syst. nat. 12. 1. p. 62. n. 7. Faun. suec. 1. n. 4. It. Wyoth. 222. Briss. quad. p. 200. Nieremb. hist. nat. p. 153. Gesn. quad. 677. Aldr. dig. p. 90. Raj. quad. p. 166. Jonst. p. 83. t. 71. Buff. hist. nat. IX. p. 231. pl. 21. Penn. quad. p. 186. n. 135. Tournef. voy. 2. p. 193. t. 193. Ridinger wild Thiere. p. 22.

Il y a une variété à queue tronquée, à pélage blanc, taché de noir.

Faun. suec. 1. p. 2. n. 5. & 2. p. 5. n. 11. Klein. quad. p. 77. Briss. an. p. 274. n. 14.

Le Lynx habite les forêts épaisses de l'Europe, de l'Amérique & du Nord de l'Asie, ainsi que du Japon, & se tient sur les arbres ; il chasse les cerfs, les martes & les autres espèces de belettes, les chats, les écureuils ; il vit de lievres, d'écureuils, d'oiseaux & même si la faim le presse, il attaque les moutons & les chevres dans les étables. C'est un animal très-rusé, il a la vue & l'odorat très-fins. Il s'élance sur sa proie ; s'accouple en Février & la femelle après neuf semaines, fait trois ou quatre petits.

Sa taille est à-peu-près celle du renard ; la variété est plus petite. Queue un peu plus courte que les cuisses. Paupière supérieure blanchâtre vers le grand coin de l'œil, la paupière inférieure en entier de la même couleur. Tache linéaire brune derrière les yeux. Pieds antérieurs amples.

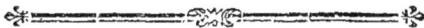

***

Le genre *chat* est en général sobre, grimpe aisément les arbres, est leger à la course, se tient à l'affut la nuit ; tombant de haut, retombe sur ses pieds & n'est gueres exposé par con-

féquent aux contufions. Il marche les ongles retirés ; il les a
très-pointues , & en fait de cruelles bleffures ; il remue la queue
à l'afpect de fa proie ; il en fuce le fang ; il ne fe nourrit guère
de végétaux. Les femelles font plufieurs petits, elles ont huit
mamelles , quatre fur la poitrine & quatre fur le ventre. Le
mâle a le gland du penis muriqué en arrière. Le *petit léopard*
de Pennant, & le *beau chat* de Kœmpfer, qui habitent aux
Indes Orientales & au Japon , font-ce des efpèces de chat ? le
gingy des Congois, *le chat tigre* du Thibet, le *colocolo* des
Chilois qui a la queue longue, annelée de noir, & le corps
blanc varié de taches irrégulières noires & jaunes *Molina hift.
nat. Chil. p. 261.* doivent-ils auffi être réputés des chats ?

GENRE XV.

CIVETTE.

Six dents incifives, les intermédiaires plus courtes.
Une dent canine de chaque côté, plus longue
que les autres dents.
Dents molaires au nombre de plus de trois de
chaque côté.
Langue fouvent hériffée de papilles aiguës tour-
nées en arrière.
Ongles faillans.

I. L'ICHNEUMON. *Viverra ichneumon.*

Queue plus groffe à fa bafe, s'aminciffant infenfiblement ,
& terminée par un flocon de poil; pouces des pieds un peu
éloignés des autres doigts.

Schreb. Saeugth. 3. p. 427. t. 115. B. Briff. quad. p. 181.
Haffelq. it. p. 191. Belon. obf. p. 95. Aldrov. dig. p. 298.
f. p. 301. Gefn. quad. p. 566. Alpin. hift. æg. p. 234. t. 14.
f. 3. Maillet def. de l'Égypte p. 90. pl. 88. Shaw travels. t.
II. fig. p. 74. fig. fup. Penn. quad. p. 226.

Il habite en Egypte fur les bords du Nil, mais il les quitte
pendant fon débordement & fe rend alors dans les jardins &

les villages. On l'apprivoise; il chasse aux souris dans les maisons à la manière des chats; il se nourrit non seulement de
de ces quadrupèdes, mais aussi de poules, de vers, d'insectes, & de divers amphibies, de serpens, de grenouilles, de
lezards, d'œufs de crocodiles; il est ennemi des belettes, &
des chats. C'est un animal vif & rusé, il rampe vers sa proie
& s'élance ensuite dessus. Il marche sur ses talons.

Front plane. Levre supérieure prominente. Oreilles arrondies. Un seul rang de moustaches situées sur tout le bord la-
téral des levres. Langue rude. Queue de la longueur du corps.
Bourse ou follicule entre l'anus & les parties de la génération, que l'animal ouvre lorsqu'il a chaud. Les poils du corps
sont verticillés de blanchâtre & de gris noirâtre. Il est de la
grandeur du chat.

II. La MANGOUSTE. *Viverra mungo.*

Queue grosse à sa base, s'amincissant insensiblement, non
terminée par un flocon de poil; pouces des pieds un peu
éloignés des autres doigts.

Schreb. Saeugth. 3. p. 430. t. 116. A. 116. B. syst. nat.
XII. 1. p. 63. syst. nat. 5. amœn. acad. 2. p. 109. Briss.
quad. p. 177. Kœmpf. amœn. exot. 574. t. 567. Garcia.
arom. p. 214. Raj. quad. 197. Rumph. herb. amb. auct. p.
69. t. 72. f. 2. 3. Edw. av. 199. t. 199. Vofmaer descr.
Amst. 1772. 4. f. g. Gmelin it. 3. t. 30. Buff. hist. nat. XIII.
p. 150. pl. 19.

Elle habite au Bengale, en Perse & dans les autres regions
chaudes de l'Asie; plus petite que l'ichneumon & de couleur
glauque, elle lui ressemble par les mœurs, la nourriture, la
façon de chasser, la forme du corps; elle combat les serpens & même le naja ou serpent à lunette; on dit que lorsqu'elle en est mordue, elle se guérit en mangeant d'un végétal qu'on nomme ophiorise; elle a peur du vent; étant ap-
privoisée, elle suit son maître à la manière du chien; c'est
un animal très-joli & très-propre; il ne souffre point le froid.

III. La CIVETTE CAFRE. *Viverra cafra.*

Queue grosse à sa base, s'amincissant insensiblement, &
terminée de noir.

H 3

Schreb. Saeugth. 3. p. 454. n. 9.

Elle fe trouve au Cap de Bonne Efpérance ; & reffemble par fon port au putois ; fa longueur égale celle de la loutre. Oreilles très-courtes, pileufes. Mouftaches noirâtres, en un feul rang. Poils luifans, rudes, mêlés de jaune, de brun & de noir. Pieds noirâtres.

IV. Le ZENIK. *Viverra zenik.*

Quatre doigts à tous les pieds ; corps gris, marqué de dix bandes tranfverfales noires ; queue d'un brun bai noir, & de cette derniere couleur vers fon extrêmité.

Sonner. it. 2. p. 145. t. 92.

Il habite à la terre des Hottentots ; fa taille eft celle du rat d'eau.

Ongles des pieds de devant très-longs, prefque droits ; ceux des pieds poftérieurs courts, crochus ; queue mince ; mufeau allongé ; deux dents incifives & fix dents canines à chaque mâchoire, felon le rapport de Sonnerat. (1)

V. Le SURICATE. *Viverra tetradactyla.*

Pieds à quatre doigts ; nez allongé, mobile.

Schreb. Saeugth. 3. p. 434. t. 117. Miller on various fubj. t. 20. Buff. hift. nat. XIII. p. 72. t. 8.

Il habite dans l'Afrique Auftrale.

Sa longueur eft d'un pied, & d'un pied & demi avec la queue ; il fe nourrit de chair, mais furtout d'œufs & de poiffons ; il creufe la terre avec fes pieds antérieurs, s'apprivoife aifément & devient alors très-doux.

VI. Le COATI MONDI. *Viverra nafua.*

Pélage roux (2) ; queue annelée de blanc ; nez allongé, mobile.

---

(1) De forte que ce voyageur dit-être dents canines, celles qui fuivant le caractère du genre devroient-être des dents incifives.

(2) Marcgrave *hift. du Bref.* dit qu'il eft d'un brun noirâtre.

Schreb. Saeugth. 3. p. 436. t. 118. Briff. quad. p. 190.
Barr. fr. eq. p. 167. Marcg. Braf. p. 228. act. Paris. t. 3. P.
3. p. 17. t. 37. Raj. quad. p. 180. Houttuyn Zamenftel 2. p.
238. t. 15. f. 2. Buff. hift. nat. VIII. p. 358. pl. 48. Penn.
quad. p. 229. t. 22. f. 1.

Il habite dans l'Amérique méridionale, creufe la terre avec
beaucoup de facilité, dans le deffein d'y chercher des lombrics ou vers de terre ; il vit auffi de rats, de pommes, &
de pain ; il répand une odeur très-fétide, lorfqu'il eft en colère.

Corps de la grandeur du chat ; ftature du raton ; pélage
roux comme celui du renard, les poils du dos un peu roides. Tache blanchâtre, au deffus, en deffous & derrière l'œil.
Oreilles petites, noires en deffus. Verrue fur la paupière fupérieure, fous l'œil, fur la joue, fous la gorge. Gorge jaunâtre. Nez allongé, en une efpèce de groin de couleur noire,
mobile en tout fens, tronqué en dédans à fon fommet, &
fans cavité en deffous. Dents incifives fupérieures latérales plus
grandes, les inférieures intermédiaires convergentes. Langue
lobée & découpée, comme une feuille de chêne. Queue redreffée, plus longue que le corps, brune, marquée de dix
anneaux blanchâtres, applatie, garnie de poils touffus, &
comprimée à fon extrêmité. Pieds appuyés fur les talons. Cinq
doigts à tous les pieds, le pouce non éloigné des autres doigts. Ongles aigus, comprimés. Cet animal a l'allure lente ; il grimpe.

VII. Le COATI BRUN. *Viverra narica.*

Pélage brunâtre, queue de la même couleur ; nez allongé,
mobile.

Schreb. Saeugth. 3. p. 438. t. 119. Briff. quad. 190. Buff.
hift. nat. VIII. pl. 48.

Il habite dans l'Amérique méridionale ; il creufe fouvent
la terre fi profondément, (pour y chercher des vermiffeaux)
que de tout l'animal on n'apperçoit plus que la queue. Il eft
un peu plus grand que le précédent. Il fe nourrit de lombrics, de pain, de fruits, de racines. Il monte fur les arbres
& entre auffi dans l'eau.

VIII. Le COASE. *Viverra vulpecula.*

Pélage brun marron ; nez allongé.

Schreb. Saeugth. 3. p. 440. t. 120. Hernand. mex. p. 332.
Raj. quad. p. 181. Buff. hift. nat. XIII. p. 288. 299. pl. 38.
Penn. quad. p. 230. n. 165.

Il habite en Virginie & dans la nouvelle Efpagne. Lorfqu'il eft irrité ou effrayé, il exhale une odeur abominable ;
il fe nourrit de fcarabées, de vers, de petits oifeaux. Sa longueur eft de feize pouces. Mouftaches noires. Pieds antérieurs
à quatre doigts.

IX. Le COASE DE SURINAM. *Viverra quasje.*

Pélage marron, jaunâtre en deffous du corps ; nez allongé ;
queue annelée.

Syft. nat. X. 1. p. 44. Briff. quad. p. 185. Seb muf. I.
p. 68. t. 42. f. 2. id. 1. p. 66. t. 40. f. 2. ?

Il habite à Surinam ; il creufe la terre, & fe nourrit de
vermiffeaux, d'infectes, de fruits ; on peut l'apprivoifer ; il
fent mauvais. (1)

X. Le CONEPATE. *Viverra putorius.*

Pélage noirâtre, à cinq lignes dorfales paralleles blanchâtres.

Schreb. Saeugth. 3. p. 442. t. 122. Briff. quad. p. 181.
Catesb. carol. 2. p. 62. t. 62. Kalm. it. 2. p. 378. Buff. hift.
nat. XIII. p. 288. pl. 40. Penn. quad. p. 232. n. 166.

Il habite dans l'Amérique Septentrionale, fe fait des terriers,
dort pendant le jour, & rode la nuit ; il fe nourrit de lombrics & d'infectes, mais il aime furtout la viande, les œufs, les

─────────────────────────

(1) Sans doute auffi lorfqu'il eft irrité ou effrayé.

petits oiseaux ; lorsqu'il est attaqué par un chien , il se ramasse en rond & répand , de même que quand il est en colère , une odeur si affreuse que rien n'est plus fétide. Plusieurs espèces de ce genre ont la même propriété. Sa démarche est lente , il ne craint (au moyen de sa redoutable puanteur) ni les hommes ni les bêtes. Les habillemens qui en sont infectés , perdent cette mauvaise odeur en les enterrant pendant vingt-quatre heures. *A. Kuhn.* Il creuse & grimpe ; il marche sur ses talons. Sa taille est celle du chat, ou plutôt de la marte.

Pélage varié en dessous de blanc & de noir. Pieds appuyés sur les talons ; cinq ongles à tous les pieds , les antérieurs comprimés , longs, les postérieurs plus courts, creusés en dessous. Dents incisives supérieures paralleles , applaties , égales ; les inférieures au nombre de six , égales , comprimées , dont deux situées plus en dedans ; cinq dents molaires de chaque côté ; les dents canines supérieures & inférieures rapprochées des autres dents, plus cependant les inférieures. Tête un peu globuleuse à museau allongé , & à nez nud ; trois rangs de moustaches ; ouverture de la gueule étroite ; cou très-court ; pieds de devant courts , à ongles très-longs , ceux des pieds de derrière moins longs ; queue horizontale blanche à son sommet , & garnie de poils longs & bien fournis. Penis muni d'un os cartilagineux.

XI. Le CONEPATE de la nouvelle Espagne.
Viverra conepatl.

Pélage noirâtre , à deux lignes dorsales blanches qui s'étendent sur la queue.

Hernand. mexic. p. 232.

On le trouve à la nouvelle Espagne.

XII. Le CHINCHE. *Viverra mephitis.*

Dos blanc avec une ligne longitudinale noire , & tête noire avec une ligne longitudinale blanche.

Schreb. Saeugth. 3. p. 444. t. 121. Buff. hist. nat. XIII. p. 294. pl. 39. Penn. quad. p. 233. t. 167.

Il habite en Amérique depuis le Chili jufqu'au Canada ; il s'apprivoife, fe défend auffi par fon horrible puanteur, il aime les œufs. Sa longueur eft de feize pouces. Poils longs, luifans. Queue fournie de très-longs poils blancs mêlés d'un peu de noir.

XIII. Le ZORILLE. *Viverra zorilla.*

Varié de blanc & de noir.

Schreb. Saeugth. 3. p. 445. t. 123. Buff. hift. nat. XIII. p. 289. pl. 41. Gumilla orenoq. 3. p. 240.

Il habite dans l'Amérique méridionale.

Sa longueur eft de quatorze pouces. Queue plus courte que le corps, noire depuis fon origine jufqu'au milieu de fa longueur, & blanche dans le refte. Mufeau court & obtus. Poils longs.

XIV. Le MAPURITO. *Viverra mapurito.*

Pelage noir; bande blanche s'étendant du front jufqu'au milieu du dos; point d'oreilles.

Mutis act. holm. 1769. p. 68.

Il habite dans la nouvelle Efpagne aux environs des Mines d'or de Pampelune; il dort pendant le jour, & rode de nuit. Il court avec viteffe, fe nourrit de vers & d'infectes, fe creufe des terriers profonds.

Longueur du corps vingt pouces; celle de la queue neuf pouces; elle eft blanchâtre à fon fommet. Pieds à cinq doigts, appuyés fur les talons; ongles longs. Tête petite. Mufeau allongé. Langue liffe.

XV. Le GRISON. *Viverra vittata.*

Noirâtre (1); ruban blanc s'étendant des épaules au front.

---

(1) Le deffus du corps eft couvert de poils d'un brun foncé & dont la pointe eft blanche, ce qui forme un gris où le brun domine; le mufeau, les jambes & le deffous du corps font noirs.

Schreb. Saeugth. 3. p. 447. t. 124. Buff. hift. nat. ed. allam. XV. p. 65. pl. 8. Feuillé voy. I. 272 ? Falkner Patagon p. 158. 159 ?

Il habite à Surinam, & peut-être dans toute l'Amérique méridionale.

Pieds à cinq doigts. Queue plus courte que le corps & à poils courts. Oreilles courtes.

XVI. La CIVETTE DE CEYLAN. *Viverra zeylanica.*

D'un cendré, mêlé de brun en deſſus, blanchâtre en deſſous.

Schreb. Saeugth. 3. p. 451. Camell. act. angl. 25. p. 2204 ?

Elle habite à Ceylan, peut-être auſſi aux Iles Philippines. Elle approche des martes par la grandeur & le port. Pieds à cinq doigts, les ongles un peu retractibles. Queue de la longueur du corps, un peu plus groſſe à ſa baſe. Mouſtaches blanches, en cinq rangs ; levre inférieure dentelée. Dents inciſives ſupérieures latérales plus longues, coniques, les intermédiaires obtuſes. Langue verruqueuſe.

XVII. La CIVETTE du Cap de bonne Eſpérance. *Viverra capenſis.*

De couleur noire ; dos gris bordé de blanc.

Erxleb. ſyſt. mamm. p. 493. Schreb. Saeugth. 3. p. 450. t. 125. Brown Jamaïc. p. 486. n. 1. ? Kolbe vorgeb. 1. 167. la Caille voy. p. 182. Penn. quad. p. 234. n. 269.

Elle habite au Cap de bonne Eſpérance & en Guinée ; on dit qu'elle ſe nourrit de miel ſauvage ; elle ſe défend contre ſes ennemis par ſa fétidité.

Sa longueur eſt de deux pieds ; celle de la queue eſt de huit pouces. Point d'oreilles. Poils longs & rudes. Cette eſpèce ne doit-elle pas être rapportée à celle du glouton ?

XVIII. La CIVETTE PROPREMENT DITE. *Viverra civetta.*

Queue tachée en deſſus, brune vers ſon ſommet (1), crinière d'un brun marron (2) ; dos taché de cendré & de brun.

Schreb. Saeugth. III. p. 418. t. CXI. Briſſ. quad. p. 186. Belon obſ. 208. f. p. 209. Cluſ. cur. poſt. p. 57. Geſn. quad. p. 836. Aldrov. dig. p. 342. Olear gottorf. Kunſtkam. p. 7. t. 6. f. 3. Buff. hiſt. nat. IX. p. 299. pl. 34.

Elle habite en Ethiopie, en Guinée, au Congo, au Cap de bonne Eſpérance.

Son port reſſemble à celui du chat ; la forme de ſa tête approche davantage de celle de la mangouſte ; grande tache (noire) au deſſous dès yeux (& ſur les joues) ; des taches brun marron ſur le dos (& les côtés du corps), nombreuſes, arrondies & anguleuſes, & qui forment des rayes ſur les cuiſſes. Jambes d'un brun noir. Six dents molaires à chaque côté des mâchoires.

XIX. Le ZIBET. *Viverra zibetha.*

Queue annelée, dos rayé & comme ondulé de cendré & de noir.

Schreb. Saeugth. 3. p. 420. t. 112. Geſn. quad. p. 837. Aldr. dig. p. 343. Raj. quad. p. 178. act. Paris. 1731. p. 443. Buff. hiſt. nat. IX. p. 299. pl. 31.

Il habite en Arabie, au Malabar, à Siam & aux Iles Philippines. Il eſt féroce, difficile à dompter ; on peut cependant l'apprivoiſer, mais il retourne aiſément à ſa première férocité. Irrité, il relève les poils de ſon dos, & mord en ſe défendant. Il ſe nourrit de petits quadrupèdes, d'oiſeaux, de poiſſons,

---

(1) Briſſon dit qu'elle eſt noire par deſſus & mêlée d'un peu de blanc par deſſous.

(2) C'eſt à dire des poils de cette couleur plus longs que les autres ſur le cou & le long de l'épine du dos.

même de racines & de fruits. Il grimpe & court facilement.
Corps mince & oblong, plus même que celui de la civette;
muſeau auſſi plus long & plus menu, un peu échancré en
deſſous. Dents inciſives ſupérieures au nombre de ſix & parallèles; les intermédiaires un peu plus petites; dents incifives inférieures parallèles, celles du milieu un peu plus courtes, alternativement plus internes; les canines ſolitaires, diſtantes de
chaque côté. Les molaires aiguës, denticulées, celles d'en bas
de chaque côté au nombre de cinq, celles d'en haut au nombre de ſix. Oreilles couvertes, plus courtes que celles de la civette. Poils du corps ondés de cendré & de noir, un peu rudes, & ſerrés. Pieds bruns, noirs en deſſous. Queue plus longue que dans la civette. Longueur du corps de deux pieds
& demi.

Les deux ſexes ont dans cette eſpèce (ainſi que dans la
précédente) entre l'anus & les parties de la génération une poche
ou follicule, à ouverture particulière, diſtincte, & prominente,
contenant une matière onctueuſe & ambrée, (qu'on nomme
civette, mais d'un parfum plus violent & plus vif dans le zibet que dans l'autre eſpèce.)

Deſcript. anatom. Bartholin. cent. 4. n. 1. & cent 5. n. 49. Caſ-
tell. P. hyæn. odorif. Francof. 1698. 8.

XX. La CIVETTE HERMAPHRODITE.
Viverra hermaphrodita.

Queue longue, terminée de noir; trois rayes noires dorſales?

Schreb. Saeugth. 3. p. 426. n. 6.

Elle harbite en Babarie.

Taille moyenne entre la civette & la genette. Muſeau noir
depuis ſon ſommet juſques & au-delà des yeux, de même
que la gorge, les mouſtaches, & les pieds. Tache blanche ſous
les yeux & entre les mouſtaches. Poils longs, cendrés à leur
baſe, noirs à leur extrêmité. Queue plus longue que le corps.
Ongles jaunes. Il y a une partie chauve entre le penis & l'a-
nus ayant une plicature double formée d'une peau mince. *Pallas.*

XXI. La GENETTE. *Viverra genetta.*

Queue annelée ; corps taché de fauve noirâtre.

Schreb. Saeugth. 3. p. 423. t. 113. Briff. quad. p. 186. Belon obf. p. 73. Gein. quad. p. 549. Buff. hift. nat. IX. p. 343. pl. 36. Ridinger illuminirte Thiere. t. Q. D. S. 28.

Elle habite aux environs de Conftantinople , dans l'Afie Occidentale , & en Efpagne; (elle eft auffi affez commune en Poitou.

Buff. œuv. compl. 4°. *vol. III. p. 350. pl. 46.*

Elle eft douce & s'apprivoife aifément ; fait la chaffe aux rats & aux fouris ; fent le mufc (ayant auffi une ouverture où fe filtre une efpèce de parfum) mais d'une odeur foible & de peu de durée.

Elle approche du zibet , cependant elle a le mufeau plus aigu , les jambes plus courtes & la queue plus longue. Longueur du corps fans la queue d'un pied cinq pouces , de deux pieds & demi avec la queue. Dents molaires au nombre de fix de chaque côté. Poils cendrés , bais ou noirs à leur extrêmité.

XXII. La FOSSANE. *Viverra foffa.*

Queue annelée ; corps cendré , taché de noir.

Erxl. fyft. mam. p. 498. Schreb. Saeugth. 3. p. 424. t. 114. Buff. hift. nat. XIII. p. 163. pl. 20. Penn. quad. p. 237. n. 272. t. 22. f. 2.

Elle habite à Madagafcar , peut-être auffi dans le continent d'Afrique.

Elle reffemble à la genette par fa taille & fa forme ; mais elle n'a point d'odeur de civette ; on ne lui a pas même reconnu jufqu'ici de poche pour cette matière odorante.

XXIII. La CIVETTE TIGRINE. *Viverra tigrina.*

Queue annelée , brune à fon fommet ; corps cendré , taché de brun ; raye noire s'étendant de la tête à la queue.

Schreb. Saeugth. 3. p. 425. t. 115. Vofmaer defc. d'une efpece fingul. de chat Africain. Amft. 1771.

Elle habite au Cap de bonne Efpérance.

Taille du chat domeftique. Elle eft affez douce, aime la viande, furtout celle d'oifeaux, ne fent point la civette. Doit-on la diftinguer de la foffane ?

XXIV. Le KINKAJOU. *Viverra caudivolvola.*

D'un jaune mêlé de noir ; queue de la même couleur, prenante.

Schreb. Saeugth. III. p. 453. t. 125. B. & I. p. 145. t. 42. Penn. quad. p. 138. n. 108. t. 16. f. 2. (Buff. œuv. compl. 4°. v. VI. p. 124. pl. 24. 25.)

Il habite à la Jamaïque, (à la côte d'Afrique & dans les montagnes de la nouvelle Efpagne.) Il eft doux & joli ; il grimpe les arbres.

Corps de la longueur d'environ dix-neuf pouces ; queue guère plus courte, prenante à fon fommet, de couleur brun marron, mêlée de noir. Jambes courtes & groffes.

XXV. Le RATEL. *Viverra mellivora.*

Dos cendré, bande latérale noire, ventre noir, ongles longs creufés en deffous, propres à fouir la terre.

Blumenbach Naturg. p. 97. Sparrman act. Stockh. 1777 t. 14. f. 3.

Il habite au Cap de bonne Efpérance, & fe nourrit du miel & de la cire des abeilles fauvages qui font leur nid dans les terriers du Porc-épic, de la gerboife, du lapin, du Cha-cal &c, il découvre ce nid en fuivant leur vol, ou guidé par le coucou indicateur. Poils touffus ; peau épaiffe & lâche.

XXVI. La CIVETTE à bandes noires. *Viverra fasciata.*

Poils de la queue longs, noirs & roussâtres ; corps gris varié de six bandes longitudinales noires, blanc en dessous.

Sonner. it. 2. p. 193. t. 90.

Elle habite dans l'Inde ; sa longueur est de deux pieds, neuf pouces.

Deux dents incisives, & quatorze dents canines à chaque mâchoire (selon Sonnerat) (1) ; pieds à cinq doigts, à ongles forts & crochus ; yeux vifs.

XXVII. La CIVETTE DE MALACA. *Viverra Malacensis.*

Queue longue, annelée de noir ; corps gris, parsemé en dessus de gouttes noires ; quatre taches rondes au dessus des yeux, & trois bandes de la même couleur noire sur le cou & sur le dos.

Sonner. it. 2. p. 144. t. 91.

Elle habite à Malaca, sa taille & ses mœurs sont celles du chat ; elle est farouche, chasseuse, très-agile ; elle saute d'arbre en arbre, répand une odeur de musc, & donne une matiere qui lui ressemble, dont les Malais vantent la vertu comme aphrodisiaque & stomachiqne.

Corps d'un gris de perle à six rangs de gouttes noires, un septieme rang sur le dos ; dessus de la tête, jambes & cuisses noires ; oreilles petites, rondes ; yeux petits, noirâtres ; pieds à cinq doigts, à ongles aigus, crochus, retractibles. Ce dernier caractere en feroit-il une espece de chat ? Son museau & son corps allongés empêchent cette identité.

---

(1) Les dents canines lui tiennent donc lieu de dents molaires.

Les civettes ont en général le corps long, de grosseur égale; les jambes courtes; les pieds pour la plûpart à cinq doigts; les ongles non rétractibles; les oreilles petites; le museau aigu; une ouverture entre l'anus & les parties génitales qui conduit à une poche ou un follicule, rempli d'une matière onctueuse, odorante ou fétide, fournie par des glandes particulières. Elles courent avec vitesse; il y en a qui marchent sur leurs talons; il y en a qui grimpent, il y en a qui creusent la terre. Les femelles mettent bas plusieurs petits. la 5me. 6me. &7me. espèces de ce genre ainsi que la 3me. espèce du genre *maki* ne doivent-elles point être rangées avec le blaireau?

GENRE XVI.

BELETTE.

Six dents incisives à la mâchoire supérieure, droites, assez aiguës, distinctes.

Six dents incisives à la mâchoire inférieure, plus obtuses, rapprochées, dont deux plus internes.
Langue lisse.

* Pieds de derrière palmés. Loutres.

I. La SARICOVIENNE. *Mustela lutris.*

Pieds de derrière palmés, pileux; queue quatre fois plus courte que le corps.

Erxleb. mam. p. 445. Schreb. Saeugth. 3. p. 465. t. 128. Steller nov. comm. Petrop. t. 2. p. 367. t. 26. il y a une variété de couleur noire, à tache jaune sous la gorge. Briss. quad. p. 202. Raj. quad. p. 189. Klein quad. p. 91. Barrer. fr. equin. p. 155. Marcg. Brasil. p. 234. Jonst. quad. t. 66. Buff. hist. nat. XIII. p. 319.

Elle habite l'Ocean entre l'Asie & l'Amérique; la variété se trouve dans les fleuves de l'Amérique méridionale.

I

Tête applatie. Oreilles très-petites, velues, arrondies. Bou-che très-obtuse. Des foies ou mouftaches nombreufes, affez roides, fituées au deffus des fourcils, derrière les yeux, der-rière le répli de la bouche, aux côtés de la levre inférieu-res, fous la gorge. Dents incifives fupérieures au nombre de fix, égales; les inférieures auffi au nombre de fix, dont deux alternativement plus internes, les deux latérales bilobes. Cinq doigts à tous les pieds, tous palmés. Queue applatie, un peu plus courte que le corps.

La *belette chat* qu'on rencontre aux côtes du Chili, à pieds de derrière palmés, pileux, à queue longue, ronde, eft-elle une variété de la loutre marine ou une efpèce particulière ? *Molina hift. nat. Chil. L. 4. p. 252.*

II. La LOUTRE. *Muftela lutra.*

Pieds de derrière palmés, nuds; queue une fois plus courte que le corps.

Faun. fuec. p. 12. S. G. Gmelin it. 3. p. 285. 373. Erx-leb. mamm. p. 448. n. 2. Schreb. Saeugth. 3. p. 457. t. 126. AB. Faun fuec. 1. n. 10. Gefn. quad. p. 775. f. p. 776. Gefn. aquat. p. 608. Aldr. dig. p. 292. f. 295. Jonft. quad. p. 150. t. 68. Raj. quad. p. 187. Buff. hift. nat. VII. p. 134. pl. 11. v. XIII. p. 323. pl. 45. Penn. quad. p. 238. n. 173. Ridinger wilde Thier. t. 28.

Elle habite les eaux douces, les rivières, les étangs, les réfervoirs, de l'Europe, de l'Amérique feptentrionale & de l'Afie jufqu'à la Perfe, mais point la mer. Elle fe nourrit de poiffons, de grenouilles, d'écréviffes; elle dépeuple les réfer-voirs. Elle a fon gîte fous terre, plus haut que la furface de l'eau, mais avec un paffage qui y communique. Elle s'ac-couple en Février; le mâle appelle fa femelle par un petit murmure lent, celle-ci donne le jour, dans le courant de Mai (1) à trois ou quatre petits. C'eft un animal rufé, & qui mord ferme. On peut cependant l'apprivoifer. (Voyez Buffon *œuv. comp.* 4°. *v. VI. p. 185. & fuiv.*)

---

(1) Buffon dit qu'elle met bas au mois de Mars & qu'on lui a fouvent apporté des petits au commencement d'Avril; il paroit donc qu'il y a une faute d'impreffion dans le latin.

Defcript. anat. E. N. C. d. 1. a. 3. obf. 195. & dec. 2. a.
10. obf. 112. & cent. 10. app. 468.

III. La LOUTRELLE. *Muftela lutreola.*

Pieds de derrière palmés, velus ; doigts égaux ; bouche
blanche.

Faun. fuec. 12. Lepechin it. J. p. 176. t. 12. Erxleb. mamm.
p. 451. n. 3. Schreb. Saeugth. 3. p. 462. t. 127. Leche act.
Holm. 1759. P. 21. p. 292. t. 11. Pall. fpicil. zool. 14. p.
46. t. 3. f. 1. Agric. de anim. fubt. p. 39. Penn. quad. p. 239.
n. 174. t. 21. f. 2.

Elle habite les lieux aquatiques de la Pologne, de la Fin-
lande, de la Ruffie, de la Siberie, moins fréquemment en
Allemagne. Elle fe nourrit de poiffons, de grenouilles. Elle
n'a guère plus d'un pied de longueur. Pallas croit qu'on doit
placer cette efpèce, ainfi que la Saricovienne, parmi les Civettes.

IV. Le VISON. *Muftela vifon.*

Pieds de derrière palmés; corps d'un brun marron foncé,
uniforme.

Schreb. Saeugth. 3. p. 463. t. 127. B. Briff. quad. p. 178.
n. 6. Buff. hift. nat. XIII. p. 304. pl. 43. Lawfon Carol. p.
121. Kalm. it. 3. p. 22.

Il habite dans l'Amérique feptentrionale, & fe tient près des
eaux. Il fe nourrit de poiffons, d'oifeaux, de rats ; il fréquente
quelquefois les villages.

** *Pieds fendus. Belettes.*

V. Le TAÏRA. *Muftela barbara.*

Pieds fendus ; pélage noir ; tache blanche trilobe au deffous du cou.

Barr. fr. equin. p. 155. Penn. quad. p. 225. *. 161.

Il habite en Guiane & au Bréfil.

Taille de la marte ; pélage noir, à poils affez rudes. Oreilles rondes, velues. Place de couleur cendrée au devant des yeux. Tache blanchâtre vers le milieu du cou & non pas fous la gorge. Quatre mamelles derrière le nombril.

Le Cuja des Chilois appartient-il à cette efpèce ; il a la queue de longueur moyenne, le poil doux, la levre fupérieure un peu tronquée. *Molina hift. nat. Chil. p. 258.*

VI. Le VANSIRE. *Muftela galera.*

Pélage entièrement brun ; pieds fendus.

Erxleb. mam. p. 453. Brown jamaic. p. 485. t. 29. f. 1. Buff. hift. nat. XIII. p. 167. pl. 21. id. XV. p. 155. Penn. quad. p. 225. n. 160.

Il habite en Guinée & à Madagafcar.

VII. Le PEKAN. *Muftela canadenfis.*

Pieds fendus ; pélage fauve noirâtre ; tache blanche fur la poitrine.

Erxleb. mam. p. 455. Schreb. Saeugth. 3. p. 492. t. 134. Buff. hift. nat. XIII. p. 304. pl. 42.

Il habite au Canada. Sa longueur eft de deux pieds fans la queue.

VIII. La FOUINE. *Muftela foina.*

Pieds fendus ; pélage fauve noirâtre ; gorge blanche.

Erxleb. mam. p. 458. Schreb. Saeugth. 3. p. 472. t. 129. Briff. quad. p. 178. Gefn. quad. p. 765. Ald. dig. p. 332. Jonft. quad. p. 156. Raj. quad. p. 200. Buff. hift nat. VII. p. 161. pl. 18. Penn. quad. p. 215. n. 154. Ridinger Kleine Thiere t. 85.

Elle habite en Angleterre, en Allemagne, en France, &

dans le midi de l'Europe. Elle rode de nuit, se nourrit de petits quadrupèdes, de grenouilles, d'oiseaux, mais elle est surtout friande de poules & d'œufs; elle mange aussi des graines. C'est l'ennemi déclaré du chat. On peut l'apprivoiser, si on la prend jeune; la femelle met bas trois ou quatre petits, même six ou sept lorsqu'elle avance en âge.

IX. La MARTE. *Mustela martes.*

Pieds fendus; corps fauve noirâtre; gorge jaune.

Erxleb. mam. p. 455. Schreb. Saeugth. 3. p. 475. t. 130. Briss. quad. p. 179. Gesn. quad. p. 766. Raj. quad. p. 200. Ald. dig. p. 331. Buff. hist. nat. VII. p. 186. pl. 22. Penn. quad. p. 216. n. 155. Ridinger wild. Thier. t. 30.

Elle habite les lieux incultes de l'Amérique, de l'Asie, de l'Europe septentrionale; rarement en Angleterre, en France, en Allemagne, en Hongrie. Elle rode de nuit, & se tient de jour dans les arbres creux, dans les nids d'écureuils &c. Elle se nourrit principalement de ceux-ci, de mulots, de petits oiseaux, de baies, de graines, & de miel; elle fait aussi pendant l'hiver la chasse aux pigeons & aux poules; elles s'accouple en Février; la femelle porte pendant neuf semaines, & fait sept à huit petits. Elle diffère de la fouine par sa tête plus courte & ses jambes un peu plus longues.

X. La ZIBELINE. *Mustela zibellina.*

Pieds fendus; corps d'un fauve obscur; front d'un gris blanchâtre; gorge cendrée.

Schreb. Saeugth. 3. p. 478. t. 136. Pall. spic. zool. 14. p. 54. t. 3. f. 2. Briss. quad. p. 180. Gesn. quad. p. 768. Aldr. dig. p. 335. Jonst. quad. p. 156. J. G. Gmelin nov. comm. petrop. t. 5. p. 338. t. 6. Buff. hist. nat. XIII. p. 309. Penn. quad. p. 217. & 223. n. 156. 157.

Elle habite dans le nord de l'Asie jusqu'au 58me. & de l'Amérique, jusqu'au 40me. degrés de latitude; autrefois aussi en Laponie. Elle fait la guerre aux chats, se nourrit de belettes, d'écureuils, de lievres & pendant l'hiver d'oiseaux,

furtout de tetras ; en automne elle mange des baies (préfé-
rablement celles du forbier) ; elle chaffe de nuit, dort pendant le jour ; elle s'accouple en Janvier ; la femelle met bas
vers la fin de Mars trois à cinq petits.

Elle reffemble beaucoup à la marte ; dont elle diffère cependant par fa tête plus allongée , fes oreilles plus longues ,
ceintes d'un bord jaunâtre, fon poil plus long & très-luifant ,
fes pieds plus velus, & furtout par fa queue qui eft plus courte
que les jambes de derrière lorfqu'elles font étendues.

Il y a une variété blanche très-rare ; une autre toute auffi
rare eft diftinguée par une tache en forme de collier blanchâtre ou jaune.

(La zibeline eft recherchée pour fa belle fourrure ; la différence qu'il y a d'elle à toutes les autres fourrures, & ce
qui la rend plus précieufe, c'eft qu'en quelque fens qu'on pouffe
le poil, il obéit également, au lieu que les autres poils pris
à rébours, font fentir quelque roideur par leur réfiftance. Les
plus noires font les plus eftimées. *Buffon.*)

XI. Le PUTOIS. *Muftela putorius.*

Pieds fendus ; corps jaune noirâtre ; bouche & oreilles
blanches.

Schreb. Saeugth. 3. p. 485. t. 131. Faun. fuec. 16. Briff.
quad. p. 186. fyft. nat. VI. p. 5. n. 3. Gefn. quad. p. 767.
Aldr. dig. p. 329. f. p. 330. Jonft. quad. p. 154. t. 64. Raj.
quad. p. 199. Buff. hift. nat. VII. p. 199. pl. 23. Penn. quad.
213. n. 152. Ridinger wild. Thier. t. 20.

Il habite en Europe , & quelquefois dans la Ruffie Afiatique , entre les rochers, les monceaux de pierres, les dé-
combres, dans les écuries, les granges, les maifons, les cavités des arbres ; il dort pendant le jour , fait de nuit la chaffe
aux lapins, aux rats, aux taupes, aux poules & autres oifeaux ,
pendant l'hiver aux poiffons & aux grenouilles ; il détruit les
œufs, dévafte les ruches, exhale une odeur très-fétide.

Le putois diffère de la marte par fa tête plus groffe, fon
mufeau plus aigu ; fa queue plus courte, & furtout par la cou-

leur du poil. Il eſt quelquefois de couleur blanche dans les déſerts de la Ruſſie Aſiatique. Le mâle eſt ordinairement jaunâtre, à muſeau blanchâtre ; la femelle eſt d'un jaunâtre tirant ſur le blanchâtre.

XII. Le FURET. *Muſtela furo.*

Pieds fendus ; yeux rouges.

Erxleb. mamm. p. 465. Schreb. Saeugth. 3. p. 488. t. 133. Briſſ. quad. p. 177. Ald. dig. f. p. 327. Jonſt. quad. p. 154. Raj. quad. p. 198. Geſn. quad. p. 762. Buff. hiſt. nat. VII. p. 209. pl. 26. 25. Penn. quad. p. 214. n. 153.

Il habite en Afrique ; on l'éleve dans l'Europe temperée comme animal domeſtique pour l'uſage de la chaſſe. Il s'accouple deux fois l'an, la femelle après ſix ſemaines de geſtation fait cinq à huit, rarement neuf petits. Il eſt moins grand que le Putois, il en différe auſſi par ſa tête, plus étroite, ſon muſeau plus pointu, ſon corps plus allongé & plus mince, & par la couleur du poil.

XIII. Le PEROUASCA. *Muſtela ſarmatica.*

Pieds fendus ; corps varié en deſſus de jaune & de brun. (1)

Pallas it. 1. 453. & ſpic. zool. 14. p. 79. t. 4. f. 1. Erxleb. mam. p. 460. Schreb. Saeugth. 3. p. 490. t. 132. Güldenſtedt nov. comm. Petrop. 14. p. 441.-445. t. 10. Rzaczynski hiſt. nat. pol. p. 328. & 222. Geſn. quad. p. 768.

Il habite en Pologne ſurtout dans la Volhynie & dans les déſerts ſitués entre le Volga & le Tanaïs ; il eſt très-vorace, ſe nourrit de rats, de gerboiſes, d'oiſeaux ; la femelle a huit mamelles, s'accouple au printems & après huit ſemaines met bas quatre à huit petits.

. Il approche du Putois, dont il différe néanmoins par ſa tête

---

(1) Buffon dit qu'il eſt couvert d'un poil blanchâtre, rayé tranſverſalement de pluſieurs lignes d'un jaune roux qui ſemblent lui faire autant de ceintures.

plus étroite, son corps plus allongé, sa queue plus longue & son poil plus court sur le corps, c'est-à-dire les jambes & la queue exceptées.

XIV. La BELETTE DE SIBERIE. *Muftela fibirica.*

Pélage fauve; pieds de devant & de derrière très-vélus, fendus.

Pallas it. 2. 701. & fpic. zool. 14. p. 89. t. 4. f. 2. Exxleb. mamm. p. 471.

Elle habite les lieux boifés de la Siberie; elle eft vorace, & emporte même hors de la cuifine des payfans, le beurre & la viande.

Elle reffemble au précédent par la taille, à la zibeline par les mœurs, à l'hermine par le port, elle différe cependant de celle-ci par fa queue & fes jambes plus longues. Queue vélue, une fois plus courte que le corps. Poils plus longs & plus fins que ceux du putois & du furet.

XV. L'HERMINE. *Muftela erminea.*

Pieds fendus; fommet de la queue d'un noir foncé.

Faun. fuec. 17. Houttuyn nat. 3. p. 206. t. 14. f. 5. Briff. quad. p.176. Schreb. Saeugth. 3. p. 496. t. 137. A. Buff. hift. nat. VII. p. 240. pl. 29. f. 2. & 31. f. 1. Penn. quad. p. 212. n. 151. Ridinger jagdb. Th. t. 19. Ald. dig. p. 310. Schreb. Saeugth. 3. p. 496. t. 137. B. Raj. quad. p. 198. Buff. hift. nat. VII. p. 240. pl. 29. f. 2. S. G. Gmelin it. 2. p. 192. t. 23.

Elle habite en Europe, dans les parties froides de l'Amérique & dans le nord de l'Afie jufqu'à la Perfe feptentrionale & jufqu'à la Chine, fe tient dans les maifons, dans des monceaux de pierres, fur les bords des rivières, dans le creux des arbres, dans les bois, furtout ceux de bouleaux; fe nourrit d'écureuils & de lemings, reffemble d'ailleurs par les mœurs & la nourriture à la belette commune & par l'afpeçt & le port à la marte; elle différe pourtant de celle-ci par fon corps

plus court, n'ayant jamais dix pouces de long, par la longueur de fa queue qui eft de quatre pouces, par fon poil plus
court & moins luifant. Son pélage eft dans les régions du nord
de couleur blanche pendant l'hiver, à l'exception de la queue
qui eft toujours noire dans fa dernière moitié; il eft jaunâtre
ou roux en d'autres tems ou dans des contrées moins froides.
La fourrure de cet animal eft précieufe, elle étoit autrefois
extrêmement eftimée.

La belette de Java, *feb. muf.* 1. *p.* 77. *t.* 48. *f.* 4. doit-
elle être rapportée à cette efpèce ou à celle de la belette commune? Il y a le même doute pour le *boccamele* (bouche à
miel) des fardes, *Cetti hift. nat. fard.* 1. *t.* 5. qui approche de
l'hermine par fa queue terminée de noir, & par fon corps
allongé; il fuit l'homme, fe nourrit de végétaux & de viande
fraiche, eft avide de miel, ravage les vignes.

XVI. La BELETTE COMMUNE. *Muftela vulgaris.*

Pieds fendus; corps d'un roux brun, blanc en deffous, queue
de la couleur du corps.

Erxleb. mam. p. 471. Schreb. Saeugth. 3. p. 498. t. 138.
Briff. quad. p. 175. Aldr. dig. p. 307. Jonft. quad. p. 152.
t. 64. Raj. quad. p. 195. Gefn. quad. p. 752. Buff. hift. nat.
VII. p. 225. pl. 29. f. 1. Penn. quad. p. 211. n. 150. Ridinger wilde Th. t. 30. fyft. nat. 12. p. 69. n. 11. Helle-
nius act. Stockh. 1785. trim. 3. n. 9. t. 1.

Elle habite dans la partie temperée & froide de l'Europe
& de l'Afie jufqu'à la Perfe feptentrionale, & devient comme
l'hermine, blanche pendant l'hiver, (mais le bout de fa queue
n'eft jamais noir) elle eft une fois plus petite que l'hermine
ayant à peine fept pouces de longueur; elle mange du poiffon, de la viande, des rats, des fouris, des œufs, des cham-
pignons, mais point d'autres végétaux; elle eft très-avide,
& très foigneufe à accumuler des vivres; elle fent mauvais,
elle eft mal propre, boit fouvent, fait fa chaffe pendant la
nuit; ennemie furtout des rats, elle les dévore en entier,
n'en laiffe que les dents, & entre même dans leurs trous pour
les y chercher; les chats ne parviennent point aifément à la
tuer; elle va, vient & guette fans ceffe. On dit qu'étant ef-

frayée fubitement elle eft frappée d'épilepfie ; elle eft jolie, lorfqu'elle eft apprivoifée ; (1) la femelle met bas au printems fix à huit petits & même davantage.

XVII. Le QUIQUI. *Muftela quiqui.*

Pieds fendus ; pélage brun ; mufeau en forme de coin.

Molina hift. nat. Chil. L. IV. p. 258.

Il habite au Chili , fous terre, fe nourrit de rats & de fouris. Il eft fort fauvage.

***

Les belettes fe rapprochent des loutres par plufieurs caractères : par leur corps allongé , d'égale groffeur ; leur jambes courtes ; leur poil luifant ; leurs ongles non rétractibles ; elles fe gitent dans des trous, rodent & font leur chaffe, d'ordinaire pendant la nuit ; mais les loutres vivent continuellement ou dans l'eau ou près de l'eau, nagent deffus ou fous cet élement, & fe nourriffent , principalement de poiffons ; celles-ci ne grimpent point , mais s'élancent en recourbant leur corps & étendant la queue, comme les belettes ; leur tête eft plus groffe, & elles ont la langue garnie de pointes molles. Les loutres ont cinq dents molaires de chaque côté des mâchoires , les belettes en ont quatre de chaque côté de la mâchoire fupérieure & cinq des deux côtés de l'inférieure, ou cinq en haut & fix en bas des deux côtés des mâchoires. Doit-on par ces confidérations féparer les belettes des loutres & en faire deux genres diftinéts ?

---

(1) Ce qui fans doute eft fort difficile.

GENRE XVII.

OURS.

Six dents incifives fupérieures, creufées à leur intérieur, alternes.

Six dents incifives inférieures, les deux latérales plus longues, lobées ; les adjacentes plus intérieures à leur bafe.

Dents canines folitaires.

Cinq ou fix dents molaires à chaque côté des mâchoires ; la premiere rapprochée des canines.

Langue liffe.

Membrane clignotante fur les yeux.

Nez prominent.

Penis muni d'un os courbé.

I. L'OURS proprement dit. *Urfus arctos.*

Pelage brun-noirâtre ; queue comme coupée ou arrachée

Erxleb. mam. p. 156. Briff. quad. 184. Ald. dig. 117. Jonft. quad· 123. t. 55. Raj. quad. p. 171. Klein quad. p. 82. Penn. quad. p. 190. n. 138. Ridinger wilde Thiere. t. 32. Gefn. quad. 14.

v. a. L'OURS NOIR. *Urfus niger.*

Pelage noir ; taille plus petite.

Schreb. Saeugth. 3. p. 502. t. 140.

v. b. L'OURS BRUN DES ALPES. *Urfus fufcus.*

Pelage brun ou ferrugineux.

Schreb. Saeugth. 3. p. 502. t. 139. Buff. hift. nat. VIII· p. 248. pl. 31.

v. c. L'OURS BLANC TERRESTRE. *Urfus albus.*

Buff. hift. nat. VIII. p. 248. pl. 32.

v. d. L'OURS VARIÉ. *Urfus variegatus.*

Pelage varié.

Les variétés *c.* & *d.* habitent en Iſlande ; la variété *a.* ſe trouve dans les bois marécageux & froids de l'Europe & de l'Aſie ſeptentrionale ; la variété *b.* ſe trouve auſſi dans les Pyrenées, les Alpes de la Savoie, de la Suiſſe, les monts Krapachs, le Caucaſe, en Pologne, en Grèce, en Paleſtine, en Égypte, en Barbarie, à Ceylan, dans l'Inde, au Japon, en Chine & en Perſe. La variété *a.* vit de racines, de baies, de divers végétaux ; la variété *b.* ſe nourrit auſſi de fourmis & d'autres inſectes, de ruches d'abeilles, d'animaux morts, de voyeries de beſtiaux, de cerfs & de chevaux ; il évente d'abord ſa proie, il la retire même du fond d'un marais. Il mouille volontiers ce qu'il veut manger. Conché dans ſa retraite il lêche continuellement ſes pattes antérieures. (1) La variété *b.* s'accouple à la fin de Juin & la femelle donne le jour, au commencement de Janvier, communément à un ſeul ourſon. La variété *a.* s'accouple à la fin d'Octobre, & le tems de la geſtation eſt de cent douze jours. (Après s'être bien engraiſſé en automne) il paſſe l'hiver dans ſa caverne ſans manger (mais en ſuçant ſes pattes) depuis la mi-Novembre juſqu'au commencement du degel ; hors ce tems, il erre d'ordinaire autour de ſa tanière ; il eſt pareſſeux & indolent, à moins qu'il ne ſoit attaqué ; alors ſe rélevant avec beaucoup d'agilité ſur ſes pieds de derrière, il combat à coups de poings. Il n'aſſaillit point l'homme, ſinon qu'il en reçoive quelque injure (2) ; avant de combattre, il force ſes petits à grimper ſur des arbres. Quelque effrayé qu'il ſoit, il deſcend toujours d'un endroit élevé à reculons ; il n'a pas de vermine ; on rapporte qu'il fuit le chant. Il ſe tient ſur ſes pieds poſtérieurs ; il nage (avec facilité.) Il a le poil fort touffu, le regard louche, & ſes yeux ont une membrane clignotante. Ses pouces ſont plus étroit que ſes autres doigts. Il a quatre mamelles. Son crâne eſt plus petit que celui du lion, mais non pas ſon cerveau. Les Lappons ſe ſervent de ſes tendons au lieu de fil. Sa chair eſt

---

(1) Le deſſous de ſes pieds eſt gros & enflé ; cette partie paroit compoſée de petites glandes qui ſont comme des mamelons, & lorſqu'on la coupe, il en ſort un ſuc blanc & laiteux. *Buffon.*

(2) On prétend que par un coup de ſiflet on l'étonne au point qu'il s'arrête & ſe leve ſur ſes pieds de derrière C'eſt le tems qu'il faut prendre pour le tirer & tâcher de le tuer, car s'il n'eſt que bleſſé, il vient de furie ſe jetter ſur le tireur, & l'embraſſant des pattes de devant, il l'étoufferoit ſi l'on ne venoit au ſecours. *Buffon.*

mangeable. Son fiel est très-amer, on le recommande dans l'épilepfie. Sa graisse est d'usage comme cosmétique, pour adoucir la peau. (1)

II. L'OURS BLANC. *Ursus maritimus.*

Pélage blanc; queue comme coupée; tête & cou allongés.

Erxleb. fyst. mam. p. 160. Schreb. Saeugth. 3. p. 513. t. 141. Pallas. it. 3. p. 691. & fpic. zool. 14. p. 1.-24. t. 1. Briss. quad. 188. Martens fpitzb. 73. t. O. f. C. Jonst quad. p. 126. Muf. Worm. p. 319. Klein quad. p. 82. Buff. hist. nat. fupp. 3. p. 200. pl. 34. Penn. quad. p. 192. n. 139. t. 20. f. 1. Ridinger Baeren, t. 3.

Il habite près du pôle arctique, & se trouve communément fur les glaces & même fur la mer (où il s'abandonne à la nage à la pourfuite des phoques) il ne fouffre pas la chaleur, fe nourrit de poiffons, de phoques, de baléineaux, rarement de bestiaux & feulement lorfqu'il fe fent preffé par la faim. La femelle est pleine pendant fix ou fept mois, & met bas au mois de Mars, ordinairement deux petits. Ses mœurs font les mêmes que celles de l'ours proprement dit, & il fert aux mêmes ufages; fa tête est plus grande, fon crâne plus convexe, fon mufeau plus gros.

III. L'OURS D'AMÉRIQUE. *Ursus americanus.*

Pélage noir; gorge & joues ferrugineufes.

Pall. fpic. zool. 14. p. 6. 26.

Il habite dans toute l'Amérique, la terre du Chili & des Patagons exceptée; il fe nourrit de végétaux & furtout de poiffons. Sa chair est mangeable.

---

(1) On s'en fert auffi comme de topique pour les hernies, les rhumatifmes.

Tête plus allongée que dans l'ours proprement dit ; oreilles plus longues ; poils plus forts, mous, droits, longs, très-noirs, plus fins & plus luisans.

IV. Le BLAIREAU. *Urfus meles.*

Queue de la couleur du corps ; corps cendré en deffus, noir en deffous, bande longitudinale noire paffant par les yeux & les oreilles.

Faun. fuec. 20. Schreb. Saeugth. 3. p. 516. t. 142. fyft. nat. 6. p. 6. Briff. quad. 183. Gefn. quad. 687. f. p. 686. Ald. dig. p. 263. f. p. 267. Jonft. quad. p. 146. t. 63. Raj. quad. 185. Klein quad. 73. Buff. hift. nat. VII. p. 104. pl. 7. 8. Penn. quad. p. 201. n. 142. Ridinger jagdb. Thier. t. 17.

v. b. LE BLAIREAU BLANC. *Meles alba.*

Blanc en deffus ; d'un blanc-jaunâtre en deffous.

Briff. quad. 185.

v. c. LE BLAIREAU TACHÉ. *Meles maculata.*

Blanc, taché de jaune-rouge & de brun.

Ridinger allerl. Thier. t. 24.

Le blaireau habite en Europe & dans l'Afie feptentrionale jufqu'au nord de la Perfe & jufqu'à la Chine, même au Ja-pon ; la variété *b.* fe trouve dans la province de New-yorck en Amérique ; la variété *c.* eft très-rare ; il fe tient dans les fentes des rochers, & entre les pierres, (ou dans des ter-riers qu'il fe creufe dans les bois) ; il eft monogame, s'ac-couple en Novembre ou au commencement de Décembre ; la femelle met bas après neuf femaines trois à cinq petits ; il fe nourrit d'infectes, d'œufs, de feigle en herbe, de feuil-les de gefle, ainfi que d'autres végétaux ; leur faifon paffée, il fe retire dans fon trou ; & engraiffe extrêmement ; la nuit, il chaffe aux lapins ; il fe fait un terrier dans lequel il fe gîte ; chaque individu dépofe à part fes excremens dans un endroit diftinct & déterminé hors de fon domicile ; il fe cache de jour ; il a au deffus de l'anus une ouverture ou follicule d'où fuinte une liqueur onctueufe, d'affez mauvaife odeur qu'il fuce pendant l'hiver. On peut l'apprivoifer.

Membrane clignotante, s'étendant fur tout l'œil. Six mamelles, deux fur la poitrine, quatre fur le ventre. Jambes courtes, pieds à cinq doigts. Longueur de plus de deux pieds. La variété *b.* n'eft longue que de vingt-un pouces.

Defcript. anat. E. N. C. d. 2. a. 5. obf. 32. & d. 3. a. 3. obf. 163.

V. Le CARCAJOU. *Urfus labradorius.*

Queue d'un jaune brunâtre, terminée par de longs poils qui l'environnent ; gorge, poitrine & ventre blancs ; pieds de devant à quatre doigts.

Schreb. Saeugth. 3. p. 520. t. 142. B. Penn quad. p. 202. n. 143. Buff. hift. nat. fupp. 3. p. 242. pl. 49.

Il habite au Labrador & à la baie d'Hudfon ; il eft un peu plus petit que le blaireau, & a le poil plus doux & plus long. Oreilles courtes, blanches, bordées de noir. |Tête blanche, à deux bandes noires, s'étendant derrière le nez par les yeux. Poils du dos brun marron à leur origine, enfuite d'un jaune brun, puis noirs, & terminés de blanc. Jambes brunes.

VI. Le RATON. *Urfus lotor.*

Queue annelée ; bande noire tranfverfale fur les yeux.

Schreb. Saeugth. 3. p. 521. t. 143. act. Stockh. 1747. t. 3. f. 1. Houttuyn nat. 2. p. 237. t. 15. f. 1. Briff. quad. p. 189. Fernand. anim. n. 2. p. 1. Nieremb. hift. nat. p. 175. Jonft. quad. t. 74. Raj. quad. 179. Catesb. carol. app. p. 29. Kalm. it. 2. p. 228. 327. & 3 p. 24. Laws carol. 121. Penn. quad. 199. n. 141. Worm. muf. 319. Major mofh. 30. Raj. quad. 179. Muller del. nat. fel. 2. p. 99. t. K. I. f. 2.

Il habite les lieux maritimes de l'Amérique, furtout de fa partie feptentrionale, ainfi que des îles voifines des deux côtés de ce continent, & fe tient le plus fouvent dans le creux des arbres. La femelle met bas au mois de Mai deux ou trois petits. Il se nourrit avec plaisir d'œufs, de coquillages, de poules. Il trempe sa nourriture dans l'eau & la porte à sa bouche avec ses pieds de devant; il a l'odorat & le tact excellens, la mémoire très-bonne (se ressouvient surtout des mauvais traitemens); il dort depuis minuit jusqu'à midi. Il fuit si on lui présente des soies de cochon. Il grimpe volontiers.

Son pélage est cendré, mêlé de poils redressés, ferrugineux, noirs à leur sommet, ce qui lui donne une nuance de cette dernière couleur, lorsqu'on le regarde d'un certain sens. Tête brune, à front blanc; bande noire passant par les yeux, interrompue dans son milieu, & d'où s'élève une ligne perpendiculaire de la même couleur. Queue annelée de poils noirs. Penis muni d'un os courbé.

VII. La WOLVERENE. *Ursus luscus.*

Queue longue; corps ferrugineux; museau brun ainsi que le front; bande sur les côtés du corps de la même couleur.

Briss. quad. p. 188. Edw. av. 2. p. 103. t. 103. Ellis hudson 1. p. 40. t. 4. Penn. quad. p. 195. n. 140. t. 20. f. 2.

Elle habite à la baie d'Hudson, & approche du loup par la taille, & du glouton par la forme de la tête. Poils longs & rudes. Queue d'un chatain plus foncé à son sommet que dans le reste de sa longueur; pieds antérieurs à quatre doigts, ceux de derrière à cinq doigts.

VIII. Le GLOUTON. *Ursus gulo.*

Queue de la couleur du corps; pélage d'un roux brun; milieu du dos noir.

Schreb. Saeugth. 3. p. 525. t. 144. Georgi it. p. 160. Pall. spic. zool. 14. p. 25. t. 2. syst. nat. 12. p. 67. Faun. suec. 14. Houtt. nat. 2. p. 189. t. 14. f. 4. Gunner act. Nidros. 3. f. 5. Gesn. quad. p. 554. Ald. dig. p. 178. Jonst. quad. p. 131. t. 57. Scheff. lap. 339. Rzaczynski. polon. 218. Klein quad. p. 83. t. 5. Penn. quad. p. 196. Zimmerm. spic. zool. geogr. 309. Buff. hist. nat. supp. 3. p. 240. pl. 48. Nieremb. hist. nat. p. 188. Genberg act. Stockh. 1773. p. 222. t. 7. 8.

Il habite les contrées les plus feptentrionales de l'Amérique, de l'Afie & de l'Europe, rarement en Pologne & en Courlande, très rarement en Allemagne ; il fe tient particuliérement dans les lieux montueux & les grandes forêts. Il s'accouple en Janvier ; la femelle met bas ordinairement au mois de Mai, un à trois petits dans le plus épais des bois ; il eft rufé & très-vorace, fe nourrit de lievres, de rats, de rennes, d'oifeaux, d'animaux morts, auffi de poiffon, de fromage & d'autres mangeailles. Il grimpe avec facilité, n'attaque jamais fpontanément l'homme ; il fe défend contre les chiens par fon horrible puanteur (1) ; elle s'affoiblit de beaucoup après fa mort. On peut l'apprivoifer dans fa jeuneffe. Sa peau fait une très-bonne & très-magnifique fourrure.

Il eft plus grand que le blaireau, (fa longueur eft de deux pieds deux pouces depuis le bout du nez jufqu'à l'origine de la queue.) Mais il eft plus mince ; jambes très groffes & très robuftes, vêtues de longs poils ; pieds à cinq doigts. Queue plus courte que les cuiffes, auffi très - velue. Six mamelles. Dents incifives fupérieures intermédiaires, égales, comme lobées de deux côtés, les extérieures plus longues, coniques, fortes, lobées d'un feul côté ; dents incifives inférieures au nombre de fix, mouffes-tronquées, dont deux alternativement plus internes, celles du milieu plus petites, les extérieures plus groffes. Dents canines rondes, coniques, très fortes, un peu obtufes, les fupérieures un peu plus grandes, éloignées des incifives, ridées à l'extérieur, celles d'en bas rapprochées des autres dents. Dents molaires fupérieures de chaque côté au nombre de cinq, les inférieures au nombre de fix, toutes lobées, la première & la dernière menue.

Defcr. anat. Barth. cent. 4. obf. 30.

Les quadrupèdes de ce genre ont cinq doigts aux pieds ;

---

(1) Le Comte de Buffon ne rapporte point ce fait, au contraire il dit d'après Olaüs magnus : ,, les Chiens, même les plus courageux craignent d'approcher & de combattre le glouton, il fe défend des pieds & des dents, & leur fait des bleffures mortelles, mais comme il ne peut échapper par la fuite, les hommes en viennent aifément à bout. Il paroît qu'il y a erreur dans le texte ; je ne trouve ailleurs aucune mention de la puanteur de cet animal.

K

le pouce non éloigné des autres doigts; ils marchent fur leurs talons, ils grimpent; quelques-uns fe fervent de leurs pieds de devant comme de mains.

GENRE XVIII.

SARIGUE.

Dents incifives menues, arrondies; les fupérieu-res au nombre de dix, les deux intermédiaires plus longues.

Les inférieures au nombre de huit, les deux in-termédiaires plus larges, très-courtes.

Dents canines longues.

Dents molaires dentelées.

Langue ciliée de papilles.

Bourfe ou follicule abdominale (dans la plupart des efpeces) renfermant les mamelles.

I. Le SARIGUE DE SURINAM. *Didelphis marfupialis.*

Huit mamelles.

Schreb. Saeugth. 3. p. 536. t. 145. Briff. quad. 201. Seb. muf. 1. p. 64. t. 39. Klein quad. p. 59.

Il habite à Surinam.

Port du blaireau; taille d'un gros chat ou de la marte. Na-rines perpendiculaires en forme de croiffant. Mouftaches lon-gues, placées en cinq rangs. Huit foies derrière l'ouverture de la bouche, cinq foies fous la gorge. Oreilles ovales, lâches, noires, terminées de blanc. Dents molaires lobées, les anté-rieures fimples, les premières très-petites. Jambes noires, liffes, vêtues de poils courts. Queue de la longueur du corps.

II Le PHILANDRE. *Didelphis philander.*

Queue pileufe à fa bafe ; oreilles pendantes ; quatre mamelles.

Schreb. Saeugth. 3. p. 541. t. 147. Briff. quad. 210. Seb. muf. 1. p. 57. r. 36. f. 4. Gumilla Orin. 3. p. 238.

Il habite dans toute l'Amérique méridionale.

Longueur du corps neuf pouces, celle de la queue d'environ quatorze pouces. Six rangs de mouftaches. Bord de l'orbite des yeux ferrugineux ; pieds blanchâtres ; la partie nue de la queue, blanchâtre, tachée de brun.

III. L'OPOSSUM. *Didelphis opoffum.*

Queue demi-pileufe ; region des fourcils de couleur plus pâle.

Schreb. Saeugth. 3. p. 537. t. 146. AB. Briff. quad. 207. Seb. muf. 1. p. 56. 57. t. 36. f. 1. 2. 3. Barr. fr. eq. p. 166. Gefn. quad. p. 870. Ald. dig. p. 223. Hernand. mexic. p. 330. Marcgr. braf. 223. 222. Pif. brafil. 323. Tyfon. act. ang. n. 239. p. 105. Cowper act. ang. n. 290. p. 1565. Catesb. Carol. p. 120. Buff. hift. nat. X. p. 279. pl. 45. 46. Penn. quad. p. 204. t. 21. f. 1.

v. L'OPOSSUM DES MOLUQUES. *Opoffum molucca.*

D'un brun foncé fur le dos.

Briff. quad. 209.

L'Opoffum habite les contrées chaudes & les plus temperées de l'Amérique, ainfi qu'aux îles Antilles. La variété fe trouve à Ceylan, aux îles Philippines & Moluques.

Au moyen de fa queue prenante, il s'élance d'arbre en arbre ; il eft lent à la courfe, & a la vie dure. Son cri eft une forte de grognement. On peut l'apprivoifer. La femelle fait quatre ou cinq petits, qu'elle cache avec beaucoup de foin dans la poche de son bas-ventre. Sa longueur est d'environ un pied. Tête plus longue & plus pointue qu'au philandre ; plus courte qu'au sarigue de Surinam. Oreilles courtes , arrondies. Cinq à sept mamelles. Queue plus courte que le corps, pileuse dans sa première partie , nue & blanchâtre dans le reste de sa longueur.

IV. Le CAYOPOLLIN. *Didelphis cayopollin.*

Queue plus longue que le corps ; point de poche sous le ventre ; bord de l'orbite des yeux noir.

Schreb. Saeugth. 3. p. 544. t. 148. Briff. quad. p. 212. Fernand. nov. Hiip. p. 10. Nieremb. hift. nat. p. 158. Seb. muf. 1. p. 49. t. 31. f. 3. Buff. hift. nat. X. p. 350. pl.55 .Penn. quad. p. 208. n. 146.

Il habite les lieux montueux de la nouvelle Efpagne ; il diffère de l'opoffum & de la marmofe par fon mufeau plus gros, fes oreilles plus courtes & plus étroites. Dents molaires fupérieures au nombre de cinq de chaque côté. Queue longue de onze pouces , blanchâtre, tachée de brun bai, pileufe à fon origine. Corps long de fix pouces.

V. La MARMOSE. *Didelphis murina.*

Queue pileufe à fon origine ; fix mamelles. (1)

Amæn. ac. 1. p. 279. muf. ad. fri. 2. p. 8. Schreb. Saeugth. 3. p. 545. p. 149. Briff. quad. p. 211. Gronov. zoophyl. 1. p. 9. n. 33. Seb. muf. 1. p. 48. t. 31. f. 2. Buff. hift. nat. X. p. 335. pl. 52. 53.

Elle habite dans l'Amérique méridionale.

Corps long de fix pouces ainfi que la queue. Six rangs de mouftaches, plus courtes que la tête , ferrugineufes, hors le rang inférieur qui eft blanc. Dos convexe, ferrugineux, comme

---

(1) Buffon dit que le nombre des mamelles varie , & d'avoir vu une marmofe qui en avoit quatorze.

auffi le fommet de la tête. Ongles très aigus. Mamelles cylindriques , au nombre de fept ou environ. (1)

VI. Le PHILANDRE DE SURINAM.
Didelphis dorfigera.

Queue pileufe à fa bafe , plus longue que le corps ; doigts
des pieds antérieurs garnis d'ongles courts & obtus.

Schreb. Saeugth. 3. p. 546. t. 150. Briff. quad. p. 212.
Merian inf. furin. p. 66. t. 66. Seb. muf. 1. p. 49. t. 31. f. 4.
5. Seb. muf. 2. p. 90. t. 84. f. 4. Buff. hift. nat. XV. p. 157.
Penn. quad. p. 210. n. 149.

Il habite à Surinam , dans des trous creufés fous terre ; la
femelle met bas cinq ou fix petits ; à la vue de quelque pé-
ril , ils montent fur le dos de leur mere & s'y tiennent en
accrochant leurs queues à la fienne.

Taille du rat ; orbite des yeux bordée de brun ; queue blanchâtre , à taches brunâtres dans le mâle , très-longue, nue ;
ongles des pieds de devant obtus, ceux des pieds de derrière
aigus. Oreilles luifantes , nues. Eft-ce la même efpèce que la
marmofe ? (2).

VII. Le CRABIER. *Didelphis cancrivora.*

Queue écailleufe, prefque entièrement nue , & à-peu-près
de la longueur du corps ; ongle du pouce des pieds poftérieurs plane.

––––––––––●––––––––––

(1) Le gland de la verge du mâle eft fourchu comme
celui de *l'opoffum* , il eft également placé dans l'anus ; &
cet orifice dans la femelle paroit être auffi l'orifice de la
vulve. La naiffance des petits femble être encore plus pré-
coce dans l'efpèce de la marmofe, que dans celle de l'opoffum ; ils font à peine auffi gros que de petites feves lorfqu'ils naiffent & qu'ils vont s'attacher aux mamelles. Nous
avons vu , ajoute Mr. de Buffon, dix petites marmofes , chacune attachée au mamelon , & il y avoit encore fur le ventre de la mere quatre mamelons vacans.

(2) C'eft une efpèce diftincte.

K 3

Buff. hift. nat. fupp. 3. p. 272. pl. 54.

Il habite les endroits marécageux de Cayenne, & fe tient
pendant le jour dans les rizières ; il fe nourrit de crabes, a
le grognement d'un petit cochon, eft toujours gras ; on l'apprivoife aifément ; la femelle met bas dans le creux des arbres quatre ou cinq petits.

Sa longueur eft d'environ dix fept pouces. Poils frifés comme
de la laine, parfemés de foies, qui forment à cet animal une efpèce de crinière de couleur brune depuis
le milieu du dos jufqu'au commencement de la queue. La
tête, les épaules, le cou, les cuiffes font d'un jaune rougeatre,
tre., les côtés & le ventre font jaunâtres ; jambes & pieds
d'un brun noirâtre. Bord de l'orbite des yeux noir. Oreilles
courtes, ovales, nues.

VIII. Le SARIGUE à courte queue. *Didelphis brachyura.*

Queue couverte de poils ; oreilles nues, très-courtes ; point
de poche fous le ventre ; pélage roux.

Schreb. Saeugth. 3. p. 548. t. 151. Pall. act. ac. Petrop.
1780. 2. p. 235. t. 5. Briff. quad. t. 213. Gronov. zoophyl.
1. p. 9. n. 35. Seb. muf. 1. p. 50. t. 31. f. 6. Penn. quad.
p. 208. n. 147.

Il habite les bois de l'Amérique méridionale. La femelle
fait neuf à dix petits.

Longueur du corps de trois pouces deux lignes à cinq
pouces fix lignes ; celle de la queue d'un pouce huit lignes à
deux pouces quatre lignes. Par la forme de fa tête il approche du Cayopollin ; il a le mufeau moins allongé que l'opoffum, moins aigu que la marmofe, à laquelle cependant il
reffemble affez par le refte du corps, par le défaut de poche fous le ventre & par le penis placé dans l'anus en deffous du fcrotum. Pélage très-doux, luifant, d'un très-beau roux
fur les côtés de la tête & fur le tronc.

IX. Le PHALANGER. *Didelphis orientalis.*

Queue pileufe dans prefque toute fa première moitié, prenante, plus longue que le corps; poche fous le ventre; deux
doigts intermédiaires des pieds poftérieurs reunis. (1)

Pall. mis. zool. p. 59. Erxleb. mamm. p. 79. Schreb. Saeugth.
3. p. 550. t. 152. Penn. quad. p. 209. n. 148. Valent. ind.
3. p. 272. Buff. hift. nat. XIII. p. 92. pl. 10. 11.

Il habite aux iles Moluques, peut-être auffi dans la nouvelle Hollande. (2) Il reffemble à l'écureuil par fa façon de
manger, & par fon cri; il eft extrêmement craintif. La femelle a deux ou quatre mamelles, & fait auffi deux ou quatre petits.

Il diffère de fes congenères, par fa tête plus convexe,
fon mufeau plus robufte, fes oreilles & fes pieds plus courts,
fes ongles plus longs & plus courbés.

X. Le SARIGUE à tête de renard. *Didelphis brunii.*

Queue courte, nue. Jambes poftérieures plus longues que
les antérieures, n'ayant que trois doigts.

Schreb. Saeugth. 3. p. 551. t. 153. Le Brun. Voy. 1. p. 347.
f. 213.

Il habite . . . . .

Il a la tête du renard, la taille & le poil du lièvre; par
les pieds il reffemble à la gerboife, par fa poche abdominale
au Sarigue.

---

(1) C'eft le premier doigt des pieds de derrière qui eft
foudé avec fon voifin, en forte que ce double doigt fait la
fourche & ne fe fépare qu'à la dernière phalange pour arri-
ver aux deux ongles; caractere unique qui le fépare de toutes les autres efpèces d'animaux auxquelles on voudroit le rap-
porter; le pouce eft féparé des autres doigts & n'a point
d'ongle à fon extrêmité. *Buffon.*

(2) L'efpèce paroît appartenir à l'Amérique méridionale.

XI. Le KANGURO. *Didelphis gigantea.*

Queue longue, groffe ; jambes de derriere prefque trois fois plus longues que celles de devant, & n'ayant que trois doigts.

Schreb. Saeugth. 3. p. 552. t. 154. Hawkefworth Voy. 3. p. 174. t. 51.

Il habite dans la nouvelle-Hollande ; il faute, creufe, & mange comme la gerboife de laquelle il différe cependant beaucoup par les dents, car ce font celles du Sarigue. L'animal adulte eft de la grandeur d'un mouton. Pelage d'un jaunâtre cendré ; tête plus obtufe que dans les autres efpeces de farigue ; oreilles longues ; tronc mince antérieurement, épais & mufculeux par derriere ; ongles des pieds du devant d'un noir-luifant ; doigt du milieu des pieds poftérieurs prominent.

XII. Le TARSIER. *Didelphis macrotarfus.*

Queue mince, nue, très-longue, un peu terminée en floccon ; tarfes des pieds poftérieurs allongés nus ; ongle des pouces plane.

Schreb. Saeugth. 3. p. 554. t. 155. Buff. hift. nat. XIII. p. 87. t. 9. Penn. quad. p. 298. n. 225.

Il habite . . . . .

Cet animal mitoyen entre les makis, les gerboifes & les farigues, & un peu plus grand qu'un rat, s'éloigne par les dents de tous les autres animaux à mamelles. Il a à chaque mâchoire deux dents incifives aiguës, une dent canine de chaque côté, les deux fupérieures courtes, celles d'en bas longues ; fix dents molaires de chaque part. Il fe fert de fes pieds qui font fans poils, comme de mains. Poils frifés, doux, longs, d'un noir-cendré à leur bafe, ferrugineux à leur fommet. Tête ronde ; mufeau court & aigu ; oreilles longues, minces, nues. Jambes de derriere beaucoup plus longues que celles de devant.

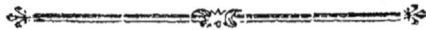

Les farigues, habitans pour la plûpart de l'Amérique, jamais

de l'Afrique ni de l'Europe , vivent dans les bois & fe tiennent fur les arbres & dans des trous qu'ils fe creufent ; ils
grimpent en s'aidant de leur queue prenante , & marchent
d'un pas affez lent ; ils fe nourriffent d'oifeaux , fur-tout de poules , d'infectes , de vermiffeaux , auffi de végétaux. Leurs pieds
font , dans prefque tous , à cinq doigts , fendus , le pouce
des pieds poftérieurs éloigné des autres doigts & à ongle plane
ou mouffe. Les mâles ont la verge cachée & à gland bifide. Les femelles ont une poche ou bourfe fous le ventre
qu'elles ferment & ouvrent à leur gré , & foutenue par deux
os particuliers , qui fe trouvent même dans le mâle.

GENRE XIX.

TAUPE.

*Dents incifives inégales , fept fupérieures , huit
inférieures.*

*Dents canines folitaires , les fupérieures plus
grandes.*

*Sept dents molaires à la mâchoire fupérieure de
chaque côté , fix à l'inférieure.*

I. La TAUPE D'EUROPE. *Talpa Europæa.*

Queue courte , pieds à cinq doigts.

Erxl. mamm. p. 114. Schreb. Saeugth. 3. p. 558. t. 156.
fyft. nat. XII. p. 73. Faun fuec. 23. Briff. quad. 204. it. fcan.
332. Gefn. quad. 931. Ald. dig. 45. Ray. quad. 236. Buff.
hift. nat. VIII. p. 81. pl. 12. fupp. 3. p. 193. pl. 32. Gautier
obf. 1. part. 3. p. 155. t. B. Penn. quad. p. 311. n. 241.

v. b. La TAUPE VARIÉE. *Talpa variégata.*

Pelage varié de taches blanches.

Briff. quad. 205. Seb. muf. 1. p. 68. t. 41. f. 4. Edw. glean.
2. p. 122. t. 268.

γ. *c.* La TAUPE BLANCHE. *Talpa alba.*

Pelage blanc.

Briff. quad. 205. Seb. muf. 1. p. 51. t. 32. f. 1.

γ. *d.* La TAUPE JAUNE. *Talpa flava.*

Pelage jaune.

Penn. quad. p. 311. n. 241. B.

γ. *e.* La TAUPE CENDRÉE. *Talpa cinerea.*

Pelage cendré.

Hübfch naturf. 3. p. 98. Richter abhandl. über die phyf. Befchaff. von Boehmen. Prag. & Drefd. 1786. 4. p. 82.

La Taupe habite les terres chaudes , découvertes , & fer-
tiles de toute l'Europe , de l'Afie feptentrionale & de l'Afrique ;
elle fillonne les prés & les jardins , fe nourrit de lombrics , de
larves d'infectes , & non de plantes ; on la fait fuire en inon-
dant fon domicile , forcée enfin de fortir de fa retraite , elle
grimpe fur le premier arbre. Son pelage eft très-fin , formé
de poils doux , foyeux & ferrés. Elle s'accouple au printems ;
le mâle a le penis exceffivement long , il paroît qu'il n'a
qu'une femelle , laquelle met-bas quatre ou cinq petits.

*Defcr. anat. E. N. C. d. 1. a. 2. obf. 51. & d. 2. a. 1. obf. 130.
Voyez auffi Gleditfch. op. mifc. 3. n. 5. Paulin. C. F. Talpa.
Francof. 1689. de la Faille Naturgefch. des Maulwurfs Francof.
1778.*

II. La TAUPE à longue queue. *Talpa lon-*
gicaudata.

Queue médiocre ; pieds à cinq doigts , ceux de derrière
écailleux.

Erxleb. mam. p. 118. Penn. quad. p. 314. n. 244. t. 28. f. 2.

Elle habite dans l'Amérique feptentrionale ; Elle reffemble
par fon afpect extérieur à la Taupe d'Europe , en diffère
cependant par fa queue moins courte , ayant deux pouces de

longueur, & par fon pelage bai ; pieds poftérieurs écailleux, prefque fans poils, & à ongles longs. La longueur du corps eft de quatre pouces.

III. Le TUCAN. *Talpa rubra.*

Queue courte ; pieds de devant à trois doigts, ceux de derriere à quatre doigts.

Erxleb. mam. p. 119. Briff. quad. p. 206. Seb. muf. 1. p. 51. t. 32. f. 2. Penn. quad. p. 315. n. 246.

Il habite en Amérique ; affez femblable à la Taupe d'Europe, cependant un peu plus grand ; queue groffe à fon origine.

IV. La TAUPE DORÉE. *Talpa Afiatica.*

Point de queue ; pieds à trois doigts.

Schreb. Saeugth. 3. p. 562. t. 157. Briff. quad. 206. Seb. muf. 1. p. 51. t. 32. f. 4. 5. Penn. quad. p. 313. n. 242.

Elle habite au cap de bonne Efpérance (felon Pallas ; en Sibérie felon Briffon & Seba.)

Mufeau plus court que dans la Taupe d'Europe ; narines chauves ; poils bruns, changeant en vert & rouge avec une nuance dorée.

Les Taupes vivent fous terre, y creufent des tuyaux cylindriques, fe nourriffent principalement de vers. Elles ont la tête groffe, le mufeau allongé, les yeux très-petits & couverts, point d'oreilles externes, le corps gros, les jambes courtes, les pieds de devant larges, grands, plus courts que ceux de derriere, & munis d'ongles plus longs.

GENRE XX.

MUSARAIGNE.

Deux dents incifives fupérieures longues , bifides.
Deux à quatre dents incifives inférieures , les intermédiaires plus courtes.
Plufieurs dents canines de chaque côté.
Dents molaires terminées en pointe.

I. La MUSARAIGNE radiée. *Sorex criftatus.*

Narines caronculées ; queue courte.

Penn. quad. p. 313. n. 243. t. 28. f. 1. (Buff. œuv. comp. 4°. v. 3. p. 408. pl. 59.)

Elle habite dans le Nord de l'Amérique ; elle reffemble à la taupe par fon afpect extérieur & la longueur du mufeau, fe nourrit de racines.

Poils courts , fins , denfes & ferrés , de couleur noire ; pieds de devant d'un beau blanc , ceux de derriere écailleux. Quatre dents incifives inférieures , quatre dents canines de chaque côté. Narines garnies d'une caroncule étoilée-palmée , à dix ou quinze rayons fubulés , (nuancés d'une belle couleur de rofe) ; queue prefque nue , de la couleur du corps , n'ayant guere plus d'un pouce & un quart de longueur (1) ; celle du corps eft à peine de quatre pouces.

II. La petite MUSARAIGNE. *Sorex minutus.*

Mufeau très-long ; point de queue.

Schreb. Saeugth. 3. p. 178. t. 161. B. Laxmann. fibir. Brief. p. 72. Penn. quad. p. 108. n. 237.

---

(1) Selon M. de la Faille dans fon Mémoire fur les Taupes, la queue eft longue de trois pouces & no feule.

Elle habite en Sibérie, & se tient dans les buissons humides sous les racines des arbres; son nid est composé de lichens; elle y fait provision de graines; elle creuse & court avec vitesse; elle ronge; son cri ressemble à celui de la chauve-souris.

Après la très-petite Musaraigne, n°. 11. c'est le plus petit des animaux à mamelles, son poids n'étant que d'une dragme; son poil est très-fin, luisant, de couleur grise, blanchâtre sous le corps. Tête presque de la longueur du tronc, à museau aminci, creusé en dessous. Moustaches atteignant les yeux; ils sont petits & enfoncés. Oreilles dilatées, courtes, nues. Cinq ongles à tous les pieds.

III La MUSARAIGNE brune. *Sorex aquaticus.*

Pieds postérieurs palmés; les antérieurs blancs, ainsi que la queue, qui est courte.

Schreb. Saeugth 3. p. 566. t. 158. Seb. mus. 1. p. 51. t.32. f. 3. Penn. quad. p. 314. n. 245.

Elle habite dans l'Amérique septentrionale. *P. Kalm.*

Taille de là Musaraigne radiée ou de la Taupe. Poils luisans, d'un cendré-obscur, bruns à leur sommet. Corps de cinq pouces de longueur, celle de la queue est d'un pouce. Quatre dents incisives inférieures.

IV. Le DESMAN. *Sorex moschatus.*

Pieds palmés; queue comprimée-lanceolée.

Pallas it. 1. p. 156. Lepechin it. 1. p. 178. t. 13. Erxleb. mam. p. 127. Schreb. Saeugth. 3. p. 567. t. 159. syst. nat. XII. 1. p. 79. Faun. suec. p. 11. n. 28. Briss. quad. 92. Clus. exot. p. 375. Jonst. quad. 169. t. 73. Ald. dig. p. 447. f. p. 448. Ray. quad. p. 217. J. G. Gmelin nov. comm. Petrop. 4. p. 383. r. 5. t. 13. Buff. hist. nat. X. p. 1. pl. 1. Güldenstedt Besch. der Berl. naturf. Fr. 3. p. 107. t. 2. S. G. Gmelin it. 1. p. 28. t. 3. 4. Penn. quad. p. 260. n. 192.

Il habite les régions situées entre le Volga & le Tanaïs, du

50 au 57me. dégré de latitude, près des lacs, fur les bords
defquels il fe creufe des trous, dont l'entrée eft fous l'eau
même ; il fe nourrit de racines d'acore.

Plus grand qu'un gros hamfter, il a la tête femblable à
celle de la Taupe. Mufeau très-mobile, cartilagineux. Mouftaches blanchâtres en douze rangs. Yeux très-petits. Point d'o-
reilles externes. Tronc plane, enveloppé outre la peau, d'un
pannicule charnu. Pelage du caftor. Pieds nus, écailleux en
deffus, noirâtres, ainfi que la queue (qui eft auffi couverte
d'écailles jufqu'environ de fon extrêmité) ; quatre dents incifives inférieures, fix dents canines de chaque côté ; quatre
dents molaires de chaque part en deffus, trois en deffous. Sept
à huit follicules jaunâtres près de l'origine de la queue, joints
par la toile celluleufe de la peau, hors defquels fuinte une matiere fluide auffi de couleur jaunâtre, d'une odeur de civette
très-pénétrante, & dont chaque animal rend à-peu-près un
fcrupule.

V. La MUSARAIGNE d'eau. *Sorex fodiens.*

Queue médiocre, prefque nue ; corps noirâtre, cendré en
deffous ; doigts ciliés.

Erxleb. mam. p. 124. Schreb. Saeugth. 3. p. 571. t. 161.
Merret. pin. p. 167. Buff. hift. nat. VIII. p. 64. t. 11. f. 1.
Penn. quad. p. 308. n. 236.

Elle habite en Angleterre, en Bourgogne, en Allémagne,
en Pruffe, en Sibérie, près des ruiffeaux & des fontaines ; on
la rencontre plus rarement que la Mufaraigne commune. Elle
nage. La femelle a dix mamelles, & met bas au printems
neuf petits.

Corps long de trois poûces, queue de plus de deux pouces ;
extrêmité du mufeau plus large que dans la Mufaraigne commune ; pieds affez longs ; deux dents incifives inférieures ;
trois dents canines de chaque côté à la machoire fupérieure ;
deux de chaque côté à la mâchoire inférieure ; quatre dents
molaires de chaque part en deffus, trois en deffous.

VI. La MUSARAIGNE marine. *Sorex ma-rinus.*

Queue médiocre ; corps brun ; pieds & queue cendrés.

Elle habite dans l'île de Java.

Corps de la grandeur d'une fouris. Mufeau allongé, cana-liculé en deffous, de couleur cendrée, à mouftaches longues ; oreilles arrondies, prefque nues. Deux dents incifives & ai-guës, parallèles. Pieds à cinq doigts, onguiculés. Queue un peu plus courte que le corps, & moins pileufe.

VII. La MUSARAIGNE commune. *Sorex araneus.*

Queue médiocre ; corps blanchâtre en deffous.

Faun. fuec. 24. Schreb. Saeugth. 3. p. 573. t. 160. Briff. quad. p. 126. Gefn. quad. p. 747. Ald. dig. p. 441. f. p. 442. Jonft. quad. p. 168. t. 66. Raj. quad. p. 239. Buff. hift. nat. VIII. p. 57. pl. 10. f. 1. Penn. quad. p. 307. n. 235.

Elle habite dans toute l'Europe, & dans l'Afie feptentrio-nale ; elle fe tient dans les monceaux de pierres, autour des villages dans la terre, les fumiers, les étables, les granges, les habitations humides, & près des eaux. Elle fe nourrit entr'autres de graines. Son odeur mufquée repugne beaucoup aux chats, qui la tuent mais ne la mangent point. Elle court moins vîte que la fouris. Son cri eft aigu & forme une forte de fif-flement ; la femelle met-bas au printems & pendant l'été cinq à fix petits. Sa longueur ne paffe jamais trois pouces ; fon poids n'eft guere que de trois drachmes. Ses dents font comme celles de la Mufaraigne d'eau.

VIII. La MUSARAIGNE DE SURINAM. *Sorex Surinamenfis.*

Queue de moitié plus courte que le corps ; corps bai en deffus, blanc cendré jaunâtre en deffous.

Elle habite à Surinam.

Elle approche de la précédente par la forme des oreilles ; mais par la grandeur du corps, la tête, le museau, les dents, les yeux, les pieds, elle reſſemble davantage à la muſaraigne d'eau. Queue couverte de poils très-courts & très-ſerrés, cendrée en deſſus, blanchâtre en deſſous ; bouche blanche.

IX. La MUSARAIGNE DE PERSE. *Sorex puſillus.*

Oreilles arrondies ; queue courte, un peu diſtique.

Erxleb. mam. p. 122. S. G. Gmelin it. 3. p. 499. t. 75. f. 1.

Elle habite les déſerts de la Perſe ſeptentrionale, & ſe tient dans des trous qu'elle ſe creuſe.

Elle reſſemble par les dents à la muſaraigne commune ; mais du reſte elle tient davantage de la précédente, quoiqu'elle ſoit un peu plus grande, ayant bien trois pouces & demi de longueur. Couleur du dos d'un gris obſcur, celle du ventre cendrée.

X La MURASAIGNE DU BRÉSIL. *Sorex braſilienſis.*

Brune ; trois bandes noires ſur le dos.

Erxleb. mam. p. 127. Marcg. braſ. p. 229. Buff. hiſt. nat. XV. p. 160. Penn. quad. p. 309. n. 239.

Elle habite au Bréſil ; elle n'eſt guère craintive, n'ayant pas même peur du chat. La longueur du corps eſt de cinq pouces, celle de la queue eſt de deux pouces.

XI. La TRÈS-PETITE MUSARAIGNE. *Sorex minimus.*

Queue très-groſſe, ronde.

Elle habite en Siberie, près du fleuve Jeniſei ; c'eſt le plus petit des animaux à mamelles ; ſon poids n'excède point une

demie

demie drachme ; fa couleur tire davantage fur le brun, que celle de la mufaraigne commune.

Les mufaraignes reffemblent aux taupes par la forme de la tête, mais elles approchent des fouris par le refte de la figure ; elles creufent, fe nourriffent pour la plupart d'infectes & de vers, & habitent fous terre ; quelques efpèces fe tiennent dans le voifinage des eaux. Corps gros, pieds à cinq doigts ; tête allongée, terminée par un mufeau conique. Yeux très-petits.

GENRE XXI.

HERISSON.

Deux dents incifives fupérieures, diftantes.
Deux dents incifives inférieures rapprochées.
Cinq dents canines fupérieures de chaque côté.
Quatre dents molaires de chaque part des mâchoires.
Dos couvert d'épines.

I. Le HERISSON COMMUN. *Erinaceus europæus.*

Oreilles arrondies ; narines dentelées comme la crête d'un coq.

Faun. fuec. p. 8. n. 22. Schreb. Saeugth. 3. p. 580. t. 162. Briff. quad. p. 128. Seb. muf. 1. p. 78. t. 49. f. 1. 2. Gefn. quad. p. 368. Ald. dig. p. 459. Jonft. quad. p. 171. t. 68. Raj. quad. p. 231. Buff. hift. nat. VIII. p. 28. pl. 6. Penn. quad. p. 316. n. 247. t. 28. f. 3. Knorr del. tom. 2. t. H. f. 3.

Il habite en Europe à l'exception de fa partie la plus froide ; (auffi fur les bords du Jaïc fupérieur, dans le défert des Kirgifes, & les autres regions découvertes de la Sibérie méridionale) ; il fe tient dans les broffailles & les haies ; il fait

L

fon nid dans la mouffe au pied d'un arbriffeau, & y paffe l'hiver endormi. Il rode de nuit; fe nourrit de crapauds, de vers, de coléoptères, d'écréviffes, de coquillages, de fruits, de petits oifeaux, d'animaux morts; il nage avec facilité; lorfqu'il eft effrayé ou qu'on l'irrite, il fe met en boule, fes épines hériffées; il fe lamente, fi on lui preffe les pieds. Il fent le mufc. Il eft animal domeftique chez les Kalmoucs, & y tient lieu de chat. La femelle a cinq mamelles, trois fur la poitrine & deux fur le ventre; elle s'accouple au printems & met bas au commencement de l'été trois à cinq petits. Sa chair n'eft pas bonne à manger. Il eft monogame.

Longueur d'environ dix pouces. Mufeau aigu; levre fupérieure fendue. Oreilles larges, courtes, pileufes; yeux petits & noirs. Prépuce pendant. Poils de la tête d'un fauve blanchâtre, entrêmelés de poils blancs; ceux du cou & des jambes fauves, comme auffi les poils placés parmi les épines; poils de la queue de couleur plus foncée; ceux de la gorge d'un blanc cendré, de même que ceux de la poitrine & du ventre, mais parfemés de poils fauves. Epines d'un jaunâtre cendré aux deux extrêmités, brunes dans leur milieu.

II. Le HERISSON fans oreilles. *Erinaceus inauris.*

Point d'oreilles.

Briff. quad. 184. Seb. mus. 1. p. 78. t. 49. f. 3.

Il habite en Amérique. C'eft peut-être une variété de l'efpèce précédente.

III. Le HERISSON DE MALACA. *Erinaceus malaccenfis.*

Oreilles pendantes.

Briff. quad. 183. fyft. nat. X. 1. p. 57. Seb. muf. 1. p. 81. t. 51. f. 1.

Il habite en Afie. C'eft de cette efpece que provient le beezoard recherché qu'on nomme pierre de porc.

Son aspect le fait prendre pour une espèce de hérisson, c'est aussi le sentiment de Brisson ; mais ne seroit-ce point une espèce de porc-épic ?

IV. Le HERISSON à longues oreilles. *Erinaceus auritus.*

Oreilles ovales, longues ; narines dentelées en forme de crête.

Pall. nov. comm. Petrop. 14. p. 573. t. 21. f. 4. S. G. Gmelin. nov. comm. Petrop. 14. p. 519. t. 16. Schreb. Saeugth. 3. p. 582. t. 163.

Il habite vers la partie inférieure des fleuves Volga & Ural ; ainsi que vers l'orient en deça du lac Baïkal. Il est assez semblable par ses mœurs & son port au hérisson commun, quoiqu'il soit un peu plus petit ; ses yeux sont plus grands ; il a quatre rangs de moustaches ; ses jambes sont un peu plus longues & plus minces ; sa queue est plus courte, conique, annelée & presque nue ; son poil est plus fin. La femelle met bas, quelquefois deux fois l'an, jusqu'à sept petits.

V. Le TENDRAC. *Erinaceus setosus.*

Oreilles courtes ; occiput garni de soies longues ; queue très-courte épineuse.

Schreb. Saeugth. 3. p. 583. t. 164. Buff. hist. nat. XII. p. 438. pl. 57. Sonner. it. 2. p. 146. t. 93.

Il habite à Madagascar, peut-être aussi dans l'Inde, il est plus petit que le hérisson commun & que le précédent, sa longueur étant à peine de six pouces ; son museau est cependant plus long ; il a les moustaches longues, les jambes courtes, les épines blanchâtres, d'un chatain rougeâtre dans leur milieu, les poils blancs. N'est-ce point le même que le hérisson sans oreilles ?

VI. Le TANREC. *Erinaceus écaudatus.*

Point de queue ; museau très-long, aigu.

L 2

Schreb. Saeugth. B. p. 584. t. 165. * Buff. hift. nat. XII. p. 438. t. 56. & fupp. 3. p. 214. t. 37.

Il habite à Madagafcar ; il eft plus long que le précédent, fa longueur étant d'environ huit pouces. Bouche & yeux petits ; oreilles arrondies, plus longues qu'au tendrac. Epines noires dans leur milieu, jaunâtres dans le refte de leur longueur, couvrant feulement le fommet de la tête, l'occiput, le cou & les épaules ; le refte du dos garni de foies longues de la même couleur, entrêmelées cependant de foies blanches & d'autres noires. Poils jaunâtres, celles des jambes fauves. (Il ne fe met pas en boule, non plus que le tendrac.)

ORDRE IV.

LES LOIRS.

Deux dents incifives à chaque mâchoire, rappro-
chées, éloignées des dents molaires.
Point de dents canines.

GENRE XXII.

PORC-ÉPIC.

Deux dents incifives à chaque mâchoire, coupées
obliquement.
Huit dents molaires.
Quatre ou cinq doigts aux pieds.
Corps couvert de piquans & de poils.

I. Le PORC-ÉPIC proprement dit. *Hyftrix criftata.*

Pieds antérieurs à quatre doigts; pieds poftérieurs à cinq
doigts; toupet de poils longs fur la tête; queue courte.

S. G. Gmelin it. 3. p. 107. t. 21. Schreb. Saeugth. 4. p.
599. t. 167. Briff. quad. 125. Seb. muf. 1. p. 79. t. 50. f.
1. Gefn. quad. p. 563. Aldr. dig. p. 471. f. p. 474. Jonft.
quad. p. 163. t. 68. Raj. quad. p. 206. Buff. hift. nat. XII.
p. 402. pl. 51. 52. Penn. quad. p. 262. n. 193. Ridinger.
Kl. Th. t. 90. Knorr del. 2. t. K. 2. f. 2.

Il habite dans l'Afie méridionale, en Afrique, en Efpagne, en Italie, & fe creufe des tanieres amples & divifées
en plufieurs loges, mais qui n'ont qu'une entrée; il recherche fa nourriture de nuit, laquelle confifte en fruits, en racines, en verdure; il aime particuliérement le buis. Haraffé
par un ennemi, il fe met en boule (1). La femelle met bas

---

(1) Mais leur maniere la plus commune de fe défendre eft

L 3

au printems deux à quatre petits, qu'on apprivoife aifément.

Sa longueur paffe quelquefois deux pieds. Tête allongée, comprimée; mufeau court, obtus; levre fupérieure fendue jufqu'aux narines; yeux petits, noirs; oreilles ovales, larges, courtes; queue conique; jambes courtes & groffes. Des poils cendrés entrêmelés aux piquans, qui font longs, forts, liffes, annelés de noir & de blanchâtre; l'animal à l'aide du mufcle peaucier fait les relever & les abaiffer, de même que les très-longues & fortes foies de fa nuque. Il n'eft pas rare de lui trouver un bezoard dans la véficule du fiel. Sa chair n'eft pas mauvaife à manger.

II Le COENDOU. *Hyftrix prehenfilis.*

Pieds à quatre doigts; queue longue, prenante, à demi-nue.

Schreb. Saeugth. 4. p. 603. t. 168. Briff. quad. 129. Marcg. braf. p. 233. Jonft. quad. p. 60. Raj. quad. p. 208. Barr. fr. equin. p. 153. Pif. ind. p. 99. Buff. hift. nat. XII. p. 418. pl. 54. Penn. quad. p. 264. t. 24. f. 1. Briff. quad. p. 131. Barr. fr. eq. p. 153. Pif. ind. p. 324. f. p. 325. Briff. quad. p. 127. Hernand. mexic. p. 322. Nieremb. hift. nat. p. 154.

Il habite les bois du Bréfil, de la Guiane, & de la nouvelle Efpagne; il grimpe les arbres (& fe retient aux branches avec la queue), il fe nourrit de leurs fruits & de petits oifeaux; il a le grognement du cochon; fe met en boule; dort le jour; on peut l'apprivoifer. Sa chair eft très-bonne à manger.

La longueur du corps eft d'environ un pied trois pouces; celle de la queue eft de fept pouces.

---

de fe pencher d'un côté & lorfque l'ennemi s'eft approché d'affez près de fe relever fort vîte & de le piquer de l'autre. *Voyag. de Shaw v. 1. p. 303.* La faculté que plufieurs naturaliftes ont donnée à cet animal de lancer fes piquans à une affez grande diftance & avec affez de force pour percer & bleffer profondément, eft une fable purement imaginaire, Voyez *l'hift. nat. de Buffon.*

III. L'URSON. *Hyſtrix dorſata.*

Pieds antérieurs à quatre doigts, les poſtérieurs à cinq doigts; des piquans ſur le dos ſeul.

Schreb. Saeugth. 4. p. 605. t. 169. Briſſ. quad. p. 128. Catesb. Carol. app. p. 30. Klein quad. p. 51. Edw. av. 1. p. 52. t. 52. Buff. hiſt. nat. XII. p. 426. pl. 55.

Il habite au Canada, dans la nouvelle Angleterre, à la baie d'Hudſon, à Terre-neuve. Il monte ſur les arbres, ſe creuſe des retraites ſous leurs racines, & ſe nourrit de leur écorce & de leurs fruits, particuliérement du Genevrier; il lappe l'eau à la maniere du chien, & pendant l'hiver au lieu d'eau il ſe déſaltere en mangeant de la neige.

Corps ferrugineux. Queue blanche en deſſous à ſon ſommet. Piquans preſque cachés dans le poil.

IV. Le PORC-ÉPIC à longue queue. *Hyſtrix macroura.*

Pieds à cinq doigts; queue très-longue; piquans en maſſue. Schreb. Saeugth. 4. p. 607. t. 170. Briſſ. quad. 131. Seb. muſ. 1. p. 84. t. 52. f. 1. Bont. jav. 54.

Il habite les bois des iles de l'ocean Indien.

Oreilles courtes, nues; queue de la longueur du corps, couronnée à ſon ſommet d'un faiſceau de poils longs, noueux & argentés. Corps court, muſculeux. Le porc-épic, décrit par Merrem dans l'ouvrage de Leske, Magaz. Zur naturk. und Oekonomie 1786 faſc. 2. p. 197. 198. eſt-il peut-être une variété de cette eſpèce?

GENRE XXIII.

AGOUTI.

Deux dents incifives en forme de coin.
Huit dents molaires.
Trois ou cinq doigts aux pieds antérieurs.
Quatre ou cinq doigts aux pieds poſtérieurs.
Queue courte ou nulle.
Point de clavicules.

I. Le PACA. *Cavia Paca.*

Une queue (ayant feulement deux ou trois lignes de longueur) ; pieds à cinq doigts ; côtés du corps rayés de bandes longitudinales (formées de taches feparées) d'un blanc-jaunâtre.

Erxleb. mam. p. 356. n. 7. Schreb. Saeugth 4. p. 609. t. 171. Syſt. nat. XII. 1. p. 81. n. 6. Briff. quad. p. 144. n. 4. Gronov. zooph. 1. p. 4. n. 15. Barr. Fr. equin. p. 152. Raj. quad. p. 226. Marcg. Braf. p. 224. Pif. ind. p. 201. Jonſt. quad. t. 63. Buff. hiſt. nat. X. p. 269. pl. 43. fupp. 3. p. 203. pl. 35. Bancroft Guian. p. 76. Penn. quad. p. 244. n. 178.

Il habite à la Guiane, au Bréfil, & peut-être dans toutes les contrées chaudes de l'Amérique ; il fe tient près des rivieres, où fe creufe un terrier qu'il conferve très-propre & qui a trois forties ; il eſt gras & replet ; on peut l'apprivoifer dans fa jeuneffe ; la femelle ne met bat qu'un petit. Sa chair eſt excellente à manger.

Longueur de près de deux pieds ; corps brun en deffus ; marqué fur les côtés de cinq rangées de taches blanches prefque réunies ; cou, jambes & ventre d'un blanc-fâle ; yeux grands, de couleur brune ; oreilles ovales, couvertes, un peu aiguës ; une verrue aux fourcils, aux tempes, à la gorge ; cou court ; jambes de derriere plus longues que celles de devant, & entre lefquelles fe trouvent deux mamelles.

II. L'AKOUCHI. *Cavia acuſchy*.

Une queue , pelage olivâtre.

Erxleb. mam. p. 354. Schreb. Saeugth. 4. p. 612. t. 171. B.
Barr. Fr. eq. p. 153. Buff. hiſt. nat: XV. p. 58. ſupp. 3. p. 211.
pl. 36. Penn. quad. 246. n. 180.

Il habite les bois de la Guiane , reſſemble à l'Agouti proprement dit & égale en grandeur un lapin de ſix mois ; mais
il differe de l'Agouti par ſa couleur & par ſa queue qui eſt
plus longue. Il s'apprivoiſe facilement. La femelle fait un à
deux petits. Sa chair eſt aſſez bonne à manger.

III L'AGOUTI proprement dit. *Cavia aguti*.

Une queue (très-courte) ; corps d'un roux-brun ; ventre
jaunâtre.

Erxleb. mam. p. 353. Schreb. Saeugth. 4. p. 613. t. 172. ſyſt.
nat. XII. 1. p. 80. n. 2. Briſſ. quad. p. 143. Gron. zooph. 1.
p. 4. n. 14. Brown. jam. p. 484. Raj. quad. p. 226. Barr. Fr.
eq. p. 153. Marcg. Braſ. p. 224. Piſ. braſ. p. 102. Jonſt. quad.
t. 63. Buff. hiſt. nat. VIII· p. 375. pl. 50. Linn. Act. Holm.
1768. p. 27. Penn. quad. p. 245. n. 179

v. b. L'AGOUTI DE JAVA. *Cavia leporina*.

Une queue ; corps roux en deſſus , blanc en deſſous.

Erxleb. mam. p. 355. ſyſt. nat. XII. 1. p. 80. n. 3. Briſſ.
quad. p. 142. Catesb. carol. app. t. 18. Penn. quad. p. 246.
n. 181.

v. c. L'AGOUTI à poils rudes. *Cavia Americana*.

Une queue ; corps couvert de poils roux & rudes.

Briſſ. quad. p. 144. Seb. muſ. 1. p. 67. t. 41. f. 2.

L'Agouti habite au Bréſil , à la Guiane , & aux iles Antilles , dans des arbres creux ou dans des terriers qu'il creuſe ;
il cherche de jour ſa nourriture qui conſiſte en végétaux , qu'il

raffemble & conferve ; affis fur fes pieds de derriere, il porte
fes alimens à la bouche avec fes pieds de devant ; il faute
plutôt qu'il ne court ; fon accroiffement eft rapide ; on l'apprivoife aifément ; il s'accouple pendant toute l'année ; la femelle fait trois à cinq petits. Sa chair a le goût de celle du
lapin.

Longueur d'environ un pied & demi ; queue conique,
chauve, très-courte. Pieds un peu palmés.

IV. L'APERÉA. *Cavia aperea.*

Point de queue ; corps d'un cendré-roux.

'Erxleb. mam. p. 348. Briff. quad. p. 149. n. 8. Raj. quad.
p. 206. Ald. dig. p. 393. Marcg. Braf. p. 223. Jonft. quad. t.
63. Pif. brafil. p. 103. Buff. hift. nat. XV. p. 160. Penn. quad.
p. 244. n. 177.

Il habite au Bréfil dans des fentes de rochers. Sa chair eft
auffi bonne que celle du meilleur lapin.

Couleur du deffus du corps femblable à celle du lievre ;
oreilles courtes ; pieds de devant à quatre doigts, ceux de
derriere à trois doigts.

V. Le COCHON D'INDE. *Cavia Cobaya.*

Point de queue ; pelage varié de blanc & de roux ou de
noir.

Schreb. Saeugth. 4. p. 617. t. 173. Syft. nat. XII. p. 79.
n. 1. Muf. Ad. Fr. p. 9. Amœn. acad. 4. p. 190. t. 2. it. Weft-
goth. 224. Briff. quad. p. 147. n. 7. Gronov. zooph. 1. p. 4.
n. 16. Nieremb. hift. nat. p. 160. Ald. dig. p. 390.- 391. Jonft.
quad. p. 162. t. 63-65. Raj. quad. p. 223. Brown. Jamaïc. p.
484. Marcg. braf. 224. Pif. braf. 102. Pall. fpic. zool. 2. p. 17.
Edw. av. t. 294. f. 2. Buff. hift. nat. VIII. p. 1. pl. 1. Penn.
quad. p. 243. n. 176.

Il habite au Brefil ; on l'éleve en Europe, où il vit & produit. Il piaille, gazouille, il eft inquiet, attentif ; il fe peigne,
frappe des pieds, fuit fon maître, mâche à vide ; il fe nour-

rît de toutes fortes d'herbes (& fur-tout de perfil) ; il boit de l'eau pure (1). Il aime la chaleur ; la femelle a deux mamelles, produit fes petits tout formés, & s'accouple incontinent après ; (les mâles fe battent cruellement & fe tuent même quelquefois entr'eux, lorfqu'il s'agit de fe fatisfaire & d'avoir la femelle.)

Sa longueur eft d'un pieds. Sa couleur varie. Poils durs ; ceux du cou plus longs. Corps épais ; cou très-court. Oreilles courtes, larges, chauves à l'extérieur. Yeux grands, bruns, faillans.

VI. Le CABIAI. *Cavia Capybara.*

Point de queue, pieds de derriere à trois doigts, palmés.

Schreb. Saeugth 4. p. 620. t. 174. Syft. nat. XII. p. 103. Barr. Fr. eq. p. 160. Briff. quad. p. 117. Pall. fpic. zool. 2. p. 18. Marcg. braf. p. 230. Pif. braf. 99. Jonft. quad. t. 60. Raj. quad. p. 126. Froger Voy. p. 123. Buff. hift. nat. XII. p. 384. t. 49. Penn. quad. p. 83. n. 61..

Il habite la partie occidentale de l'Amérique méridionale (2), & fréquente les lieux boifés & marécageux voifins des grands fleuves ; il fe nourrit de cannes de fucre & d'autres végétaux, ainfi que de poiffons ; il les prend de nuit, il nage très-bien. Il engraiffe ; Son naturel eft tranquille & doux, & il n'a qu'une femelle. Elle ne met bas qu'un petit.

Sa longueur paffe deux pieds & demi ; tête oblongue ; mufeau étroit ; narines noirâtres, arrondies ; levre fupérieure fendue ; mouftaches noires ; yeux grands, de couleur noire ; oreilles courtes, droites, chauves, noires ; cou court, épais ; jambes courtes ; pieds poftérieurs à quatre doigts (3) ; poils

---

(1) Buffon dit qu'il ne boit jamais quoiqu'il urine à tout moment.

(2) Il eft fort commun à la Guiane & encore plus dans les terres qui avoifinent le fleuve des Amazones où le poiffon eft trés-abondant.

(3) Il paroît qu'il n'a que trois doigts aux pieds de derriere, ainfi que le porte la phrafe caractériftique ci-deffus ; Briffon lui affigne pofitivement ce nombre ternaire, & il n'eft point contredit par Buffon. C'eft peut être une faute d'impreffion dans le texte.

femblables à des foies de cochon, ceux du deffus du corps
très-longs, noirs pour la plûpart aux deux extrêmités & jaunâtres dans leur milieu.

Les Agoutis font comme la nuance entre les lapins & les
rats ; ils courent peu vîte & par fauts, ne grimpent point ;
fe tiennent dans le creux des arbres ou fous terre, & vivent
de végétaux.

GENRE XXIV,

CASTOR.

Dents incifives, fupérieures tronquées, creufées,
avec un angle tranfverfal.
Dents incifives inférieures tranfverfes à leur
fommet.
Quatre dents molaires de chaque côté.
Queue longue applatie, écailleufe.
Clavicules entieres.

I. Le CASTOR proprement dit. *Caftor fiber.*

Queue ovale plane, nue.

Faun. fuec. n. 27. Muf. Ad. Fr. 1. p. 9. Schreb. Saeugth. 4.
p. 623. t. 175. Briff. quad. p. 133. Gefn. quad. p. 309. Rondel. aquat. p. 236. Ald. dig. p. 276. Jonft. quad. p. 147. t.
68. Raj. quad. p. 209. Buff. hift. nat VIII. p. 282. pl. 36.
Penn. quad. n. 255. n. 190. Bellon aq. 30. Catesb. carol. app.
p. 29. Ridinger kl. th. t. 84. *Caftor blanc* Briff. quad. 135.

Il habite aujourd'hui les parties boreales de l'Europe, de
l'Afie & de l'Amérique, fur les bords folitaires & boifés des
rivieres & des lacs ; il fe nourrit des écorces du forbier, du
faule, fur-tout du peuplier, du bois du Magnolier glauque,
de la racine d'acore & d'autres, gueres de poiffon. Il marche
avec lenteur, mais nage très-adroitement ; il fe tient tran-

quille de jour, il dort profondement ; il eſt très-propre. On l'apprivoiſe aiſément lorſqu'il eſt jeune ; ſon naturel eſt doux ; il eſt monogame, s'accouple pendant l'hiver, ſe tenant débout ; la femelle a quatre mamelles, porte pendant quatre mois & fait deux, rarement trois ou quatre petits. Par ſon induſtrie à conſtruire ſa maiſon au bord des eaux, il ſurpaſſe en architečture tous les animaux, l'homme ſeul excepté.

Ačt. Stockh. 1756. p. 207.

Corps long de deux pieds & demi à trois pieds ; queue une fois plus courte, pileuſe dans le quart de ſa longueur voiſine du corps ; pieds à cinq doigts, ceux de derrière palmés ; yeux petits, oreilles courtes chevelues ; cou court & gros ; corps épais, à dos convexe ; deux ſortes de poils, les courts doux, ferrugineux, les autres longs rudes & chatains ; ils ſont d'autant plus foncés que l'animal habite un pays plus ſeptentrional, étant même quelque fois noir. Il y a auſſi des caſtors blancs ; de blancs à taches cendrées, ou dont le pélage blanc eſt mêlé de poils fauves ; il eſt rare d'en voir de jaunâtres. Glandes ſalivales remarquables, avec une autre glande à la droite du cœur, laquelle répand abondamment ſa liqueur dans l'eſtomac par dix huit orifices ouverts. Il ſe trouve près des parties génitales externes & de l'anus, entre deux groſſes glandes ſebacées, deux follicules celluleux, qui contiennent le *caſtoreum*, matiere dont l'odeur eſt pénétrante, (& d'un grand uſage en médecine) chaque véſicule en porte environ deux onces ; celui de Ruſſie & de Pruſſe eſt de meilleure qualité que celui de Canada.

Marius J. Caſtorolog. Vienn. 1685.

Deſcr. anat. Wepfer Eph. N. C. d. 1. a. 2. obſ. 251. Sarraſin ačt. par. 1704. p. 48. ačt. Petrop. t. 2. p. 415.

II. Le CASTOR DU CHILI. *Caſtor huidobrius.*

Queue comprimée, lanceolée, pileuſe ; pieds de devant lobés, ceux de derrière palmés.

Molina hiſt. nat. Chil. p. 253.

Il habite les endroits les plus enfoncés du bord des rivières
& des lacs du Chili. C'est un animal fort vif, qui se nourrit de poissons & de crabes, & qui se tient longtems sous l'eau.
Il n'a point l'art de bâtir du précédent & ne donne pas de
castoreum. La femelle met bas deux ou trois petits. La longueur du corps est d'environ trois pieds ; tête presque quarrée ;
museau obtus ; yeux petits ; oreilles courtes & rondes ; poils
aussi de deux sortes ; les plus doux surpassent par leur souplesse
les poils du lapin ; les pelletiers font beaucoup de cas de sa
fourrure ; elle est cendrée sur le dos de l'animal, & blanchâtre sur le ventre.

GENRE XXV.

RAT.

Dents incisives supérieures en forme de coin.
Dents molaires au nombre de trois de chaque cô-
té, rarement au nombre de deux.
Clavicules entières.

* *Queue comprimée à son sommet.*

I. Le COYPE. *Mus coypus.*

Queue médiocre, un peu comprimée, pileuse ; pieds postérieurs palmés.

Molina hist. nat. Chil. p. 255.

Il habite les eaux du Chili ; il a l'aspect & la couleur de
la loutre, & approche du rat par le nombre des dents ; toutefois il n'a que deux molaires de chaque côté des incisives.
Queue grosse ; pieds à cinq doigts ; oreilles rondes. La femelle
met bas cinq à six petits.

II. L'ONDATRA. *Mus zibethicus.*

Queue longue, comprimée lanceolée ; pieds fendus.

Schreb. Saeugth. 4. p. 638. t. 176. fyft. nat. XII. 1. p. 79.
Briff. quad. 136. Sarrafin act. Par. 1725. p. 323. t. 11. t. 1.
2. Kalm. it. 3. p. 19. Buff. hift. nat. X. p. 1. pl. 1. Penn.
quad. p. 259. n. 191.

Il habite dans l'Amérique feptentrionale, auprès des eaux
tranquilles, & fe conftruit fur leur bord des habitations plus
fimples que celles du caftor; il fe nourrit entr'autres de coquillages mais pendant l'été principalement d'herbes,& de fruits,
& pendant l'hiver de racines, particuliérement de celles d'acore
& de nenuphar, il eft monogame, s'accouple durant la belle
faifon; la femelle a fix mamelles abdominales & met bas trois
à fix petits, trois ou quatre fois par an felon le rapport de
quelques auteurs; il nage très-adroitement, & plonge: mais
fur terre fa marche eft vacillante.

Par fa queue à deux faces depuis environ fon milieu jufqu'à fon extrêmité, il approche du Caftor; par la longueur
de cette même queue & par fa taille il reffemble au furmulot, mais par fon afpect & fes oreilles chevelues affez courtes, il eft plus femblable au rat d'eau; fa longueur eft d'environ un pied; fon poids eft de trois livres. Queue un peu
plus courte que le corps, de couleur brune. Doigts des pieds
poftérieurs ciliés de rangs épais de poils longs & blancs, munis d'ongles rouges. Poils doux d'un noir brun. Des glandes
fébacées près de l'anus remplies d'une humeur huileufe, qui
fent fortement le mufc, furtout pendant l'été.

*** Efpèces à queue de rat, ronde, nue.*

III. Le PILORIS. *Mus pilorides.*

Queue affez longue, écailleufe, tronquée obtufe; corps
blanchâtre.

Pall. glir. p. 91. n. 38. Briff. quad. (ed. de Holl.) p. 122.
n. 8. Brown jam. p. 484. Rochef. antill. p. 140. Buff. hift.
nat. X. p. 2. Penn. quad. p. 247. n. 183.

Il habite dans l'Inde, & aux Antilles, en des trous qu'il fe
creufe; il fe tient auffi dans les maifons; fon odeur mufquée
eft fort incommode.

Il est à-peu-près de la grandeur du cochon d'inde. Oreilles grandes, nues ; queue longue de quatre pouces ; pieds antérieurs à quatre doigts, ayant un nœud au lieu de pouce ; pieds de derriere à cinq doigts.

IV. Le CARACO. *Mus caraco.*

Queue longue, écailleufe, un peu obtufe ; corps gris ; pieds de derrière prefqu'à demi palmés.

Pall. glir. p. 91. n. 39. p. 335. t. 23. Schreb. Saeugth. 4. p. 643. t. 177.

Il habite la partie la plus orientale de la Siberie, près des eaux, & fe creufe des terriers fur leurs bords ; il nage avec la plus grande facilité ; il fréquente auffi les maifons.

La longueur de fon corps paffe fix pouces & fa queue eft au moins longue de quatre pouces & demi ; fon poids eft de fix ou fept onces. Tête étroite, allongée ; yeux plus voifins des oreilles que des narines ; pieds de devant à quatre doigts, une verrue y tient lieu de pouce ; pieds dederrière à cinq doigts, réunis par une plicature de la peau.

Couleur du dos comme dans le furmulot, d'un brun mêlé de cendré ; celle du ventre blanchâtre tirant fur le cendré ; jambes d'un blanc fâle.

VI. Le SURMULOT. *Mus decumanus.*

Pall. glir. p. 91. n. 40. Schreb. Saeugth. 4. p. 645. t. 178. Erxleb. mamm. p. 381. n. 1. Briff. quad. p. 170. n. 3. Gefn. aquat. p. 732. Buff. hift. nat. VIII. p. 206. pl. 27. Penn. quad. p. 300. n. 227.

Il habite dans l'Inde & en Perfe, d'où il eft parvenu en Europe, feulement pendant ce fiécle ; il fe creufe des ré-traites au bord des eaux ; il fréquente les maifons, même celles des villes, les aqueducs, les cloaques, les étables, les granges, les jardins, les champs ; les chats le déteftent ; il céde au lapin ; il eft vaincu par les belettes. Il fe nourrit, ou-tre les végétaux, de viande, de poules, & même de fes
congenères

congenères ; il eſt très-hardi, ne s'engourdit point en hiver ; ne craint pas l'eau, nage même avec une merveilleuſe facilité, & voyage en troupe ; la femelle produit trois fois l'an douze à quinze, quelque fois dix-huit ou dix-neuf petits. N'eſt-ce point le rat caſpien d'Ælien ?

Le poids de cet animal eſt de huit onces à une livre ; ayant pris tout ſon accroiſſement, ſa longueur ne paſſe guère neuf pou-ces, ni celle de ſa queue ſept pouces & demi ; elle eſt for-mée de près de deux cens anneaux ; doigts entièrement ſé-parés ; mouſtaches plus longues que la tête qui eſt allongée ; yeux grands, noirs & ſaillans.

VII. Le RAT commun. *Mus rattus.*

Queue très-longue , écailleuſe ; corps noirâtre, griſâtre en deſſous.

Pall. glir. p. 93. n. 41. Schreb. Saeügth. 4. p. 647. t. 179. ſyſt. nat. XII. p. 83. Faun. ſuec. 2. p. 12. n. 33. Müll. prodr. p. 5. n. 31. Briſſ. quad. p. 168. n. 1. Gronov. zooph. p. 4. n. 18. Geſn. quad. p. 731. Raj. quad. p. 217. Aldr. dig. p. 415. Jonſt. quad. t. 66. Hufnagel archetyp. p. 3. t. 3. Buff. hiſt. nat. VII. p. 278. pl. 36. Penn. brit. zool. 1. p. 97. Penn. quad. p. 299. n. 226.

Il habite en Perſe & dans l'Inde, à préſent auſſi en Eu-rope, ſa partie boréale exceptée ; on dit que ſe trouvant ſur des vaiſſeaux Européens des rats ont paſſé avec eux en Afri-que & en Amérique ; il eſt cependant commun à l'île d'O-tahiti, quoique plus rare dans les autres îles de la mer du Sud. Il eſt circonſpect & courageux ; il boit peu, mais il eſt très-vorace ; il mange de tout ; c'eſt un animal très-incommode dans une maiſon, nuiſible aux proviſions & aux meubles, & qui n'épargne pas même ſa propre eſpèce. Le chat-huant, les hiboux, les belettes, en font leur proie ; les chats ne le mangent pas toujours. La femelle a dix mamelles & fait à différentes fois dans une année, cinq ou ſix petits.

Son poids eſt quelque fois de ſix onces, il n'eſt que très-rarement de ſix ou ſept drachmes. La longueur du corps n'at-teint guères huit pouces ; la queue eſt auſſi longue & a environ deux cens cinquante anneaux, elle eſt mince. Corps

M

le plus souvent noirâtre en deffus, cendré en deffous, tirant moins fréquemment en deffus fur le brun ou le cendré. Il y en a de cendrés à taches blanches; d'autres font tout à fait blancs & ont les yeux rouges.

VIII. La SOURIS commune *Mus mufculus.*

Queue longue, prefque nue; pieds de devant à quatre doigts, ceux de derrière à cinq doigts; pouce dépourvu d'ongle.

Faun. fuec. 34. Pall. glir. p. 95. n. 43. Schreb. Saeugth. 4. p. 654. t. 181. Faun. fuec. 1. p. 11. n. 31. muf. ad. frid. 1. p. 9. Briff. quad. p. 169. n. 2. Gronov. zooph. 1. p. 4. n. 19. Brown jamaïc. p. 484. Raj. quad. p. 219. Sloan. jam. 2. p. 330. Ald. dig. p. 417. Jonft. quad. p. 165. t. 66. Hufnagel archetyp. p. 1. t. 3. 10. p. 2. t. 8. p. 4. t. 2. Buff. hift. nat. VII. p. 309. pl. 39. fupp. III. p. 181. pl. 30. Penn. quad. p. 302. n. 229.

Elle habite les maifons en Europe & dans la partie moyenne de l'Afie, à préfent auffi en Amérique; elle fe nourrit de tout, confume diverfes mangeailles, des grains, de la viande, des animaux morts, & en fait provifion. Elle boit peu; elle eft lafcive & s'accouple en tout tems; la femelle, très-féconde, produit plufieurs fois par an cinq ou fix petits. Son naturel eft doux, craintif; elle court très-vîte, on a de la peine à la tenir enfermée; elle devient la proie du rat, du chat, de la belette, du hériffon, du hibou; on l'éloigne des greniers au moyen de l'hieble & de la morelle noire. Sa longueur ne paffe point trois pouces & demi; elle diffère entr'autres du rat par le défaut d'ongle au pouce des pieds poftérieurs.

Il y a une variété de couleur noire, une de couleur jaunâtre, une tachée de blanc, une autre blanche à taches cendrées, & une tout-à-fait d'un blanc pur & brillant, dont les yeux font rouges; c'eft la plus rare.

IX. Le MULOT. *Mus fylvaticus.*

Queue longue écailleufe; corps gris, jaunâtre, tranché de blanc fur les côtés, & blanc en deffous.

Pall. glir. p. 94. n. 42. Schreb. Saeugth. 4. p. 651. t. 180.
Syft. nat. XII. 1. p. 84. Faun. fuec. 2. p. 12. n. 36. Briff.
quad. p. 174. n. 9. id. p. 171. n. 4. Gein. quad. p. 733. Raj.
quad. p. 218. Buff. hift. nat. VII. p. 325. pl. 41. Penn. quad.
p. 302. n. 230. & 231.

Il habite par toute l'Europe dans les bois, les champs, les
jardins, les buiffons, l'hiver auffi dans les granges & les maifons. Il fe nourrit de grains, & de femences d'arbres, dont
il fait provifion, de petits oifeaux, de fes congenères, &
même de fa propre efpèce au défaut d'autres. Il perce les
les planches les plus dures, fouvent en un feul jour; il
devient la victime à fon tour des oifeaux de proie, du renard,
du putois, de la marte.

Il égale la fouris par la grandeur; queue de la longueur du
corps, noirâtre en deffus, blanche en deffous; jambes d'un
blanc éclatant. Il s'en trouve auffi une variété toute blanche
avec des yeux rouges.

X. Le SITNIC. *Mus agrarius.*

Queue longue écailleufe; corps jaunâtre, à raie dorfale noire.

Pall. it. 1. p. 454. glir. p. 95. n. 44. & p. 341. t. 24. A.
Schreb. Saeugth. 4. p. 658. t. 182. Schwenckf. ther. Siles. p.
114. S. G. Gmelin it. 1. p. 151. t. 29. f. 2.

Il habite en Ruffie depuis le Tanaïs jufqu'au Jenifei, en
Siléfie, plus rarement en Allemagne. Il va par troupe & voyage.

Sa longueur eft à peine de trois pouces; fon poids n'eft
guère que d'une demie-once. Ventre & jambes de couleur blanche; ongle du pouce des pieds antérieurs petit.

XI. Le RAT FAUVE. *Mus minutus.*

Queue longue écailleufe; corps ferrugineux en deffus, blanchâtre en deffous.

Pall. it. 1. p. 454. n. 4. glir. p. 96. n. 45. & p. 345. t.
24. B. Schreb. Saeugth. 4. p. 660. t. 183.

M 2

Il habite en Ruffie, ainfi qu'en Sibérie où fon pélage eft plus joli, étant en deffus d'un beau jaune, & d'un blanc de neige en deffous. Il eft prefque de moitié plus petit que la fouris commune; fa queue a près de deux pouces de longueur; la femelle eft encore plus petite que le mâle, & moins jolie.

XII. La SOURIS MUSARAIGNE. *Mus foricinus.*

Queue médiocre, un peu pileufe; mufeau allongé, oreilles orbiculées, vêtues; poil du dos d'un gris jaunâtre; ventre blanchâtre.

Schreb. Saeugth. 4. p. 661. t. 183. B.

Elle fe trouve à Strasbourg. *Hermann.*

Sa longueur paffe à peine deux pouces cinq lignes. Sept rangs de mouftaches. Ongles très-courts; queue partout d'une même couleur, jaunâtre mêlée de cendré, plus pileufe en deffous. Ventre blanc.

XIII. Le SIKISTAN. *Mus vagus.*

Queue très longue, prefque nue; corps cendré, à bande dorfale noire; oreilles pliffées.

Pall. gl. p. 90. n. 36. p. 327. t. 22. f. 2. Schreb. Saeugth. 4. p. 663. t. 184. f. 2. pall. it. 2. p. 705. n. 11. a.

Il eft commun dans les déferts fitués entre les fleuves Ural, Irtyfch & Ob, & fe tient dans les fentes des rochers, fous les pierres, fous des troncs d'arbres; il fe nourrit principalement de graines, auffi de petits animaux. Il eft engourdi pendant l'hiver; il voyage en troupe.

Son poids eft au moins de deux drachmes; fa longueur paffe un peu celle de l'efpece précédente; pieds très-menus, blanchâtres; queue un peu plus longue que le corps, cendrée en deffus, blanchâtre en deffous, & prenante. Dents incifives jaunes; les molaires au nombre de deux à chaque côté de la mâchoire fupérieure.

Ongles longs. Les femelles ont huit mamelles.

XIV. Le BETULIN. *Mus betulinus.*

Queue très-longue, presque nue ; corps fauve à bande dorsale noire ; oreilles plissées.

Pall. gl. p. 90. n. 35. p. 332. t. 22. f. 1. Schreb. Saeugth. 4. p. 664. t. 184. f. 1. Pall. it. 2. p. 705. n. 11. B.

Il habite seul à seul dans les bois de bouleaux du désert d'Ischim & de Baraba, aussi entre l'Ob & le Jenisei ; il ressemble assez par les mœurs & l'aspect au Sikistan, il est cependant un peu plus petit. Queue brune en dessus, blanchâtre en dessous, (prenante).

XV. Le RAT NAIN. *Mus pumilio.*

Queue médiocre presque nue ; corps d'un brun cendré, à quatre lignes dorsales noires ; front nud.

Sparrmann act. Stockh. nov. a. 1784. p. 239. t. 6.

Il habite dans les bois de Sitzicame derrière le Cap de Bonne - Espérance. Son poids est de quatre scrupules.

XVI. Le RAT STRIÉ. *Mus striatus.*

Queue assez longue, presque nue ; corps marqué de plusieurs rayes parallèles, formées de gouttes blanches.

Pall. gl. p. 90. n. 37. syst. nat. XII. 1. p. 84. mus. ad. frid. 1. p. 10. Briss. quad. p. 175. n. 10. Seb. mus. 22. t. 21. f. 2. Penn quad. p. 304. n. 232.

Il habite dans l'Inde ; il est de la moitié plus petit que la souris commune, de couleur brunâtre, marquée de douze rangs de points blancs ; blanchâtre en dessous ; oreilles courtes, chauves ; queue presque nue, de la longueur du corps. Est-ce proprement une espèce particulière ?

M 3

XVII. Le RAT DE BARBARIE. *Mus bar-barus.*

Queue médiocre ; corps brun marqué de dix raies pâles.
Pieds antérieurs à trois doigts, les poftérieurs à cinq doigts.

Syft. nat. XII. t. 1. p. 2. add.

Il habite dans l'Afrique boreale ; il eft plus petit que la
fouris commune, brun en deffus à dix lignes longitudinales
blanchâtres ; auffi de cette dernière couleur en deffous ; queue
nue annelée, de la longueur du corps. Ne devroit-il point
être rangé dans le genre Agouti ?

*** *Efpèces mineufes. Queue ronde, pileufe.*

XVIII. Le SAXIN. *Mus faxatilis.*

Queue affez longue ; oreilles plus longues que le poil ; pouce des pieds antérieurs très-court & à peine apparent (on
n'en voit en quelque forte que l'ongle.)

Pall. glir. p. 80. n. 19. p. 255. t. 23. B. Schreb. Saeugth.
4. p. 667. t. 185.

Il habite la partie la plus orientale de la Sibérie, & fe tient
dans les fentes des rochers.

Longueur de quatre pouces, poids de neuf drachmes. Mufeau aigu ; oreilles ovales, brunes. Dos brun, mêlé de jaunâtre ; ventre blanchâtre ; pieds noirâtres ; queue longue d'un
pouce & demi, brune en deffus, blanche en deffous.

XIX. Le MULOT BLEU. *Mus cynnus.*

Queue médiocre, un peu pileufe ; pouce des pieds antérieurs prefque pas apparent ; pieds poftérieurs à cinq doigts,
corps bleu, blanchâtre en deffous.

Molina hift. nat. Chil. p. 266.

Il habite au Chili, a l'afpect & la taille du Mulot com-

mun , mais son pelage est bleu & ses oreilles sont rondes ; il
est fort craintif ; il amasse dans ses trous, divisés en plusieurs
retraites, grande provision de racines tuberculeuses , que les
habitans du pays vont souvent enlever.

XX. Le RAT D'EAU. *Mus amphibius.*

Queue de la longueur de la moitié du corps ; oreilles s'élevant à
peine au dessus du poil ; pouce des pieds antérieurs fort court.

Pall. gl. p. 80. n. 20. Schreb. Saeugt. 4. p. 668. t. 186. Syst.
nat. XII. p. 82. Faun. suec. 2. p. 12. n. 32. Erxleb. mam.
p. 386. n. 3. Briss. quad. p. 175. num. 11. Gesn. quad. p. 733.
Raj. quad. 217 & 219. Buff. hist. nat. VII. p. 368. pl. 43.
Penn. quad. p. 301. n. 228. S. G. Gmelin it. 1. p. 151. t. 29. f. 1.

v. b. Le RAT D'EAU TERRESTRE. *Mus amphibius ter-
restris.*

Queue médiocre , un peu pileuse ; pouce des pieds antérieurs fort court ; pieds postérieurs à cinq doigts ; oreilles plus
courtes que le poil.

Syst. nat. XII. p. 82. n. 10. Faun. suec. 2. p. 11. n. 31.
Raj. quad. p. 218.

v. c. Le RAT D'EAU DES MARAIS. *Mus amphibius p i.
ludosus.*

Queue médiocre , pileuse ; pouce des pieds antérieurs fort
court , pieds de derriere à cinq doigts ; oreilles plus courtes
que le poil ; pelage noir.

Mant. pl. 2. p. 522.

v. d. Le RAT D'EAU NOIR. *Mus amphibius niger.*

v. e. Le RAT D'EAU TACHÉ. *Mus amphibius macu-
latus.*

Grande tache dorsale blanche ; ligne blanche sur la poitrine.

Le Rat d'eau habite dans toute l'Europe & dans l'Asie

septentrionale jufqu'à la mer glaciale, aux lieux aquatiques ;
fur-tout aux bords efcarpés des eaux ; auffi dans les endroits
humides & bourbeux des champs , des prés, des jardins ;
il ronge les racines des arbres , & déterre celles des plantes ,
dont il fe nourrit principalement. Il eft courageux & mord
vivement ; il nage & plonge. Les Jacutes trouvent fa chair
délicieufe ; ils fe fervent auffi de fa peau. La femelle eft plus
petite que le mâle & d'une couleur plus jaunâtre ; elle a huit
mamelles , quatre fur la poitrine & quatre fur le ventre, fent
le mufc au tems du rut , & met bas en Avril jufqu'à huit
petits.

Poids de deux à trois onces ; longueur du corps de fix pouces
& demi ; celle de la queue de trois pouces. Mufeau ainfi que
le tronc court & gros ; oreilles ovales , chevelues en leur
bord.

XXI Le RAT ALLIAIRE. *Mus alliarius.*

Queue longue d'un pouce ; oreilles affez grandes , un peu
pileufes ; corps cendré , blanchâtre en deffous·

Pall. gl. p. 80. n. 18. p. 252. t. 14. C. Schreb. Saeugth. 4.
p. 671. t. 187.

Il habite en Sibérie près des fleuves Jenifei, Kan & An-
gara ; il fe nourrit de gouffes d'ail, dont il remplit fes ma-
gafins. Il approche du Campagnol, quoique par la tête , les
mouftaches & les oreilles il tienne davantage de la fouris
commune. Pieds antérieurs à quatre doigts. Queue longue
d'un pouce quatre lignes, de couleur blanche ; raie dorfale
brune. Corps long d'un pouce deux lignes. Huit mamelles.

XXII. Le RAT ROUX. *Mus rutilus.*

Queue longue d'un pouce ; oreilles plus longues que le
poil ; pouce des pieds antérieurs à peine apparent ; corps
fauve en deffus , gris en deffous.

Pall. gl. p. 79. n. 17. p. 246, t. 14. B. Schreb. Saeugth. 4.
p. 672. t. 188.

Il habite en Sibérie, il s'en trouve peut-être aussi en Allemagne une variété plus petite ; il se niche dans les trous de ses congénères, dans les arbres creux, pendant l'hiver dans des tas de froment, dans les granges, les maisons ; il court sur la neige pendant cette saison ; il aime la viande.

Assez semblable au Campagnol ; pieds cependant plus pileux, de couleur blanche ; queue n'ayant guere plus d'un pouce de longueur, jaunâtre avec une raie brune en dessus, blanche en dessous. Corps du poids d'une demie-once à sept drachmes, long de trois pouces sept lignes & demie.

XXIII. Le GREGARI. *Mus gregalis.*

Queue d'un pouce & demi ; oreilles plus longues que le poil ; pouce des pieds antérieurs peu apparent ; pelage cendré.

Pall. gl. p. 79. n. 16. p. 238. Schreb. Saeugth. 4. p. 674. t. 189. Georgi it. p. 162.

Il habite les lieux secs de la Sibérie orientale ; il se creuse sous le gazon un nid à plusieurs issues & entouré de magasins où il rassemble des provisions de racines, particuliérement de bulbes du lis turban & de l'ail à feuilles menues.

Il est plus petit que l'espèce suivante & a plus de longueur que le rat compagnon, la femelle atteint quatre pouces six lignes, le mâle est moins long d'un pouce.

XXIV. La FÉGOULE. *Mus œconomus.*

Queue de près d'un pouce & demi ; oreilles nues cachées dans un poil doux ; pouce des pieds antérieurs peu apparent ; pelage brun.

Pall. gl. p. 79. n. 15. p. 225. t. 14. A. it. 3. p. 692. n. 4. Georgi it. p. 161. Schreb. Saeugth. 4. p. 675. t. 190.

Elle habite en Sibérie depuis le fleuve Irtisch jusqu'à l'Océan oriental, principalement dans les vallées humides & profondes, où elle se creuse sous le gazon un nid à plusieurs sorties, contigu à un ou plusieurs magasins servant à cacher la très-grande quantité de racines, tuberculeufes furtout, qu'elle amaffe. Elle s'accouple au commencement du printems, & fans doute plufieurs fois dans la fuite, la femelle fent alors le mufc, & ne met bas à chaque portée que deux ou trois petits. L'efpèce voyage en troupe & toujours en ligne droite, paffant même ainfi les eaux à la nage ; les oifeaux, les poiffons, les fangliers, les renards, & autres bêtes fauves qui s'en faififfent, profitent de cette caravane ; les hommes ne lui dérobent pas feulement fes previfions, mais les Jakutes la mangent elle-même.

LE RAT DE GRAVIER, découvert par O. F. Müller dans l'île Laland & dépeint par Schreber *Saeugth.* 4. t. 190. B. appartient-il à cette efpèce ?

XXV. Le RAT LAINEUX. *Mus laniger.*

Queue médiocre ; pieds antérieurs à quatre doigts, ceux de derrière à cinq doigts ; pélage cendré, laineux.

Molina hift. nat. Chil. p. 267.

Il habite dans les parties boreales du Chili, fous terre ; il eft propre, docile, doux & s'apprivoife aifément, il fe nourrit de bulbes, furtout de celles d'oignon ; la femelle met bas deux fois l'an cinq à fix petits.

Longueur de fix pouces ; oreilles petites, aiguës ; mufeau court ; poils très longs, fins comme de la toile d'araignée, tellement que les Péruviens l'employoient jadis au lieu de la meilleure laine.

XXVI. Le CAMPAGNOL. *Mus arvalis.*

Queue d'un pouce de long ; oreilles faillantes hors du poil ; pouce des pieds antérieurs peu apparent ; pélage brun.

Pall. gl. p. 79. n. 14. Schreb. Saeugth. 4. p. 680. t. 191. fyft. nat. XII. 1. p. 85. Erxleb. mam. p. 395. n. 7. Briff. quad. p. 176. n. 12. Gefn. quad. p. 733. Buff. hift. nat. VII. p. 369. pl. 47. Penn. quad. p. 305. n. 233.

Il habite par toute l'Europe, même en Sibérie & dans l'ancienne Hyrcanie (1), dans les buiſſons, les champs, les prés, les jardins, principalement au voiſinage des eaux; il vit de froment, de noix, de glands, qu'il amaſſe dans ſes trous; & devient la proie du renard, du putois, de la belette, du chat, du mulot; la femelle produit pluſieurs fois l'an huit à douze petits. Il eſt incommodé de mittes.

Sa longueur eſt d'environ trois pouces; le poids du mâle eſt de cinq à ſix drachmes, celui de la femelle d'onze drachmes. *Le rat des champs* à queue courte, à corps noir brun, & ventre cendré, *faun. ſucc. Id. 2. p. 11. n. 30.* n'eſt-il point une variété de cette eſpèce?

XXVII. Le COMPAGNON. *Mus ſocialis.*

Queue d'un demi-pouce; oreilles orbiculées, très-courtes; pouce des pieds antérieurs très-peu apparent; pélage d'un gris pâle, blanc en deſſous.

Pall. gl. p. 77. n. 13. p. 218. t. 13. B. it. 2. p. 705. n. 10. Schreb. Saeugth. 4. p. 682. t. 192. S. G. Gmelin it. 2. p. 173. t. 11. & 3. p. 500. t. 57. f. 2.

Il eſt commun dans les ſables arides du déſert ſitué entre le Volga & l'Ural, près de la mer Caſpienne, & dans les montagnes d'Hircanie; le mâle & la femelle demeurent par couple dans le même trou, quelquefois avec leurs petits. Il eſt très-friand de bulbes de tulipes. Les belettes, les putois, les loutres, les corneilles en font leur proie.

Poids d'environ ſix drachmes; longueur de trois pouces cinq lignes.

XXVIII. Le LAGURE. *Mus lagurus.*

Queue très-courte, (très-velue, guère plus ſaillante que le poil & à extrêmité tronquée); oreilles plus courtes que le

(1) Grand pays d'Aſie ſitué au ſud de la partie orientale de la mer Caſpienne.

poil ; pouce des pieds de devant (remplacé par un gros tubercule.) Corps cendré à ligne longitudinale noire.

Pall. gl. p. 77. n. 12. p. 210. t. 13. A. it. 2. p. 704. Schreb.
Saeugth. 4. p. 684. t. 193.

Il habite les campagnes fablonneufes des déferts voifins des
fleuves Ural , Jenifei & Irtifch , chaque individu fe tenant feul
en un nid rond & étroit ; il voyage par troupe ; fe nourrit
principalemenr de l'iris naine ; & dévore auffi d'autres efpèces de rats. Il approche des marmottes par fon allure lente ,
& la fituation qu'il prend pour dormir ; cependant il ne s'engourdit point pendant l'hiver ; il eft lafcif & s'accouple dès le
commencement du printems & plufieurs fois en fuite ; la femelle fent le mufc, au tems du rut, & produit à chaque
portée cinq à fix petits.

Le poids du mâle eft de fix drachmes & demie ; fa longueur eft de trois pouces fept lignes deux tiers ; la queue du
mâle eft plus longue d'une ligne & demie que celle de la femelle , (elle a à-peu-près quatre lignes de longueur.)

XXIX. Le RAT A COLLIER. *Mus tor-quatus.*

Queue très-courte , comme tronquée ; oreilles plus courtes que le poil ; pieds antérieurs à cinq doigts ; corps ferrugineux varié , collier interrompu blanchâtre ; ligne noire fur
l'épine du dos.

Pall. glir. p. 77. n. 11. p. 206. t. 11. B. Schreb. Saeugth.
4. p. 686. t. 194.

Il habite la partie la plus boréale du mont Ural & les endroits marécageux voifins de la mer Glaciale ; il fe nourrit
du lichen des rennes & de celui à feuilles d'endive , ainfi que
des bulbes de la renouée vivipare. Il voyage.

Il approche du Campagnol par la grandeur , du Leming par
la forme ; queue obtufe , brune.

XXX. Le LEMING. *Mus lemmus.*

Queue courte; oreilles plus courtes que le poil; pieds antérieurs à cinq doigts; corps varié de fauve & de noir, blanc en deffous.

Pall. gl. p. 77. n. 10. p. 186. t. 12. AB. Schreb. Sæugth. 4. p. 687. t. 195. a. b. fyft. nat. XII. 1. p. 80. Faun. fuec. p. 11. n. 29. act. Stockh. 1740. p. 75. f. 45. Fabric. it. norv. p. 191. Raj. quad. p. 327. Worm. muf. p. 321. Briff. quad. p. 145. n. 5. Gefn. quad. p. 731. Olaus. Magn. fept. p. 617. Ald. dig. p. 436. Jonft. quad. p. 168. Pontopp. hift. nat. Norv. 2. p. 58. Buff. hift. nat. XIII. p. 314. Penn. quad. p. 274. n. 202. t. 25. f. 2.

Il habite les montagnes couvertes de neige de la Scandinavie ou Laponie Suèdoife, ainfi que la parue la plus feptentrionale de la chaine des monts Ural, quoique celui de cette derniere region varie de l'autre par une groffeur beaucoup moindre, les ongles & le poil beaucoup plus courts, & par une couleur plus uniforme, de même que par fon habitude à raffembler dans fes trous des provifions de vivres. Il fe nourrit des chatons du bouleau nain, du lichen des rennes & autres. (On dit que les brebis périffent fi elles paiffent l'herbe à laquelle des lemings ont touché.) Il mord fortement, il fifle, il court l'hiver fous la neige; la femelle met bas plufieurs fois l'an cinq à fix petits; après quoi, tous les dix ans ou environ, à l'approche d'une forte gêlée, une armée entière de ces animaux voyage en automne furtout pendant la nuit & toujours en ligne droite, de laquelle aucun obftacle ne fauroit les faire écarter, & fe dirige ainfi foit vers la mer foit vers la plaine. Dans cette migration un grand nombre d'entr'eux périt ou noyé dans les eaux ou dévoré par des bêtes fauvages ou des oifeaux de proie, en forte que l'été fuivant feulement une petite quantité s'en retourne dans les montagnes d'où ils font defcendus. *Worm. hift. anim. e Norv. Hoffn 1653. 4.*

Defcr. anat. Bartholin cent. 2. p. 381.

XXXI. Le RAT DU LABRADOR. *Mus hudfonius.*

Queue courte; point d'oreilles; pieds antérieurs à cinq doigts;

bande fur le dos d'un jaune brunâtre ; poitrine & ventre blancs

Pall. gl. p. 209. Schreb. Saeugth. 4. p. 691. t. 196.

Il habite au Labrador.

Le mâle eft plus long de taille que la femelle, ayant cinq
pouces de longueur ; pélage pour la plus grande partie cendré,
queue couverte de poils longs & roides, d'un blanc sâle. Jambes courtes.

XXXII. Le MAULIN. *Mus maulinus.*

Queue médiocre, pileufe ; oreilles acuminées ; pieds à cinq
doigts.

Molina hift. Chil. p. 268.

Il habite dans les bois de Maule, province du Chili ; il
approche de la marmotte par la couleur & la longueur du
poil, quoiqu'il foit du double plus grand ; il en différe aufli
par fon mufeau allongé, fes quatre rangs de mouftaches, fes
pieds à cinq doigts, fa queue plus longue, & feulement pileufe. Ne doit-il pas être placé avec elle dans le même genre ?

**** *Efpèces à abajoues.*

XXXIII. Le HAGRI. *Mus acredula.*

Des abajoues ; oreilles finuées ; corps gris, blanchâtre en
deffous.

Pall. glir. p. 86. n. 22. p. 257. t. 18. A. Schreb. Saeugth.
4. p. 695. t. 197. Pall. it. 2. p. 703. n. 5.

Il habite dans le diftrict d'Orenbourg en Sibérie près du
fleuve Ural.

La longueur du corps eft de quatre pouces ; celle de la queue
qui eft annelée, brune en deffus, & blanche au refte comme
les pieds, eft de huit lignes.

XXXIV. Le HAMSTER. *Mus cricetus.*

Des abajoués ; corps-très noir en deſſous ; des taches blanches ſur les côtés du corps (au nombre de trois).

Pall. gl. p. 83. n. 21. Schreb. Saeugth. 4. p. 695. t. 198. A. ſyſt. nat. XII. 1. p. 82. Klein· quad. p. 56. Briſſ. quad. p. 166. Schwenckf. ther. p. 118. Agric. ſubterr. p. 486. Geſn. quad. p. 738. Raj. quad. 221. Clauder E. N. C. dec. 3. n. 5. p. 376. Buff. hiſt. nat. XIII. p. 117. pl. 14. Meyer Thiere Norib. 1784. fol. t. 81. 82. S. G. Gmelin it. 1. p. 33. t. 6. Sulzer Verſuch einer Naturgeſchichte des Hamſters. Gotha 1773. Penn. quad. p. 271. n. 200.

b. Variété entiérement noire. *Lepechin it.* 1. p. 192. t. 15. Pall. it. 1. p. 128. Georgi it. 2. p. 851. Sulzer Naturg. des Hamſters fig. in tit. Schreb. Saeugth. 4. t. 198. B.

Il habite en Sibérie & dans la Ruſſie auſtrale , en Pologne , en Eſclavonie , en Hongrie , en Siléſie , en Bohême, en Allemagne au delà du Rhin , particuliérement dans la Thuringe. Chaque individu ſe creuſe ſous terre un domicile à pluſieurs chambres ou caveaux & à double trou , l'un oblique dont entr'autres il ſe ſert pour dépoſer ſes ordures , l'autre perpendiculaire (pour entrer & ſortir) & pour donner paſſage à la lumière. Il ſe nourrit durant l'été d'herbes , de racines , & de fruits , rarement de viande & d'animaux ; il amaſſe pour l'automne & le commencement de l'hiver du froment , des feves , des pois , des veſces , des graines de lin ; il engraiſſe alors , & s'engourdit pendant l'autre partie de l'hiver. Il s'accouple en Avril ; la femelle a huit mamelles , porte environ un mois , & produit pluſieurs fois l'an , faiſant à la premiére portée trois ou quatre , & enſuite ſix à neuf petits. Il court avec lenteur & ne grimpe point, mais ſouit la terre avec beaucoup de viteſſe , & peut ſe tenir ſur ſes pieds de derriere ; il reſte ordinairement dans ſa retraite pendant le jour, ſe défend opiniâtrement, ronge & perce en peu de tems une planche d'un pouce & demi d'épaiſſeur.

Le putois, les belettes, les chats, les chiens, les renards ; les oiſeaux de proie le tuent; les habitans de la campagne le tedoutent par rapport au dommage qu'il cauſe aux productions de la terre , mais ils eſtiment ſa peau & lui dérobent ſes provifions de froment ; ils font rarement cas de fa chair. On le détruit au moyen de l'arfenic ou de la poudre de verâtre qu'on mêle avec de la farine & du miel & dont on cuit une bouillie.

Le mâle eft du double plus grand que la femelle, il pefe dix-huit onces, fa longueur eft de dix pouces. La couleur varie ; les plus rares font les entiérement blancs ou les jaunâtres ; ceux de couleur blanche à taches noires, ou noirs tachés de blanc fur le dos, ou à mufeau blanc & front cendré, ou à mâchoire inférieure blanche, ne font guère plus communs. Queue de deux pouces & demi, couverte de longs poils ; pieds courts, les antérieurs à quatre doigts avec une verrue au lieu de pouce, munie d'un ongle arrondi ; pieds poftérieurs à cinq doigts.

XXXV. Le SABLÉ. *Mus arenarius.*

Des abajoues ; corps cendré, blanc en deffous & fur les côtés ; queue & pieds blancs.

Pall. gl. p. 36. n. 24. p. 265. t. 16. A. it. 2. p. 704. n. 7. Schreb. Saeugth. 4. p. 707. t. 199.

Il habite le défert fablonneux du Baraba près le fleuve Irtyfch en Sibérie, mord vivement, eft agile, particuliérement de nuit, aime beaucoup les gouffes de l'aftragale tragacanthoïde.

Poids de fept drachmes, longueur de trois pouces & demi ; poil très-fin ; pieds antérieurs à quatre doigts. (Le pouce eft très petit & à peine apparent, quoique muni d'un ongle auffi très petit.) Mouftaches plus longues que la tête qui eft affez groffe.

XXXVI. Le PHÉ. *Mus phæus.*

Des abajoues ; corps & queue d'un brun cendré, blancs en deffous.

Pall. gl. p. 86. n. 23. p. 261. t. 15. A. Schreb. Saeugth. 4. p. 708. t. 200. Hablizl. dans S. G. Gmelin. voy. 4. p. 172.

D

Il habite au défert de Sibérie près Zarizyn & dans les montagnes Sunamifiques de la Perfe ; & fait beaucoup de dégats dans les rizières ; il ne s'engourdit point l'hiver. Poids de fix drachmes ; longueur de trois pouces cinq lignes ; celle de la queue eft de neuf lignes ou neuf lignes & demie ; oreilles, & raye longitudinale fur la queue de couleur brunâtre.

XXXVII. Le SONGAR. *Mus fongarus.*

Des abajoues ; dos cendré, à ligne épinière noire ; côtés du corps variés de blanc & de brun ; ventre blanc.

Pall. gl. p. 86. n. 25. p. 269. t. 16. B. it. 2. p. 703. n. 6. Schreb. Saeugth. 4. p. 709. t. 201.

Il habite le défert fablonneux du Baraba en Sibérie près du fleuve Irtyfch ; il fe creufe comme beaucoup d'efpèces de ce genre des trous pour y emmagafiner des vivres.

Poids de cinq drachmes à cinq drachmes & demie ; longueur du corps de trois pouces, celle de la queue de quatre lignes & demie ; une verrue pollicaire fans ongle ; mouftaches plus courtes que la tête ; oreilles longues.

XXXVIII. L'OROZO. *Mus furunculus.*

Des abajoues ; corps gris en deffus, à raie dorfale noire ; blanchâtre en deffous.

Pall. gl. p. 86. n. 26. p. 273. t. 15. A. Schreb. Saeugth. 4. p. 710. t. 202. Pall. it. 2. p. 704. n. 8. Mefferfchmid muf. Petrop. p. 343. n. 109.

Il habite en Daurie, au défert du Baraba en Sibérie près du fleuve Ob, & entre les fleuves Onon & Argun ; fe nourrit de graines d'aftragales & d'arroches, reffemble au fablé ; fa longueur eft de trois pouces ; oreilles grandes, ovales, à poils noirs, bordées de blanc. Queue d'un pouce de long, mince & aiguë ; une verrue au lieu de pouce, munie d'un ongle.

***** *Efpèces fouterraines ; point d'oreilles ; yeux très-petits ; queue courte ou nulle.*

N

XXXIX. Le SUKERKAN. *Mus talpinus.*

Queue courte ; pélage brun ; dents incifives fupérieures & inférieures en forme de coin ; point d'oreilles ; pieds antérieurs à cinq doigts , propres à creufer.

Pall. gl. p. 77. n. 9. p. 176. t. XI. A. & nov. comm. Petrop. 14. p. 568. t. 21. f. 3. Schreb. Saeugth. 4. p. 711. t. 203. Erxleb. mam. p. 379.

Il habite les plaines méridionales de la Ruffie (depuis le défert Occa jufqu'au défert d'Aftracan) ; & fe tient dans la terre qu'il creufe à la manière du Hamfter , chaque individu fe formant un terrier ; il fe nourrit des tubercules de la geffe tubereufe , & de la phlomide tubereufe , mais il aime furtout les bulbes de tulipe ; il ne s'engourdit point pendant l'hiver , fupporte difficilement la clarté du jour , s'accouple au commencement d'Avril , & fent alors la civette ; la femelle met bas trois à quatre petits. Il reffemble au rat d'eau.

Son poids eft quelquefois de deux onces, fa longueur égale trois pouces neuf lignes.

XXXX. Le CRICET. *Mus capenfis.*

Queue courte ; dents incifives fupérieures & inférieures en forme de coin ; point d'oreilles ; pieds antérieurs à cinq doigts , mufeau blanc.

Pall. gl. p. 76. n. 8. p. 172. t. 7. Schreb. Saeugth. 4. p. 713. t. 204. Kolbe Vorgeb. d. gut. Hofn. p. 158. Buff. hift. nat. Amfterd. fuppl. 5. p. 22. pl. 9.

Il habite au Cap de Bonne Efpérance ; il fait du dégat dans les jardins.

Longueur de cinq pouces & demi. Tête arrondie.

XXXXI. Le RAT maritime. *Mus maritimus.*

Queue courte ; dents incifives fupérieures fillonnées ; point d'oreilles ; pieds à cinq doigts ; corps blanchâtre en deffus mêlé de jaunâtre, d'un blanc cendré fur les côtés & en deffous.

Schreb. Saeugth. 4. p. 715. t. 204. B. Mafon act. angl. Vol. 66. P. 1. p. 304. la Caille journ. p. 299. Allâmand dans l'hift. nat. de Buff. Amfterd. fupp. 5. p. 24. pl. 10.

Il habite les Collines maritimes fablonneufes du Cap de Bonne-Efpérance, dans lefquelles il fe creufe des terriers; il court lentement, fouit la terre avec vîteffe; mord ferme, fe nourrit des racines & des bulbes d'ixias, d'antholyfes, de glayeuls, d'iris.

Il reffemble au précédent, ayant cependant la tête plus conique; fa longueur eft d'un pied; queue pileufe; dents incifives inférieures plus longues & que l'animal peut à fon gré éloigner l'une de l'autre.

XXXXII. Le ZOKOR. *Mus afpalax.*

Queue courte; dents incifives fupérieures & inférieures en forme de coin; point d'oreilles; ongles des pieds antérieurs allongés.

Pall. gl. p. 76. & 165. t. 10. & it. 3. p. 692. Schreb. Saeugth. 4. p. 716. t. 205. Laxmann fib. Brief. p. 75. act. Stockh. 1773.

Il habite dans la Daurie & au-delà du fleuve Irtifch entre Alei & Tfcharyfch, & fe gîte dans la terre noire ou dans le fable compact, qu'il creufe à l'aide des pieds & du nez en terriers très-étendus. Il fe nourrit des bulbes du lis-turban, & de la vioulte ainfi que d'autres racines & bulbes.

Longueur de cinq à huit pouces & demi. Queue ronde, obtufe, nue; couleur d'un jaune cendré en deffus, d'un blanc cendré en deffous.

XXXXIII. Le ZEMNI. *Mus typhlus.*

Point de queue; pieds antérieurs à cinq doigts; dents incifives fupérieures & inférieures larges; point d'oreilles; yeux non apparens.

N 2

Pall. gl. p. 76. n. 6. p. 154. t. 8. Schreb. Saeugth. 4. p. 718. t. 206. Lepechin it. 1. p. 238. & nov. comm. Petrop. 14. p. 504. t. 15. f. 1. Güldenſtedt nov. comm. Petrop. 14. p. 409. t. 8. 9. Erxleb. mam. p. 377. S. G. Gmelin it. 1. p. 131. t. 22.

Il habite dans la Ruſſie méridionale ; il ſe creuſe un terrier ſous le gazon qui couvre de la terre noire, chaque individu ayant le ſien propre ; il ſe ſert à cet effet de ſes dents, de ſa tête, de ſes pieds, de ſon derrière même ; il ſe nourrit de racines, ſurtout de celles du cerfeuil bulbeux. Comme il n'a au lieu d'yeux que de petits tubercules couverts ſeulement de la peau, il paroît aveugle, mais il jouit en récompenſe d'une grande fineſſe d'ouïe & d'un tact excellent. Il ſe défend opiniâtrement. Il s'accouple au printems & pendant l'été ; la femelle n'a que deux mamelles, & met bas deux à quatre petits.

Son poids paſſe huit onces ; ſa longueur eſt à peine de huit pouces ; poils doux & ſerrés, ferrugineux, mêlés de cendré. Dents inciſives ridées.

* * *

Les rats en général ſe gîtent dans des trous ou des terriers ; ils courent très-vîte & grimpent ; quelques eſpèces nagent ; ils cherchent principalement leur nourriture pendant la nuit, qui eſt ordinairement végétale ; & qu'ils portent à la bouche avec leurs pattes de devant. La femelle a le plus ſouvent huit mamelles & produit plus d'une fois l'an pluſieurs petits. Il y a des eſpèces voyageuſes. Les oreilles ſont courtes, arrondies. La plûpart n'ont que quatre doigts aux pieds antérieurs, une verrue y tenant lieu de pouce.

GENRE XXVI.

MARMOTTE.

Dents incisives en forme de coin au nombre de deux à chaque mâchoire.

Dents molaires supérieures de chaque côté au nombre de cinq, les inférieures au nombre de quatre.

Clavicules entières.

I. La MARMOTTE proprement dite. *Arctomys marmota.*

Des oreilles tronquées, paroiſſant à peine au deſſus du poil ;) corps brun, rouſſâtre en deſſous.

Schreb. Saeugth. 4. p. 722. t. 207. Pall. gl. p. 74. n. 1. ſyſt. nat. XII. p. 81. n. 7. Geſn. quad. 743. f. p. 744. Ald. dig. p. 445. Jonſt. quad. t. 67. Raj. quad. p. 221. Matthiol. comm. p. 368. Briſſ. quad. p. 165. n. 6. Erxleb. mam. p. 358. n. 1. Klein quad. p. 56. Buff. hiſt. nat. VIII. p. 219. pl. 28. Penn. quad. p. 268. n. 594.

Elle habite les Alpes de la Savoye, de la Suiſſe, les Apennins, les Pyrenées, aux endroits dénués d'arbres, ſecs, élevés & abrités ; elle ſe nourrit de racines, d'herbages, de gramen le plus tendre, ſurtout du phellandri mutellin ; étant apprivoiſée, elle mange de tout ce qu'on lui offre ; elle boit peu, ſe plait aux rayons du ſoleil, vit en ſociété de cinq, neuf, douze ou quatorze individus ; l'un deux fait la ſentinelle & annonce par un ſiflement l'approche d'un ennemi ; tous prennent alors le parti de la fuite, mais ſi elle leur eſt interdite, ils ſe défendent opiniâtrement. Elle ſe creuſe pour ſon ſéjour d'été des taniéres, à pluſieurs détours & à pluſieurs ſorties, par leſquelles elle puiſſe ſe ſauver ; mais pour l'hiver elle ſe forme une autre retraite, dans laquelle elle apporte du foin pour lui ſervir de lit & où elle s'enſevelit en un profond ſommeil depuis la fin de Septembre juſqu'au mois de Mars. Elle porte ſa nourriture à la bouche avec ſes pattes de devant, marche ſur ſes talons, & ſe tient ſouvent droite ; on s'en ſaiſit plus aiſément en plaine, que ſous terre ; on l'apprivoiſe facilement; elle aime beaucoup la chaleur; caufe du dommage aux comeftibles, aux vêtemens, aux meubles; elle a peine à fe défendre de fon engourdiffement d'hiver, même dans une chambre échauffée; elle s'accouple aux mois d'Avril & de Mai; la geftation de la femelle eft de fix à fept femaines, la portée eft de deux à quatre petits. *Am. Stein.*

Son poids, même en automne, ne paffe point neuf livres, ni fa longueur un pied trois pouces. Tête groffe, à fommet applati, à mufeau gros & obtus, fouvent relevée lorfque l'animal eft affis; les deux parties de la mâchoire inférieure mobiles; oreilles pileufes, cendrées; joues couvertes & ceintes de longs poils. Mouftaches de chaque côté en fix rangs. Verrue noire au deffus des yeux à fix foies, celle au deffous des yeux à fept foies. Corps court, trapu; une future de la gorge à l'anus. Jambes courtes, le pouce des pieds antérieurs conique, à ongle plane peu apparent; queue droite, de fix pouces de long, couverte de longs poils, terminée de noir-brun. Chair favoureufe, tendre. Sa graiffe & même fa peau font un remede ufité parmi les habitans des montagnes.

II. Le MONAX. *Arctomys monax.*

Des oreilles; mufeau bleuâtre; queue affez longue, velue; corps gris.

Schreb. Saeugth 4. p. 737. t. 208. Pall. gl. p. 74. n. 2. Syft. nat. Ed. XII. p. 81. n. 8. Briff. quad. p. 164. n. 5. Erxleb. mam. p. 361. Edw. av. 2. t. 104. Buff. hift. nat. XIII. p. 136. fupp. III. p. 175. t. 28. Penn. quad. p. 270. n. 198.

Il habite dans la partie un peu chaude de l'Amérique feptentrionale, près des îles de Bahama; il creufe fa taniere entre les rochers & paffe l'hiver fous des arbres creux.

Il eft un peu plus grand qu'un lapin; mufeau plus aigu que celui de la Marmotte; oreilles arrondies; ongles longs & aigus; queue une fois plus courte que le corps, de couleur noirâtre. *Alftroemer.*

III Le BOBAK. *Arctomys Bobac.*

Des oreilles; queue velue; pouce des pieds antérieurs

très-court & dont on ne voit prefque que l'ongle ; corps gris ; jaune en deffous.

Schreb. Saeugth. 4. p. 738. t. 209. Pall. gl. p. 75. 97. 98. t. 5. Briff. quad. p. 165. Rzaczinski hift. nat. Pol. p. 235. Buff. hift. nat. XIII. p. 136. pl. 18. Forfter act. angl. vol. 57. p. 343. Penn. quad. p. 268.

Il habite les planeurs sèches & abritées des montagnes depuis les bords du Boryfthene par la partie moyenne & plus tempérée de l'Afie jufqu'à la Chine & le Kamfchatka ; il fe creufe des terriers très-profonds, dans lefquels demeure une fociété entière de vingt à vingt-quatre individus ; ils en fortent au matin & à midi, tandis que l'un d'eux, faifant le gardien de la troupe jette les yeux avec foin de tous côtés & avertit fes compagnons au moindre danger par un fiflement. C'eft un animal fort craintif ; il fe nourrit de végétaux feuls ; mais mange auffi de la terre humectée par la pluie ; il fe défend avec fes pattes de devant ; s'apprivoife aifément ; s'affied fur fes pieds de derrière, porte fa nourriture à fa bouche ; il confomme beaucoup pendant l'été, mais s'engourdit l'hiver. Sa chair eft bonne à manger, fa graiffe eft employée par les tanneurs & les pelletiers.

Son poids ne paffe guere quatorze livres (à 12 onces la livre) ni fa longueur feize pouces. Yeux petits. Oreilles ovales ; queue annelée, noire à fon fommet, droite, longue de quatre pouces, quatre lignes. La femelle a huit mamelles.

IV. La MARMOTTE de Quebec. *Arctomys empetra.*

Des oreilles ; queue velue ; corps varié en deffus, roux en deffous.

Schreb. Saeugth. 4. p. 743. t. 210. Pall. gl. p. 75. n. 4. Erxleb. mam. 363. Penn. quad. p. 270. n. 199. t. 24. f. 2. Forfter act. angl. 62. p. 378.

Elle habite au Canada & dans le refte de l'Amérique feptentrionale ; elle n'eft gueres plus grande qu'un lapin, fa longueur paffe quelquefois à peine onze pouces ; fa queue eft longue de deux pouces & demi.

N 4

V. La MARMOTTE bruineufe. *Arctomys pruinofa.*

Des Oreilles; queue & jambes noires; dos, côtés & ventre couverts de poils rudes, longs, cendrés à leur bafe, noirs dans leur milieu, & terminés de blanchâtre.

Penn. hift. p. 398. n. 261.

Elle habite dans les parties de l'Amérique feptentrionale voifines du Nord; & a l'afpect du monax. Mufeau noir à fon extrêmité; oreilles ovales; joues blanchâtres; fommet de la tête & ongles de couleur brune.

VI. Le SOUSLIC. Le ZISEL. *Arctomys Citillus.*

Point d'oreilles; queue velue; pélage varié.

Schreb. Saeugth. p. 746. t. 211. AB. Pall. nov. com. Petrop. 14. p. 549. t. 21. f. 1. 2. & gl. p. 76. 119. t. 6. 6. B. fyft. nat. XII. 1. p. 80. n. 4. Güldenft. nov. comm. Petrop. 14. p. 389. t. 7. Agric. fubt. p. 485. Gefn. quad. p. 835. Raj. quad. p. 220. Rzacz. pol. 235. auct. p. 327. Schwenckf. fil. p. 86 Ald. dig. p. 436. Brilf. quad. pl. 47. n. 6. Erxleb. mam. 366. S. G. Gmelin it. p. 30. t. 5. Penn. quad. p. 273. & 276. n. 201. & 203. t. 25. f. 1. Buff. hift. nat. XV. p. 139. 144. 195. fupp. 3. p. 191. pl. 31.

Il habite dans la Ruffie méridionale, jufqu'au Kamfchatka, & aux iles fituées entre ce pays & l'Amérique ainfi qu'en Perfe, en Chine, plus rarement aujourd'hui dans le refte de l'Europe, aux champs ouverts, fecs, élevés & incultes, dans les terreins gazonneux & boueux, près des chemins publics, jamais dans les bois ni les marais; il fe creufe des terriers, particuliers à chaque individu, ceux des femelles font les plus profonds; il y raffemble pour le commencement & la fin de l'hiver du blé, des herbes tendres, des baies, quelquefois des mulots & des petits oifeaux; il boit peu; s'engourdit l'hiver; mais à la premiere approche du printems, avec un ciel ferein, il fort pendant le jour de fa retraite & va chercher de la nourriture; il fe fert ordinairement de fes pattes de devant

pour la porter à fa gueule ; il faute, dort appuyé fur fes pieds
de derrière ; il fifle ; s'apprivoife aifément, furtout le mâle ; la femelle eft plus encline à mordre que lui ; elle porte pendant vingt
à trente jours & met bas au commencement de Mai trois, quatre, fix ou huit petits. Il devient la proie des putois, des belettes, des fauçons, même des corneilles & des hérons. Sa
peau fait une très bonne fourrure ; fa chair eft du goût de quelques perfonnes. Sa taille & fa couleur varient beaucoup ; il atteint quelquefois la groffeur d'une marmotte mais quelquefois
il égale à peine le rat d'eau ; fon pélage eft le plus fouvent
d'un cendré jaune, mêlé de quelques taches ondées ou poin-
tillées ; le deffous du corps eft d'un blanc fâle ; la queue eft de
la couleur du corps ; d'autres fois il eft gris en deffus avec
des ondes de brun ou de jaune, & en deffous d'un jaunâtre
pâle, & à queue affez longue, prefque femblable à celle de
l'écureuil ; il eft auffi quelquefois gris en deffus taché de blanc,
& d'un blanc jaunâtre en deffous, avec l'orbite des yeux blanche, & à queue affez courte d'un jaune brunâtre qui eft auffi
la couleur de la tête entre les narines & les yeux.

Eft-ce le rat pontique d'Ariftote & de Pline ?

VII. Le GUNDI. *Arctomys gundi.*

Des oreilles ; corps rouffatre tirant fur la couleur de brique.

Rothmann dans Schloezer Briefw. 1. p. 339. Pall. gl. p. 98.
not. Penn. hift. 2. p. 405. n. 264.

Il habite en Barbarie près Maffufin vers le mont Atlas.
Taille du lapin. Oreilles tronquées à ouverture ample.

***

Les marmottes s'engourdiffent pendant l'hiver ; fortent &
cherchent leurs alimens de jour ; vivent de racines & de graines, grimpent, fe creufent des tanieres fous terre dans lefquelles elles fe retirent. Tête gibbeufe, arrondie ; oreilles courtes, ou nulles ; corps trapu, queue courte, velue ; pieds de devant à quatre doigts avec un pouce très-court ; pieds de derrière à cinq doigts ; inteftin cœcum ample.

GENRE XXVII.

ÉCUREUIL.

Deux dents incifives, les fupérieures en forme de coin, les inférieures aiguës.
Dents molaires fupérieures de chaque côté au nombre de cinq, les inférieures au nombre de quatre.
Clavicules entières.
Queue diftique.
Mouftaches longues.

* *Efpéces grimpantes.*

I. L'ÉCUREUIL commun. *Sciurus vulgaris.*

Oreilles barbues à leur fommet ; queue de la couleur du dos.

Erxleb. mam. p. 411. Schreb. Saeugth. 4. p. 757. t. 212. fyft. nat. XII. p. 86. n. 1. Faun. fuec. 37. fyft. nat. VI. p. 9. muf. ad. fr. 1. p. 8. Briff. quad. p. 150. n. 1. Klein. quad. p. 53. Raj. quad. p. 214. Gefn. quad. p. 845. Aldr. dig. p. 396. f. p. 398. Jonft. quad. p. 163. t. 66. Schwenckf. theriotr. fil. p. 121. Buff. hift. nat. VII. p. 253. ǀpl. 32. Penn. quad. p. 279. n. 206. Ridinger jagdb. Th. t. 20. S. G. Gmelin it. 1. p. 35. t. 7. Falck. Beytr. 3. p. 311.

v. b. L'ÉCUREUIL COMMUN VARIÉ. *Sciurus vulgaris varius.*

D'un cendré bleuâtre en hiver, rouge en été, ventre blanc.

Erxleb. mam. p. 414. a. Briff. quad. p. 152. n. 4. Ald. dig. n. 403. f. p. 405. Jonft. quad. p. 163. Gefn. quad. p. 741.

v. c. L'ÉCUREUIL commun noir. *Sciurus vulgaris niger.*

Erxleb. mam. p. 415. b.

v. c. L'ÉCUREUIL COMMUN BLANC. *Sciurus vulgaris albus.*

Tout blanc ; yeux rouges.

Erxleb. mam. p. 416. *c.* Briff. quad. p. 151. n. 2. Wagn. Helv. p. 185. S. G. Gmelin it. 1. p. 35. t. 8.

L'Ecureuil habite en Europe fur les arbres de haute futaie ; il eft fort commun dans toute la Ruffie.

Il eft roux à ventre blanc pendant l'été, d'un cendré-bleuâtre pendant l'hiver. Il fe nourrit de noifettes, de cônes, de baies &c Il porte fes alimens à la bouche avec fes pattes de devant, & en enfouit le fuperflu ; il boit peu, & fe défaltère l'hiver en mangeant de la neige. On dit qu'il navigue porté fur un morceau de bois ou d'écorce, (la queue oppofée au vent en guife de voile). Il fe conftruit avec de la mouffe un nid en forme de globe ; lorfqu'il s'affied, il fe met à l'ombre de fa queue ; la marte en fait fa proie ; fa fourrure d'hiver eft eftimée, fa chair eft mangeable. Il s'accouple en Mars & Avril ; la femelle porte l'efpace d'un mois & produit deux fois l'an trois, quatre à fept petits.

Defcr. anat. E. N. C. Cent. 10. app. 449.

II. L'ECUREUIL NOIR. *Sciurus niger.*

Pelage noir ; oreilles non barbues.

Erxleb. mam. p. 417. Schreb. Saeugth. 4. p. 776. t. 215. Syft. nat. XII. 1. p. 86. Klein. quad. p. 53. Briff. quad. p. 151. n. 3. Hernand. mexic. p. 582. Fernand. nov. Hifp. p. 8. Catesb. Car. 2. p. 73. t. 73. Penn. quad. p. 284. n. 210. t. 26. f. 2. Buff. hift. nat. X. p. 121.

Il habite dans l'Amérique feptentrionale jufqu'à la nouvelle Efpagne, fe raffemble en troupe, fait du degât aux plantations de maïs ; fa queue eft affez courte.

III. L'ECUREUIL VULPIN. *Sciurus Vulpinus.*

Pelage roux, mêlé de cendré ; oreilles imberbes. Grand de taille.

Lawfon Carol. p. 124. Penn. p. 411. n. 273. *b.*

Il habite dans l'Amérique feptentrionale ; il eft plus grand & plus rare que le fuivant , quoique d'ailleurs il lui reffemble affez ; poils plus rudes que ceux de l'Ecureuil commun ; extrêmité de la queue & des oreilles rouffes. *Schoepf.*

IV. Le PETIT-GRIS. *Sciurus cinereus.*

Corps cendré , ventre blanc ; oreilles imberbes.

Erxleb. mam. p. 418. n. 3. Schreb. Saeugth. 4. p. 766. t. 213. Syft. nat. XII. 1. p. 86. Raj. quad. p. 215. Klein. p. 53. Briff. quad. p. 153. n. 6. Brown. jam. p. 483. Catesb. Carol. 2. p. 74. t. 74. Penn. quad. p. 282. n. 209. t. 26. f. 3, Buff. hift. nat. X. p. 116. pl. 25.

Il habite dans l'Amérique feptentrionale fur les arbres des forêts ; il fait fon nid dans leurs cavités, reffemble beaucoup à l'Ecureuil commun, mais il eft plus grand , ayant bien un pied de longueur , & caufe auffi du dommage aux plantations de maïs. Le ferpent à fonnette en fait fa proie. (La peau forme une fourrure eftimée).

V. L'ECUREUIL DE LA BAIE D'HUD-SON. *Sciurus Hudfonius.*

Oreilles imberbes ; dos glauque ; ventre cendré ; queue affez courte d'un glauque rouffâtre , bordée de noir.

Forfter act. angl. v. 62. p. 378. Pall. gl. p. 377. Schreb. Saeugth. 4. p. 777. t. 214. Penn. quad. p. 280. n. 206. a. t. 26. f. 1.

Il habite dans les forêts de pins de la partie la plus froide de l'Amérique feptentrionale. Sa couleur eft la même pendant toute l'année.

VI. L'ÉCUREUIL de la Caroline. *Sciurus Carolinenfis.*

Pélage mêlé de cendré, de blanc, & de ferrugineux ; deffous du corps blanc; queue brune, mêlée de noir, bordée de blanc; oreilles imberbes.

Penn. quad. p. 283. n. 209. a.

Il habite dans la Caroline; fa taille eft plus petite que celle de l'écureuil commun; il change de couleur.

VII. L'ÉCUREUIL DE PERSE. *Sciurus Perficus.*

De couleur obfcure; blanc fur les côtés du corps, jaune en deffous; oreilles imberbes; queue d'un noir cendré avec un anneau blanc.

S. G. Gmelin it. 3. p. 379. t. 43.

Il habite les hautes montagnes de l'Hircanie Perfique; fa côuleur eft conftante; il reffemble à l'écureuil commun par l'afpect & les mœurs; fes tarfes font roux.

VIII. L'ÉCUREUIL ANOMALE. *Sciurus anomalus.*

Jaune mêlé de brun en deffus, d'un fauve obfcur en deffous; queue de la couleur du corps; oreilles imberbes arrondies.

Schreb. Saeugth. 4. p. 781. t. 215. C.

Il habite dans la Georgie afiatique. *Güldenflaedt.*

Il eft plus grand que l'écureuil commun; mufeau blanc, extrêmité des narines noire; joues fauves; mouftaches & orbite des yeux brunes; oreilles, couleur de feu, un peu blanchâtres en dedans.

IX. L'ÉCUREUIL BICOLORE. *Sciurus bicolor.*

Noir en deffus, fauve en deffous; oreilles aiguës; ongle pollicaire des pieds antérieurs grand, arrondi.

Sparrman. àct. foc. Gothenbourg. 1. p. 70. Schreb. Saeugth. 4. p. 781. t. 216. Penn. hift. p. 409. n. 269.

Il habite dans l'ile de Java; il eft long de douze pouces; queue de la même longueur; oreilles chevelues; ongles des pieds antérieurs aigus, le pouce très-court; pieds poftérieurs noirs.

X. L'ÉCUREUIL ERYTHRÉE. *Sciurus erythræus.*

Pélage mêlé en deffus de jaune & de brun; le deffous du corps & la queue d'un fauve fanguin; oreilles ciliées.

Pall. gl. p. 377. Penn. hift. p. 409. n. 271.

Il habite dans l'Inde; il eft un peu plus grand que l'écureuil commun; raye longitudinale noirâtre fur la queue; grande verrue pollicaire.

XI. Le RUKKAI. *Sciurus macrourus.*

Queue grife, deux fois plus longue que le corps.

Ind. zool. t. 1. Erxleb. mam. p. 420. Schreb. Saeugth. 4. p. 783. t. 217. Raj. quad. p. 215. Penn. quad. p. 281. n. 207.

Il habite dans l'ile de Ceylan; il eft trois fois plus grand que l'écureuil commun, noir en deffus, d'un jaune pâle en deffous; oreilles un peu barbues; narines incarnates; raye bifurquée noire fur les joues, tache jaune entre les oreilles.

XII. Le GRAND ÉCUREUIL de la côte de Malabar. *Sciurus maximus.*

D'un brun rouge en deffus, noir en deffous; queue noire; oreilles un peu barbues.

Schreb. Saeugth. 4. p. 784. t. 217. B. Sonnerat voyag. 2. p. 139. pl. 87.

Il habite aux Indes dans la province de Mahé & à la côte de Malabar; il eft de la taille d'un chat; fon cri s'entend de loin; il fe nourrit du fuc laiteux des noix de cocos. Oreilles droites, petites; poils longs; ongles robuftes, noirs; verrue pollicaire très-petite, munie d'un ongle. Differe-t-il réellement du précédent.

XIII. L'ECUREUIL D'ABYSSINIE. *Sciurus abeffinicus.*

D'un noir ferrugineux en deffus; cendré en deffous; queue longue d'un pied & demi.

Thevenot it. 5. p. 34. Penn. hift. p. 408. n. 268.

Il habite en Abyffinie, il eft trois fois plus grand que l'écureuil commun; c'eft un animal encore peu connu.

XIV. L'ECUREUIL DE BOMBAY. *Sciurus indicus.*

Queue de la longueur du corps, orangée à fon fommet.

Erxleb. mam. p. 420. Penn. quad. p. 280.

Il habite dans l'Inde, près de Bombay; fa longueur eft de feize pouces; il eft d'un pourpre fâle en deffus, jaune en deffous; oreilles barbues.

XV. L'ECUREUIL JAUNE. *Sciurus flavus.*

Oreilles arrondies; pieds à cinq doigts; pélage jaune.

Amœn. acad. 1. p. 281. Penn. quad. p. 285. n. 212.

Il habite à Carthagène en Amérique, peut-être auffi à Guzarate dans l'inde.

Il eft de la moitié plus petit que l'écureuil commun, de couleur jaune, les fommets des poils font blancs. Pouce des pieds antérieurs confiftant prefque feulement en un ongle fort petit. Oreilles imberbes. Eft-ce bien une efpèce d'écureuil?

XVI. Le PALMISTE. *Sciurus palmarum.*

Grisâtre, à trois raies jaunâtres; queue marquée de lignes noires & blanches.

Schreb. Saeugth. 4. p. 802. t. 220. Briss. quad. p. 156. n. 10. Clus. exot. p. 112. Nieremb. hist. nat. p. 172. Jonst. quad. p. 153. Raj. quad. p. 216. Buff. hist. nat. X. p. 126. pl. 26. Penn. quad. p. 287. n. 215.

Il habite les régions chaudes d'Afrique & d'Asie; (il passe sa vie sur les palmiers & les cocotiers;) il est surtout friand de noix de cocos.

Sa longueur est de deux pouces dix lignes; celle de la queue est à-peu-près la même; l'animal la porte droite & relevée verticalement sans la renverser sur son corps comme fait l'écureuil commun; la couleur du dessous du corps est d'un blanc cendré ou jaunâtre; il varie quelquefois à cinq raies dorsales; oreilles courtes, larges, arrondies, chevelues.

XVII. Le BARBARESQUE. *Sciurus getulus.*

Brun, à quatre rayes longitudinales blanchâtres.

Schreb. Saeugth 4. p. 806. r. 221. Briss. quad. p. 157. n. 11. Ald. dig. p. 405. f. p. 406. Gesn. quad p. 112. Jonst. quad. p. 163.. t. 67. Raj. quad p. 216. Buff. hist. nat. X. p. 126. pl. 27. Edw. av. 4. t. 198. Penn. quad. p. 287, n. 215. *b.*

Il habite à la côte occidentale de Barbarie; il ressemble assez au précédent; sa longueur est de cinq pouces; queue rayée; dessous du corps de couleur blanche; ongles noirs; point d'ongle à la verrue pollicaire des pieds antérieurs.

XVIII. L'ECUREUIL SUISSE ou L'ECUREUIL RAYÉ. *Sciurus striatus.*

Jaune, à cinq raies longitudinales brunes.

Penn. hist. p. 422. n. 286.

v. a.

v. a. L'ÉCUREUIL RAYÉ ASIATIQUE. *Sciurus stria-tus Asiaticus.*

Pall. gl. p. 378. Georgi it. 1. p. 163. J. G. Gmelin nov. comm. Petrop. 5. p. 344. t. 9. Buff. hist. nat. X. p. 126. pl. 28. Le Brun. it. p. 432. t. 254.

v. b. L'ÉCUREUIL RAYÉ D'AMÉRIQUE. *Sciurus stria-tus Americanus.*

Gris pâle, à quatre raies longitudinales brunes.

Muf. ad. frid. 1. p. 8. Schreb. Saeugth. 4. p. 790. t. 219. Briff. quad. p. 155. n. 9. Raj. quad. p. 216. Laws. Carol. p. 124. Catesb. Carol. 2. p. 75. t. 75. Brickell. N. Carol. p. 129. Edw. av. 4. t. 181. Penn. quad. p. 288. n. 216. Charlev. nouv. Fr. 3. p. 134. Kalm. it. 2. p. 419.

La variété *a.* habite dans toute l'Asie septentrionale jusqu'aux fleuves d'Europe Dwina & Kama; la variété *b.* se trouve dans la partie de l'Amérique septentrionale la plus orientale & la moins froide jusqu'à la nouvelle Espagne, & se tient dans les bois sous terre dans laquelle il se creuse des terriers à la manière du hamster, composés de plusieurs chambres, où il se retire, & rassemble ses provisions de vivres; il a aussi des abajoues. Il se nourrit de graines, la variété *a* principalement de celles du pin cembro, la variété *b* de maïs & de bled, de sorte qu'elle cause du dommage aux moissons; on appri-voise difficilement cette dernière.

La longueur de la variété *b.* est de cinq pouces dix lignes; l'autre est longue de six pouces; leur poids ne passe jamais deux onces. Tête plus oblongue que dans les espèces précé-dentes; oreilles plus courtes, arrondies, nues; corps plus aminci; jambes plus courtes; poils courts & rudes.

XIX. L'ECUREUIL DU BRÉSIL. *Sciurus æstuans.*

Gris, jaunâtre en dessous.

Briff. quad. p. 154. n. 7. Marcgr. braf. p. 230. Penn. quad. p. 286. n. 213.

Il habite au Brésil & à la Guiane; sa longueur est de huit

O

pouces trois lignes; la queue eſt longue de dix pouces, ronde, garnie de poils noirs, annelés de jaune; oreilles arrondies, imberbes.

XX. L'ECUREUIL CHINCHIQUE. *Sciurus dſchinſchicus.*

Couleur de brique; à bandes latérales blanches; orbite des yeux auſſi de couleur blanche; queue noire.

Sonner. it. 2. p. 140.

Il habite aux Indes dans la province Dſchinſchi; il eſt un peu plus grand que l'écureuil commun.

XXI. Le COQUALLIN. *Sciurus variegatus.*

Varié en deſſus de noir, de blanc, & de brun.

Erxleb. mam. p. 421. Schreb. Saeugth. 4. p. 789. t. 218. Fernand. nov. hiſp. p. 9. Buff. hiſt. nat. XIII. p. 109. pl. 13. Penn. quad. p. 285. n. 211.

Il habite dans la nouvelle Eſpagne, & ſe tient ſous les racines des arbres ou dans des trous, où il fait pour l'hiver proviſion de maïs & d'autres grains.

Longueur d'environ un pied; oreilles courtes, non barbues, blanches, ainſi que le muſeau; tête noire au reſte, mêlée d'orangé; mouſtaches & ongles noirs.

XXII. L'ECUREUIL DU CHILI. *Sciurus degus.*

Brun jaunâtre, à ligne noire ſur les épaules.

Molina hiſt. nat. Chil. p. 269.

Il habite au Chili par troupe autour des broſſailles dans des trous qui s'avoiſinent & ſe communiquent; il ſe nourrit de racines & de fruits dont il fait proviſion; il ne s'engourdit point l'hiver; il eſt d'ailleurs aſſez reſſemblant au loir proprement dit. On le mangeoit autrefois.

Un peu plus grand que le rat commun ; tête courte ; museau aigu ; oreilles arrondies ; queue terminée par un floccon, & de même couleur que le corps.

XXIII. L'ECUREUIL DU MEXIQUE.
Sciurus mexicanus.

Cendré brun ; cinq à sept raies longitudinales blanchâtres.

Erxleb. mam. p. 428. n. 12. Briff. quad. p. 154. n. 8. Seb. muf. 1. p. 76. t. 47. f. 2. Fernand. an. p. 9. Penn. quad. p. 286. n. 214.

Il habite dans la nouvelle Efpagne ; fa longuenr eft de cinq pouces & demi, la queue eft un peu plus longue ; bord des oreilles nud ; fept raies longitudinales au mâle, cinq à la femelle.

XXIV. L'ECUREUIL de Madagafcar. *Sciurus Madagafcarienfis.*

Doigt intermédiaire des pieds de devant nud, très-allongé ; ongle du pouce des pieds de derrière arrondi.

Sonner. it. 2. p. 137. t. 86.

Il habite dans la partie occidentale de l'île de Madagafcar ; fa longueur paffe dix-huit pouces fans y comprendre la queue qui eft longue ; il vit fous terre ; il eft pareffeux, craintif, porté au fommeil, fe nourrit de vermiffeaux, qu'il tire du creux des arbres au moyen de fes doigts. Son genre paroît douteux ; il reffemble par fon allure & fes mœurs aux pareffeux, mais par fes dents, fa queue, fes pieds à cinq doigts, il approche davantage des écureuils.

Oreilles amples, applaties, noires, hériffées de longs poils ; des faifceaux de poils au deffus des yeux & des narines, fur les joues & au menton ; corps couvert d'un duvet blanc fauve, furmonté de longs poils noirs ; face & gorge d'un blanc fauve ; queue longue d'un pied & demi, applatie, couverte de poils longs, denfes, blancs depuis leur bafe jufqu'à leur milieu, noirs dans le refte de leur longueur ; doigts des pieds longs, tous les ongles de ceux de devant fubulés, crochus, de même que quatre ongles des pieds poftérieurs.

** Ecureuils volans.

XXIV. Le POLATOUCHE. *Sciurus volucella.*

Peau des côtés du corps étendue comme une membrane au moyen de laquelle l'animal s'élance & semble voler ; queue allongée , velue.

Fall. gl. p. 353. 359. Schreb. Saeugth. 4. p. 808. t. 222. ſyſt. nat. XII. 1. p. 75. n. 21. muſ. ad. fr. 2. p. 10. Brown. jam. p. 438. Raj. quad. p. 215. Fernand. nov. hiſp. p. 8. Ca-tesb. Carol. 2. p. 76. t. 76. 77. Edw. av. 4. t. 191. Penn. quad. p. 418. n. 283. de Pratz Louiſian. 2. p. 98. Buff. hiſt. nat. X. pl. 21.

Il habite la partie plus temperée & moins froide de l'A-mérique ſeptentrionale , & ſe tient en troupe ſur les arbres de haute futaie, ſe nourriſſant de fruits & de ſemences , qu'il recherche le ſoir & pendant la nuit ; il dort de jour, molle-ment couché dans ſon nid compoſé de feuillages ; il s'appri-voiſe extrêmement & avec facilité.

Corps long de cinq pouces ; tête aſſez groſſe ; yeux très-grands , ſaillans , noirs ; oreilles arrondies , tranſparentes, preſ-ques nues , d'un gris cendré ; mouſtaches noires , plus longues que la tête ; cou court ; poils très-fins, très-doux, de couleur cendrée, terminés de jaune ſur la partie ſupérieure du corps , de couleur blanche dans le milieu de ſa partie inférieure ; cen-drés dans le contour du corps. Queue ronde , longue de qua-tre pouces. Peau étendue en forme de membrane des oreilles aux bras, aux cuiſſes & à la queue, antérieurement des bras juſqu'aux doigts & juſqu'à un oſſelet particulier , ſemblable à un éperon & qui eſt attaché au tarſe ; poſtérieurement des cuiſſes juſqu'aux tarſes ; à l'aide de cette peau que l'animal tend en ouvrant ſes bras & ſes cuiſſes, il ſe ſuſpend un inſtant en l'air & s'élance en droite ligne par une ſorte de vol. Il ſait auſſi nager.

XXV. L'ECUREUIL volant de la baie d'Hudſon. *Sciurus hudſonius.*

Peau des côtés très-étendue ; corps d'un brun rouge en deſ-ſus , d'un jaune blanchâtre en deſſous ; queue velue , plane.

Pall. gl. p. 354. Forster act. angl. 62. p. 379. Penn. hist. p. 418. n. 282.

Il habite dans l'Amérique septentrionale près du Golfe St. Jacques & le fleuve Severn. Il est à peine plus grand que l'écureuil commun. Poils assez longs, d'un noir cendré à leur base, d'un rouge brun à leur sommet. Peau étendue comme dans le précédent.

XXVI. Le SAPAN. *Sciurus volans.*

Peau des côtés très-étendue; queue arrondie. (1)

Schreb. Saeugth. 4. p. 813. t. 223. Faun. suec. 2. p. 13. n. 38. mus. ad. fr. 1. p. 8. Brist. quad. p. 157. n. 12. & p. 159. n. 13. Rzacz. auct. p. 316. Klein act. angl. 1733. t. 35. f. 1. Seb. mus. 1. p. 67. t. 41. f. 3. Pall. gl. p. 355. Klein quad. p. 24. Gesn. quad. p. 743. Duvernoi comm. Petrop. 5. p. 218. Buff. hist. nat. X. p. 95. Penn. quad. p. 293. n. 221.

Il habite dans les bois de Bouleaux en Sibérie ; moins fréquemment en Lapponie, en Livonie, en Pologne ; il vit solitaire, excepté au tems du rut ; il se nourrit des bourgeons, & des jeunes pousses du bouleau, mais surtout de leurs chatons ; se cache durant le jour ; cependant en hiver, lorsque le tems est doux, il sort de son nid qui est construit de mousse & placé dans le creux des arbres. Au moyen de la membrane étendue de ses côtés, il s'élance (du sommet d'un arbre dans le milieu d'un autre) jusqu'à plus de vingt verges de distance. Il sifle ; mord vivement, & ne s'apprivoise guère. La femelle met bas au mois de Mai deux ou trois, rarement quatre petits.

Il diffère du polatouche par sa taille qui est d'un tiers plus grande, par sa couleur qui ne tire pas sur le jaune, mais qui est d'un beau gris blanchâtre en dessus, & très blanche en dessous, ainsi que par celle de sa queue, qui est à peine nuan-

---

(1) Les jeunes sapans ont la queue cylindrique, mais ceux qui sont adultes l'ont large & en quelque sorte applatie, parce que les poils s'écartent des deux côtés comme dans l'écureuil. *Enc. méth. syst. anat. des anim.*

céc de brun dans fa partie fupérieure; fa tête eft auffi plus ra-
maffée & plus ronde, fa queue eft plus courte, compofée de
moins de vertèbres, ne paffant guère en longueur la moitié
du corps; les yeux font plus rapprochés du nez & entourés
d'un cercle plus noir; les membres antérieurs font plus courts,
mais il a les jambes de derrière plus longues. *Pallas.*

XXVII. L'ÉCUREUIL volant de Java. *Sciurus fagitta.*

Peau des côtés très-étendue; queue plane pinnée, lanceolée.

Il habite dans l'île de Java. *Nordgren.*

Il a entiérement la forme de l'écureuil commun; fa longueur eft d'une paume fans la queue; fa couleur eft d'un brun
ferrugineux en deffus, d'un ferrugineux pâle en deffous. Tête
ovale. Oreilles ovales, obtufes, vêlues; mouftaches auffi longues que la tête. Une foie à chaque côté de la mâchoire.
Levre fupérieure fendue, l'inférieure courte. Dents brunes,
un peu obtufes. Pieds antérieurs à quatre doigts, les poftérieurs à cinq doigts. L'épéron des pieds de devant fétacé,
cartilagineux, de la longueur même du bras en deffous de la
peau membraneufe. Elle s'étend de la tête au carpe, & du
carpe au genou, elle eft couverte de poils, de la couleur du
corps & ciliée en fon bord. Cuiffes auffi ciliées par derrière.
Pieds tirant fur la couleur de brique; tous les doigts un peu
faillans à leur dernière jointure. Ongles comprimés. Scrotum
oval, grand, couvert de poils. Prépuce allongé, auffi vêtu de
poils. Queue de la longueur du corps, très applatie, obtufe.

XXVIII. Le TAGUAN. *Sciurus petaurifta.*

Peau des côtés très-étendue; corps en deffus d'un chatain
ferrugineux très-foncé, en deffous d'un ferrugineux clair; ou
noir en deffus & gris en deffous; queue plus longue que le
corps, très-velue, ronde, noirâtre, ferrugineufe dans fon milieu.

Pall. mifc. Zool. p. 54. t. 6. f. 1. 2. Schreb, Saeugth. 4.
t. 224. Briff. anim. lugd. B. 1762. p. 112. n. 15. Valent. ind.
3. p. 269. 270. hift. gen. des voyag. XV. L. 4. f. 9. p. 51.

Il habite dans les iles de l'Océan Indien; il eft plus grand que les autres espèces de ce genre, ayant un pied six pouces de longueur ; il a aussi la tête plus ronde. Moustaches & ongles noirs. La femelle a six mamelles situées à distance égale sur la poitrine & sur le ventre. Les mamelons ont une forme allongée & linéaire ; (l'aréole qui les entoure est très-large & dégarnie de poils. *Pallas.*)

Les Ecureuils sont la plûpart agiles, & de structure délicate ; ils s'apprivoisent facilement, montent sur les arbres, & peu d'entr'eux habitent sous terre ; leurs alimens sont des fruits, des semences ; les uns courent en sautillant, les autres semblent voler. Tête large, plus longue que les oreilles qui sont ovales. Corps assez gros ; pieds courts, les antérieurs à quatre doigts, avec un vestige de pouce, les postérieurs à cinq doigts. Queue longue velue.

L'Ecureuil de la Guiane de *Bancroft*, ressemblant par sa taille & par son aspect à l'Ecureuil commun, d'un gris jaunâtre en dessus, blanc en dessous & sur les côtés, à queue velue, très-longue & tachée, est-il une espèce distincte ? Le même doute existe par rapport à l'Ecureuil de la Guiane de *la Borde* ; il mord vivement, s'apprivoise cependant très-bien ; son pelage est roussâtre. Il n'est pas plus grand qu'un rat ; vit solitaire sur les arbres des forêts, se nourrit entr'autres des semences du maripe ; la femelle produit une fois l'an deux petits.

GENRE XXVIII.

LOIR.

Deux dents incisives supérieures en forme de coin.
Deux dents incisives inférieures comprimées.
Moustaches longues.
Queue velue, ronde, plus grosse vers son sommet.
Pieds d'égale longueur, les antérieurs à quatre doigts.

I. Le LOIR proprement dit. *Myoxus glis.*

Gris en dessus, blanchâtre en dessous.

Schreb. Saeugth. 4. t. 225. fyft. nat. XII. 1. p. 87. Erxleb. mam. p. 429. Klein quad. p. 54. Briff. quad. 160. Pall.
gl. p. 88. n. 33. Gefn. quad. 619. Ald. dig. p. 407. f. p. 409.
Jonft. quad. p. 164. t. 67. Raj. quad. p. 229. Buff. hift. nat.
VIII. p. 158. pl. 24. Penn. quad. p. 289. n. 217.

Il habite dans les bois d'Europe & de l'Afie méridionale ;
les Romains en élevoient autrefois dans des garennes pour
l'ufage de la table ; il vit de glands, de noifettes, de pepins ;
& conftruit fon nid dans le creux des arbres ; la femelle met
bas neuf à douze petits ; il mord vivement ; pendant le jour
il fe cache ; il devient exceffivement gras en automne ; au
mois d'Octobre il fe rend en troupe dans fes retraites fouterraines, & s'y engourdit jufqu'à la fin de Mai. Sa peau fait
une fourrure recherchée pour la molleffe du poil.

Corps long de fix pouces, la longueur de la queue eft de
cinq pouces ; oreilles minces, nues ; joues blanches. Mouftaches plus longues que la tête. Dix mamelles, fix fur la poitrine, quatre fur le ventre.

II. Le LOIR DRYADE. *Myoxus dryas.*

D'un gris roux en deffus, d'un blanc fâle en deffous ; ligne noire droite, s'étendant de chaque côté par les yeux aux
oreilles.

Schreb. Saeugth. 4. t. 225. B.

Il différe du fuivant par fa couleur, fa queue plus courte,
plus velue, & le défaut de tache noire derrière les oreilles.

III. Le LEROT. *Myoxus nitela.*

De couleur rouffe en deffus ; d'un blanc cendré en deffous ;
tache noire aux environs des yeux & derrière les oreilles.

Schreb. Saeugth. 4. t. 226. fyft. nat. XII. 1. p. 84. n. 15.
Pall. glir. p. 88. n. 32. Erxleb. mam. p. 432. n. 15. Briff.
quad. 161. Gefn. quad. p. 833. Jonft. quad. p. 168. t. 67.
Ald. dig. p. 439. Raj. quad. p. 419. Buff. hift. nat. VIII. p.
181. pl. 25. Penn. quad. p. 290. n. 218.

Il habite en Europe, auffi dans la Sibérie méridionale, &
fréquente principalement les jardins où il détruit les fruits de
tout genre; il eft furtout friand de pêches; il fait fon nid dans
les fentes des murs & dans les arbres creux, s'accouple au
printems & la femelle produit en été cinq ou fix petits; il a
fortement l'odeur du rat commun.

La longueur de fon corps ne paffe point cinq pouces, ni
celle de fa queue quatre pouces; yeux affez grands, noirs;
oreilles oblongues.

IV. Le MUSCARDIN. *Myoxus mufcardinus.*

De couleur rouffe; gorge blanchâtre; pouce (ou plutôt
tubercule des pieds poftérieurs) dépourvu d'ongle.

Schreb. Saeugth. 4. t. 227. Erxleb. mam. p. 433. n. 16.
fyft. nat. XII. 1. p. 83. n. 14. Faun. fuec. 35. Pall. gl. p.
89. n. 34. Briff. quad. 162. Raj. quad. 220. Jonft. quad. p.
168. Aldr. dig. p. 439. Buff. hift. nat. VIII. p. 193. pl. 26.
Edw. av. 119. t. 266. Penn. quad. p. 291. n. 219.

Il habite en Europe dans les haies & les bois épais, rarement dans les jardins. Il fait provifion de noifettes, de glands
qu'il mange affis comme l'écureuil, & dont il enfouit le fuperflu. Il fe compofe un nid de gramen, de mouffe, de feuilles, dans un arbre creux peu élevé ou même dans un arbriffeau. La femelle met bas trois ou quatre petits. On en engraiffe
en Angleterre. Il eft de la taille de la fouris, ayant à peine
trois pouces de longueur, mais elle eft moins déliée. Yeux
grands, faillans, noirs; oreilles courtes arrondies, nues, minces;
queue guère plus longue que le corps.

GENRE XXIX.

GERBOISE.

Deux dents incisives à chaque mâchoire.

Pieds antérieurs très-courts, les postérieurs très-longs.

Queue allongée, terminée par un floccon de poils.

I. Le MONGUL. *Dipus Jaculus.*

Pieds à quatre doigts, (1) un, onglet pollicaire aux pieds antérieurs.

Schreb. Saeugth. 4. t. 228. Erxleb. mam. p. 404. n. 1. syst. nat XII. 1. p. 85. n. 20. muf. ad. fr. 2. p. 9. Forsk. Faun. orient. p. 4. Haffelqu. it. Pall. 198. act. Stockh. 1752. p. 123. t. 4. f. 1. act. Upf. 1750. p. 17. Pall. gl. p. 87. n. 27. t. 20. Moncon. Ægypt. 288. J. G. Gmelin nov. comm. Petr. 1760. Vol. 5. p. 351. t. 9. f. 1. muf. Petrop. 1. p. 344. n. 123. Aldr. quad. 395. Gefn. quad. p. 837. Pr. Alpin. Æg. p. 232. Shaw. trav. p. 248. 376. Penn. quad. p. 295. n. 222. 223. t. 25. f. 3. Edw. av. t. 219. le Brun it. 287. t. 210. Buff. hist. nat. XIII. p. 141. S. G. Gmelin. it. 1. p. 26. t. 2. syst. nat. ed. IX. n. 4.

Il habite en Egypte, en Arabie, au pays des Kalmoucs dans la Sibérie méridionale; & se tient dans les terres fermes, & les campagnes couvertes d'herbes; lorsqu'il repose, il applique ses pieds de derrière à son ventre, & s'assied sur ses genoux fléchis, il rapproche alors ses pieds antérieurs de sa gorge, de façon qu'on les apperçoit à peine. Il ne craint pas beaucoup l'homme, cependant il ne s'apprivoise pas entièrement; il se nourrit de racines, de gramen, de froment, de sésame; & celui qui habite en Sibérie fauche du foin pour l'hiver, le sèche, amasse en monceaux, & l'emporte ensuite dans sa tanière. Les Kalmoucs & les Arabes le mangent.

---

(1) Il paroît qu'il y a cinq doigts à tous les pieds. *V.* *Enc. meth. syst. anat. des anim.*

Corps long de plus de sept pouces ; aspect du lièvre ; jambes postérieures trois fois plus longues que le corps , y compris les cuisses qui sont nues antérieurement. Queue longue d'environ dix pouces, d'un brun pâle, noire vers son sommet & terminée de blanc. Huit mamelles très-éloignées l'une de l'autre ; poils d'un brun pâle en dessus, blanc en dessous ; oreilles & pieds couleur de chair.

II. Le GERBO. *Dipus sagitta.*

Pieds postérieurs à trois doigts, point d'onglet pollicaire.

Schreb. Saeugth. 4. t. 229. Pall. it. 2. p. 706. glir. p. 87. t. 21.

Il habite en Arabie & près le fleuve Irtysch, dans le sable mouvant & les campagnes sablonneuses les plus arides ; la longueur du corps est seulement de cinq pouces onze lignes, la queue est terminée par un petit floccon, & elle a six pouces cinq lignes de long ; ses jambes de derrière sont longues d'environ six pouces ; les cuisses sont maigres & peu charnues. Doigts vêtus en dessous de poils longs & fort touffus ; oreilles beaucoup plus longues que la tête, qui est globuleuse.

III. La GERBOISE proprement dite. *Dipus cafer.*

Pieds antérieurs à cinq doigts, pieds postérieurs à quatre doigts.

Schreb. Saeugth. 4. t. 230. Pall. gl. p. 87. n. 29. I. R. Forster & Sparrman act. Stockh. ann. 1778. 2. n. 3. & 4. t. 3. Miller on var. subj. of. nat. hist. t. 31. AB.

Elle habite au Cap de bonne Espérance ; elle est plus grande que les autres gerboises, sa longueur est de douze pouces , sa couleur est d'un brun bai en dessus, d'un jaunâtre blanc en dessous ; tête plus oblongue , museau plus aigu, oreilles plus longues, ongles surtout des pieds de devant, beaucoup plus longs , que dans ses congénères ; queue très-velue , longue de dix-sept pouces, tranchée de noir à son sommet. On la fait sortir de son terrier en y versant de l'eau. Sa chair est savoureuse.

IV. Le JIRD. *Dipus meridianus.*

Pieds antérieurs à quatre doigts avec un pouce très-court ; pieds postérieurs à cinq doigts ; queue de la couleur du corps.

Schreb. Saeugth. 4. t. 231. Pall. it. 2. p. 702. Longipes. glir. p. 88. n. 30. t. 18. B. syst. nat. XII. 1. p. 84. n. 19. muf. ad. fr. 1. p. 9. Erxleb. mam. p. 409. Penn. quad. p. 297. n. 224.

Il habite les régions de la Zône torride de même que le défert fablonneux près de la mer Caspienne entre l'Urai & le Volga ; il se nourrit des femences du calligon & de quelques aftragales , & se creufe des terriers à trois iffues, profonds d'environ une aune.

Corps long de quatre pouces neuf lignes ; plus épais par derrière ; d'un fauve pâle, quelquefois grisâtre en deffus, d'un blanc de lait en deffous. Tête plus oblongue qu'au mongul ; mufeau auffi plus allongé ; oreilles grandes , ovales ; bouche & pieds blancs , le dédans de ceux-ci très-velu ; pouce des pieds antérieurs très-court (& pourvu d'un petit ongle fupporté par un offelet ;) cuiffes poftérieures très-charnues ; queue n'ayant guère plus de trois pouces de longueur , groffe , couverte de poils touffus.

V. Le TAMARICIN. *Dipus tamaricinus.*

Pieds antérieurs à quatre doigts avec un gros tubercule au lieu de pouce ; pieds poftérieurs à cinq doigts ; queue comme annelée.

Schreb. Saeugth. 4. t. 232. Pall. it. 2. p. 202. glir. p. 88. n. 31. t. 19.

Il habite les côtes (méridionales & défertes) de la mer Caspienne dans des endroits abondans en tamarife & en plantes falées, dont peut-être il se nourrit , & fous les racines defquelles il se creufe des terriers très-profonds à deux iffues.

Il eft très-joli ; sa longueur eft de fix pouces fix lignes ; sa couleur d'un gris jaunâtre en deffus, blanc en deffous ; yeux affez grands , à fourcils & orbites de couleur blanche ; oreil-

grandes ovales, presque nues. Verrue pollicaire remarquable aux pieds antérieurs, (recouverte d'une espèce d'ongle). Queue ne passant guère cinq pouces de longueur, couverte de poils longs (de couleur cendrée en dessus, coupée d'un bout à l'autre par un grand nombre d'aires brunes, transversales, qui la font paroître annelée), & terminée par une espèce de floccon de couleur brune.

Les gerboises s'engourdissent par le froid de même que les loirs; elles marchent ou plutôt elles sautent sur les pieds de derrière, aidées de leur queue longue & roide, & s'élancent ainsi à trois ou quatre pieds de distance; leur nourriture est végétale, leur habitation est souterraine; elles dorment pendant le jour & rodent de nuit; portent leurs alimens à la bouche avec leurs pattes de devant, & puisent de même leur boisson en faisant un creux avec leurs doigts.

GENRE XXX.

LIEVRE.

Deux dents incisives à chaque mâchoire, les supérieures creusées d'un sillon qui les fait paroître doubles; les inférieures plus petites.

* *Espèces à queue.*

I. Le LIEVRE à longue queue. *Lepus viscaccia.*

Queue allongée féteuse.

Molin. hist. nat. Chil. p. 272. Laër amer. p. 407. Nieremb. hist. nat. p. 161. Feuillée obf. 3. p. 32.

Il habite les contrées les moins chaudes du Pérou & du Chili, au pied des montagnes & dans la plaine; il ressemble au lapin par ses mœurs & son aspect, au renard par sa couleur & sa queue, de laquelle il se fait un moyen de défense contre ses ennemis. Il se creuse une tanière divisée en deux chambres, dont une lui sert de logement, & l'autre in-

férieure de magafin pour y raffembler fes provifions , qu'il
cherche de nuit. Son poil eft très-fin & très-doux, les Peru-
viens fous l'Empire des Incas en tiffoient de la toile; les habitans du Chili en font aujourd'hui des chapeaux. Sa chair eft
blanche , tendre , favoureufe.

II. Le LIEVRE commun. *Lepus timidus.*

Queue courte ; oreilles noires à leur fommet , plus longues
que la tête.

Faun. fuec. 25. Schreb. Saeugth. 4. t. 233. A. Gefn. quad.
p. 69. Aldr. dig. 247. Jonft. quad. t. 65. Raj. quad. 204. Erxleb. mam. p. 325. n. 1. Buff. hift. nat. VI. p. 246. pl. 38.
Penn. quad. p. 248. n. 184. Ridinger jagdb. th. t. 13. Schreb.
Saeugth. 4. t. 233. B. Klein quad. p. 52. t. 3.

Il habite partout en Europe; il eft très-abondant en Bulga-
rie , & fe trouve auffi dans l'Orient, dans la Perfe feptentrionale, au Japon, à Ceylan, & dans prefque toute l'Afie,
en Egypte , en Barbarie , dans l'Amérique feptentrionale &
même au Chili. Il pature pendant la nuit ; il rumine (1) , &
fe nourrit (d'herbes , de racines, de feuilles , de fruits , de
grains ,) ainfi que de jeunes pouffes d'arbriffeaux & de l'é-
corce tendre des arbres ; il eft foible & timide, il a la vue
& l'ouie excellentes , il court avec rapidité , furtout en montant; étant lancé, il fait plufieurs tours & détours toujours plus
petits vers l'endroit d'où il eft parti ; il quitte enfin fa route par
un faut qu'il fait en arrière (& part au loin). Les chiens, les
chats, les oifeaux de proie s'en faififfent. Si en le chaffant ,
on jette un chapeau en l'air, il fe cache fous le plus prochain
arbriffeau, prenant cet objet pour un épervier; il s'accroche
avec les dents au tronc d'arbre qu'il veut franchir ; il a la nuque du cou très fragile. Il fe plait au fon du tambour ; il eft
fujet aux puces; fon urine eft fétide & il a foin de ne pas
la rendre dans fon gîte. Le mâle eft quelquefois cruel à fa
propre progéniture ; il eft adulte dès fa première année , &

---

(1) C'eft auffi le fentiment d'Erxleben & de plufieurs autres auteurs , mais M. de Buffon penfe que cette opinion n'eft
pas fondée , parce que la conformation des eftomacs & des
inteftins des animaux ruminans eft toute différente de celle
de l'eftomac & des inteftins du lièvre.

ne paſſe pas huit ans; il multiplie beaucoup & pendant tout l'été, la ſuperfétation même n'eſt point rare dans la femelle ; leur accouplement commence dès le mois de Février ou de Mars; elle a le gland du clitoris proëminent (& preſque auſſi gros que le gland de la verge du mâle; elle porte pendant trente ou trente un jours & met bas trois ou quatre levrauts.

Longueur d'environ deux pieds; yeux grands, à fleur de tête, munis d'une membrane clignotante, & ouverts pendant le ſommeil de l'animal. Menton blanc; narines humides, mouvantes; levre ſupérieure fendue; poils de la face, du dos & des côtés blancs à leur baſe, noirs dans leur milieu, roux à leur ſommet; gorge & poitrine rouſſe; ventre blanc; queue noire en deſſus, blanche en deſſous; cuiſſes poſtérieures charnues; pieds laineux; une cavité de chaque côté à la région du pubis.

Lagogr. Waldung. W. Amberg. 1679. 4. & Paullin. C. F. Vienn. 1691. 4. deſcript. anat. E. N. C. d. 1. a. 2. obſ. 251. & ann. 3. obſ. 93. & d. 3. ann. 5. obſ. 225. Bartholin act. Hafn. 1671. n. 136.

III Le LIEVRE changeant. *Lepus variabilis.*

Queue courte; entiérement blanc pendant l'hiver à l'exception du bout des oreilles qui eſt noir; oreilles plus courtes que la tête.

Schreb. Saeugth. 4. t. 235. B. Pall. gl. p. 1. t. 4. f. 1. Briſſ. an. p. 139. n. 2. Ald. dig. p. 349. Wagn. Helv. 177. Klein. quad. p. 51. Jonſt. quad. p. 160. Forſter act. angl. 62. p. 375. Penn. quad. p. 249. t. 23. f. 1.

v. b. LE LIEVRE NOIR. *Lepus niger.*

Briſſ. an. p. 139. n. 3. Klein quad. p. 52.

v. c. LE LIEVRE HYBRIDE. *Lepus hybridus.*

Seulement blanc ſur les côtés pendant l'hiver.

Schreb. Saeugth. 4. t. 235. C.

Il habite dans les contrées Alpines & froides de l'Europe

de l'Afie & de l'Amérique. La variété *a.* fe trouve en Ruffie & en Sibérie & n'y change point de couleur. La variété *b.* doit fon origine à l'union du lievre changeant & du lievre commun, & habite dans la Ruffie méridionale, voyageant quelquefois dans les campagnes de la Ruffie & de la Sibérie, mais s'en retournant au printems dans les montagnes.

Cette efpèce eft de plus grande taille que l'efpèce commune ; ayant deux pieds quatre pouces & plus de longueur, mais fa chair eft plus dure & moins fapide ; fes membres font plus courts, ainfi que fa queue qui eft compofée de moins de vertèbres, & entièrement blanche pendant toute l'année. Le pelage d'été de la variété *c.* reffemble beaucoup à celui du lievre commun ; la variété *b.* eft de couleur brune, ou de couleur noire, quelquefois d'un beau noir luifant, elle eft la même pendant toute l'année. Le pelage d'été du lievre changeant, variété *a.* eft d'un gris rouffâtre fur la tête, brun fur le dos & les oreilles ; nuque du cou d'un brun cendré qui s'éclaircit infenfiblement fur les côtés ; ventre gris.

IV. Le LIEVRE de la baie d'Hudfon. *Lepus Americanus.*

Queue courte ; jambes poftérieures une fois plus longues que le corps ; bout des oreilles & de la queue gris.

Erxleb. mam. p. 330. n. 2. Schoepf. Naturf. 20. p. 32. Pall. glir. p. 30. Barrington act. ang. 62. p. 11. Forfter act. ang. 62. p. 376.

Il habite dans l'Amérique feptentrionale ; il fe gîte de nuit fous les racines des arbres & dans leurs cavités, ne fe creufant point de terriers. La femelle produit une ou deux fois l'an cinq à fept petits.

Pelage femblable à celui du lievre commun ; grandeur moyenne entre celle du lapin & du lievre changeant ; jambes poftérieures plus longues qu'au lapin. Chair bonne à manger.

V. Le TOLAÏ. *Lepus tolaï.*

Queue courte ; fommité des oreilles noire.

Pall.

Pall. gl. p. 17. t. 4. f. 2. Schreb. Saeugth. 4. t. 234. Erxleb. mam. p. 335. I. G. Gmelin nov. comm. Petrop. 5. p. 357. t. 11. f. 2. Buff. hist. nat. XV. p. 138. Penn. quad. p. 253. n. 188.

Il habite au-delà du lac Baikal en Sibérie dans le défert Gobéen jufqu'au Thibet; il eft plus grand que les efpèces précédentes; fa couleur pendant l'été eft prefque celle du lievre changeant, elle devient feulement un peu plus claire pendant l'hiver; il a les jambes plus menues que lui, & les cuiffes poftérieures plus longues, ainfi que la queue; celle du lapin eft auffi plus courte; mais la queue du lievre commun eft plus longue, lui reffemblant toutefois par fa partie noire. Le poids de l'animal adulte eft pendant l'hiver d'environ fept livres de Ruffie; celui de la femelle, étant pleine au mois d'Avril, étoit de huit livres & demie (dans l'individu de ce fexe que M. Pallas a examiné.)

VI. Le LIEVRE PYGMÉE. *Lepus minimus.*

Queue courte; oreilles pileufes de la couleur du corps.

Molina. hift. nat. Chil. p. 272.

Il habite au Chili; il eft à peine plus grand que le campagnol; corps prefque conique; oreilles petites, aiguës; mufeau oblong; pieds antérieurs à quatre doigts, pieds poftérieurs à cinq doigts; poils très-fins mais courts; chair blanche favoureufe; il eft domeftique chez les Chilois, reffemble au lapin par la variété des couleurs, & par fa fecondité, la femelle faifant prefque chaque mois fix, fept, & plus de petits; il a auffi les mêmes ennemis, les chats & les rats, mais il abhorre lui-même le lapin.

VII. Le LAPIN SAUVAGE. *Lepus cuniculus.*

Queue courte, prefque de la même couleur que le corps; oreilles noires à leur fommet; jambes poftérieures plus courtes que le tronc.

Pall. glir. p. 30. Erxleb. mam. p. 331. n. 3. Schreb. Saeugth. 4. t. 236. A. fyft. nat. XII. 1. p. 77. Faun. fuec. 2. p. 10. n.

P

26. fyſt. nat. II. p. 46. VI. p. 9. n. 3. muſ. ad. fr. I. p. ♀.
Briſſ. regn. an. p. 140. n. 4. Plin. hiſt. mund. VIII. c. 29.
55. 58. Agric. anim. ſubterr. p. 16. Geſn. quad. p. 394. Aldrov. dig. p. 382. f. p. 385. Jonſt. quad. p. 161. t. 65. Raj.
quad. p. 205. Buff. hiſt. nat. VI. p. 303. t. 50. Penn. quad.
p. 251. n. 186.

v. b. LE LAPIN DOMESTIQUE. *Cuniculus domeſticus.*

Yeux d'un beau rouge.

Buff. hiſt. nat. VI. t. 51.

1. De couleur noire. *Schreb. Saeugth.* 4. t. 236. B.

2. De couleur blanche.

3. De couleur variée.

4. Pelage cendré argenté ; pieds bruns. *Le Riche.*

Briſſ. regn. an. p. 191. n. 5. Buff. hiſt. nat. VI. pl. 52. Penn.
quad. ind.

v. c. LE LAPIN D'ANGORA. *Cuniculus angorenſis.*

Poils longs , ondulés, ſoyeux.

Schreb. Saeugth. 4. t. 236. C. Briſſ. regn. an. p. 141. n. 6
Buff. hiſt. nat. VI. pl. 53. 54. Penn. quad. p. 252. n. 186. b

v. d. LE LAPIN DE RUSSIE. *Cuniculus ruſſicus.*

De couleur cendrée ; tête & oreilles brunes ; peau du dos
& de la gorge lâche.

Penn. quad. p. 252. t. 23. f. 2.

Le lapin habite les pays tempérés & chauds de l'Europe, de
l'Aſie & de l'Afrique ; par exemple à Madère ; on l'éleve
même dans les contrées froides. Il ſe creuſe des terriers dans
les lieux ſablonneux & s'y retire pendant le jour ; il devient
la proie des faucons , du blaireau, du putois. Sa vie s'étend
juſqu'à neuf ou dix ans ; la femelle porte pendant trente ou

trente un jours & met bas sept fois l'an quatre à huit lapereaux qui font adultes à six mois. Sa fourrure est bonne, surtout celle du riche & du lapin d'Angora ; sa chair est blanche, communément bonne à manger.

Il est plus petit que le lievre commun, ayant environ un pied & demi de longueur ; oreilles plus courtes que la tête ; le pélage du lapin sauvage est d'un brun cendré, la queue est noire en dessus, blanche en dessous.

Desc. anatom. Perv. obs. 10.

VIII. Le LIEVRE DU CAP. *Lepus capensis.*

Queue de la longueur de la tête ; pieds d'un roux vif.

Penn. quad. p. 253. n. 189.

Il habite au Cap de Bonne-Espérance ; il creuse ; sa queue est rousse. *J. Burmann.*

** *Espèces sans queue.*

IX. Le TAPETI. *Lepus brasiliensis.*

Des oreilles ; collier blanc ; point de queue.

Pall. glir. p. 30. syst. nat. IX. n. 1. XII. 1. p. 78. n. 4. Marcgr. bras. 223. pis. bras. 102. Raj. quad. 205. Buff. hist. nat. XV. p. 162. Penn. quad. p. 252. n. 187.

Il habite dans l'Amérique méridionale, ne creuse point, a l'aspect du lapin sauvage, la taille & le pelage du lievre commun.

X. Le SULGAN. *Lepus pusillus.*

Point de queue ; pelage mêlé de brun & de gris ; oreilles un peu triangulaires, bordées de blanc.

Pall. gl. p. 30-45. t. 1. & 4. f. 3-9. & nov. comm. Petrop. XIII p. 534. t. 14. & it. 1. p. 155. 2. p. 533. 3. p. 498.

Schreb. Saeugth. 4. t. 237. Lepechin it. p. 260. Mant. 2. p. 522. Erxleb. mam. p. 338. n. 8.

Il habite les promontoires les plus méridionaux des monts Urals, se tenant dans leurs collines herbeuses & leurs vallées chaudes; communement aussi près de l'Irtisch & dans les montagnes abritées de la contrée metallifere située sous les alpes altaïques. Il aime les fleurs, les feuilles & surtout l'écorce du cytise couché, du robinier frutescent, du cerisier nain, du pommier sauvage; il se creuse des trous dans les lieux secs, se decèle pendant toute l'année hors l'hiver par sa voix très-sonore (grave, à-peu-près comme celle de la caille & formée de sons simples mais répétés à des intervalles égaux, trois, quatre & souvent six fois). Il est doux & s'apprivoise aisément, dort peu, & boit souvent; il ne court ni vite ni avec légéreté, mais sautille par un mouvement des lombes & du train de derrière; il rode de nuit; on peut le reputer parmi les animaux les plus chauds. La femelle met bas au mois de Mai cinq à six petits.

Son poids n'est jamais de quatre onces & demie; pendant l'hiver, il est à peine de deux onces & demie; sa longueur passe six pouces neuf lignes; sa couleur ne change presque point; poils assez roides, en dessus d'un gris pâle & noirâtres à leur sommet, d'un jaunâtre pâle sur le bas des côtés & à l'extrêmité des pieds, en dessous d'un blanc grisâtre & gris à la gorge; tête plus oblongue que dans les précédens; tronc mince, effilé, agité; yeux de souris; membres courts; fourrure très-douce, formée de poils très-longs, qui recouvrent un duvet très-fin, d'une couleur plombée brunâtre.

XI. Le PIKA. *Lepus alpinus.*

Point de queue; pelage roussâtre; oreilles arrondies, de couleur brune ainsi que les pieds postérieurs.

Pall. it. 2. p. 569. & 701. t. A. glir. p. 30. & 45.-59. t. 2, & 4. f. 10.-12. Schreb. Saeugth. 4. t. 238. Erxleb. mam. p. 337. n. 7. Catal. mus. Petrop. p. 343. n. 114. 115.

Il habite les rochers les plus escarpés & les plus inaccessibles de la grande chaine altaïque jusqu'à l'extrêmité la plus septentrionale de l'Asie, ainsi que dans ceux des montagnes si-

tuées au delà du Jenifei & de la Lena, où il fe fait des retraites entre les pierres, demeurant quelquefois auffi dans des
troncs d'arbres creux; il s'y gîte, pendant le jour, à moins
que le ciel ne foit orageux; il a la voix aiguë, femblable au
fon du fifre; au mois d'Août il fauche les graminées les plus
douces & les plus fines des forêts, comme auffi d'autres herbes, & en Septembre lorfqu'elles ont été lentement deffé-
chées, il les raffemble en tas de forme prefque conique, qu'il
laiffe couvrir de neige en hiver; ces tas joignent leurs tanières
par un fentier; mais fouvent les chevaux des chaffeurs en font
à propos leur moiffon. La marte zibeline & la belette de Sibérie fe faififfent de cet animal, & le taon du lievre l'incommode beaucoup.

Son poids varie de quatre onces à une livre trois quarts,
& fa longueur de fept pouces à neuf pouces fept lignes; il
paroît plus ftupide & plus farouche que le fulgan, fa tête eft
plus oblongue & plus mince, & fon mufeau moins obtus;
yeux affez petits, noirs; oreilles grandes; corps moins allongé
& plus ventru. Deux mamelles fur le bas ventre, quatre fur
la poitrine. Couleur du corps plus claire en deffous; haut de
la gorge de couleur cendrée.

XII. L'OGOTON. *Lepus ogotona.*

Point de queue; pelage gris pâle; oreilles ovales, un peu
aiguës, de la couleur du corps.

Pall. glir. p. 50. 59-70. t. 3. & 4. f. 14.-16. Schreb. Saeugth.
4. t. 239. Cat. muf. Petrop. 1. p. 343. n. 112.

Il habite les pays montagneux fitués au delà du lac Baikal
& dans tout le défert des Mongols, furtout le Gobéen, &
fe tient fur les montagnes entre des tas de pierres, & en des
terriers à deux ou trois iffues dans les lieux fablonneux, dont
plufieurs ne fervent quelquefois qu'à un feul individu; il rode
ordinairement de nuit. Son cri eft une forte de fiflement ai-
gre & rude; il aime à fe nourrir de l'écorce du poirier à baies,
& des jeunes tiges de l'orme nain; au printems il broute
auffi les herbes qui naiffent dans le fable, & il les entaffe dans
l'automne en monceaux. Il eft très-agile, & s'apprivoife difficilement; plufieurs belettes, le chat manul, les faucons de
la petite forte, les chats-huants en font leur proie.

P 3

Il reſſemble aſſez au pika & au fulgan, mais il en différe par la grandeur, le poids de la femelle étant quelquefois à peine de quatre onces & celui des mâles n'étant jamais de ſept onces & demie; ſa longueur ne paſſe guère ſix pouces ſept lignes. Il différe auſſi du fulgan, duquel il tient le plus, par ſa couleur très-pâle pendant toute l'année, par ſes pieds plus robuſtes, par la forme & la couleur brune des oreilles.

Tous les lievres, ont cinq doigts aux pieds de devant & quatre à ceux de derrière à l'exception du lievre pygmée de Molina.

GENRE XXXI.

HYRACE.

Deux dents inciſives ſupérieures larges diſtantes.
Quatre dents inciſives inférieures contiguës, lar-
ges planes, doublement crénelées.
Dents molaires grandes, au nombre de quatre de
chaque côté.
Quatre doigts aux pieds antérieurs, trois doigts
aux pieds poſtérieurs.
Point de queue.
Point de clavicules.

I. L'HYRACE du Cap de-Bonne Eſpérance.
Hyrax capenſis.

Ongles des pieds antérieurs planes; un ſeul ongle des pieds poſtérieurs ſubulé.

Schreb. Saeugth. 4. t. 240. ſyſt. nat. XII. 3. p. 223. Pall. miſcell. zool. p. 34. t. 3. & 4. f. 5 - 13. ſpic. zool. faſc. 2. p. 16. t. 2. 3. Erxleb. mam. p. 352. n. 3. Buff. hiſt. nat. ſuppl. ed. 12. tom. 5. p. 293. œuv. compl. 4°. v. 6. p. 32. pl. 5. & 6. Daman du cap. Penn. quad. p. 247. n. 182. gr. a Mellin Sch ft. der berl. naturf. Geſ. 3. p. 271. t. 5.

Il habite au Cap de Bonne-Efpérance.

Il a la voix aiguë, l'ouie fine, l'allure rampante, fe nourrit de végétaux, il eſt agile, propre, boit peu, faute, aime beaucoup la chaleur. Il a de la vermine & des tænias. Sa taille eſt à-peu-près celle de la marmotte, l'animal adulte ayant un pied trois pouces trois lignes de longueur. Tête courte, à muſeau très-court & obtus & à occiput gros; yeux médiocrement grands; oreilles ovales, larges, à demi-cachées, lanugineuſes, de couleur brune; membres très-courts, les épaules & les cuiſſes cachées dans la peau. Corps court à tronc ramaſſé, & abdomen très-ventru; pelage laineux griſâtre en dédans, gris à l'extérieur & d'un gris blanc ſâle fur les côtés du corps; dos longitudinalement brunâtre, parſemé de poils plus longs, rudes, noirs, dépaſſant les autres, ſans compter des ſoies aſſez longues répandues ça & là dans ſa fourrure. Pieds antérieurs à quatre lobes dont le bout eſt en deſſus muni d'un ongle plane rond taché; pieds poſtérieurs formés de deux lobes & d'un doigts onguiculé.

II. L'HYRACE DE SYRIE. *Hyrax ſyriacus.*

Pieds onguiculés.

Schreb. Saeugth. 4. t. 211. B. Buff. œuv. compl. 4°. V. VI. p. 32. pl. 4. *Daman Iſraël.*

Il a le corps plus allongé que le précédent, brun en deſſus, blanchâtre en deſſous, parſemé de ſoies ou poils noirs plus longs que les autres poils; le muſeau eſt auſſi plus oblong; des ongles très-courts à tous les pieds.

P 4

ORDRE V.

LES BESTIAUX.

Point de dents incifives fupérieures.
Six ou huit dents incifives inférieures, très-éloi-
 gnées des molaires. (1)
Pieds ongulés.
Mamelles inguinales.

GENRE XXXII.
CHAMEAU.

Point de cornes.
Six dents incifives inférieures, fpathiformes.
Dents canines diftantes, les fupérieures au nom-
 bre de trois, les inférieures au nombre de deux.
Levre fupérieure fendue.

I. Le DROMADAIRE. *Camelus dromedarius.*
Une feule boffe fur le dos.

Briff. quad. 45. Raj. quad. 143. Forskal Faun. or. p. 4.
Gefn. quad. p. 171. f. p. 172. Pr. Alp. æg. 1. p. 223. t.
1. Jonft. quad. p. 95. t. 41. 42. 43. Gefn. Thirb. p. 234. f.
p. 234. Charlet. exerc. p. 13. Penn. quad. p. 60. n. 50.

Il habite dans l'état fauvage aux déferts de l'Afie tempérée ;
plus rarement de chaque côté des Monts Soongoriques, près
du fleuve Ili , le mont Mufart & aux confins de la Mongolie & de la Siberie ; on l'apprivoife dans fa jeuneffe. (2)

---

(1) Il eft ordinaire dans l'ordre des beftiaux , que
ceux qui ont des dents canines manquent de cornes & que
ceux qui ont des cornes n'ont point des dents canines. Ces
animaux ont fouvent des égagropiles dans leurs eftomacs ,
formés des poils qu'ils avalent en fe léchant.
(2) Le comte de Buffon dit que le chameau n'exifte nulle
part dans fon état naturel ou que, s'il exifte, perfonne ne l'a
remarqué ni décrit.

L'espece est élevée en état de domesticité dans tout l'Orient ; en Afrique, aux Iles même de la Jamaïque & des Barbades, & produit de nombreuses variétés ; il est d'un naturel doux, sinon au tems du rut ; sa grande utilité est connue pour les voyages, le transport des fardeaux dans ces déserts sablonneux, dans ces plaines arides (sur lesquelles l'œil s'étend & le regard se perd sans pouvoir s'arrêter sur aucun objet vivant. Aussi les Arabes le regardent comme un présent du ciel, un animal sacré sans le secours du quel ils ne pourroient ni subsister ni commercer ni voyager. *Buffon*) Il fait porter jusqu'à douze cens livres pésant ; il se hâte avec lenteur, ne parcourt en une traite que son espace accoutumé, & ne se laisse charger que de son poids ordinaire ; il souffre très-patiemment la faim, fait se priver de boire pendant plusieurs jours, & se contente pour sa nourriture des plantes les plus épineuses des deserts, que rebuteroient tous les autres animaux. Son poil est une toison excellente, (fine & moëlleuse, qui se renouvelle tous les ans par une mue complette, dont on fait des étoffes fort fines, & des chapeaux en le mêlant avec le castor.) Les Arabes trouvent sa chair très-bonne, son lait fait leur nourriture ordinaire.

Poils doux, d'un roux-cendré, plus longs sur le cou & sur la bosse du dos ; hauteur de six pieds & demi ; tête petite ; oreilles courtes ; bouche & gencives couvertes d'un cartilage ; cou long mince, courbé ; pieds fourchus ; quatre callosités aux jambes antérieures, deux aux postérieures ; queue plus courte que les pieds ; une seule callosité à la poitrine ; un estomac particulier servant de reservoir pour conserver de l'eau qui y séjourne sans se corrompre & sans que les autres alimens s'y mêlent. (1) C'est le chameau d'Arabie des anciens.

---

(1) Il est d'une capacité assez vaste pour contenir une grande quantité de liqueur, & lorsque l'animal est pressé par la soif & qu'il a besoin de délayer les nourritures séches & de les macerer par la rumination, il fait remonter dans sa panse & jusqu'à l'œsophage une partie de cette eau par une simple contraction des muscles. C'est en vertu de cette conformation très-singulière que le chameau peut se passer plusieurs jours de boire & qu'il prend en une seule fois une prodigieuse quantité d'eau qui demeure saine & limpide dans ce réservoir. *Buffon,*

II. Le CHAMEAU proprement dit. *Camelus Bactrianus.*

Deux boffes fur le dos.

Briff. quad. 53. Forfter act. angl. v. 57. p. 343. Forsk. Faun. orient. p. 4. Raj. quad. p. 145. Jonft. quad. p. 42. 43. 44. f. 1. Pr. Alp. æg. 1. p. 223. t. 13. Gefn. quad. p. 162. f. p. 163. Schwenckf. theriot. p. 72. Ald. bif. 907. 889. Buff. hift. nat. XI. p. 211. 426. t. 22. Penn. quad. p. 63. n. 51. Knorr. delic. nat. fel. t. K. 6.

Il habite dans l'état fauvage les déferts de l'Inde feptentrio-nale & vers la Chine ; on l'éleve en domefticité dans l'Orient & en Afrique ; il eft moins commun que le précedent, & fert principalement à l'ufage des grands, fa taille eft plus haute, & fon allure plus prefte ; le buis l'empoifonne ; il s'accouple difficilement La femelle, qui eft pleine pendant un an entier, met-bas en Fevrier un feul petit, qu'elle allaite pendant deux ans & qui eft adulte à la troifieme année. C'eft le chameau Bactrien des anciens.

De cette efpèce & du dromadaire proviennent des varié-tés hybrides.

III. Le LLAMA. *Camelus glama.*

Point de boffe fur le dos ; une boffe fur la poitrine.

Briff. quad. 55. Raj. quad. 145. Hernand. mexic. p. 660. Charlet. exerc. p. 9. Jonft. quad. t. 46. & t. 29. Gefn. Thierb. p. 239. Marcgr. brafil. p. 243. Laët amer. p. 405. Ulloa voy. 1. p. 365. t. 24. f. 5. Penn. quad. p. 64. n. 52. Buff. hift. nat. XIII. p. 16. œuv. compl. 4°. V. v. p. 476. pl. 60.

Il habite les plus hautes montagnes du Pérou & reffemble aux précédens par fes mœurs, fon allure, fon utilité, fa fa-culté de ruminer ; par la difficulté de fon accouplement, fa facilité à fupporter la faim & la foif, fon afpect extérieur, & fa conformation interne. Cou long ; tête petite, fans cornes ; oreilles médiocres ; yeux grands, ronds ; mufeau court ; jam-bes longues, à pieds fourchus ; queue courte ; poils longs, qu'on peut filer ; quatre eftomacs, dont le fecond eft celluleux ; le mâle a le penis long, mince, fléchi en arrière, la femelle a la vulve étroite ; il eſt rare qu'elle faſſe des jumeaux. C'eſt un animal doux, docile, ayant la démarche ferme & aſſurée ; il eſt aiſé à apprivoiſer.

Il diffère des précedens par ſa taille beaucoup plus petite ; haute à peine de quatre pieds & demi, & longue de ſix pieds ; par la quantité de graiſſe ſituée ſous la peau, par ſes oreilles aiguës, mieux formées ; par ſon cou moins courbé, ſon dos non boſſu, ſa queue plus fournie, ſes jambes mieux faites, ſes ſoies égales, ſa marche plus agile, ſon poil plus long & plus doux, varié de blanc, de noir & de brun ; ſa tubéroſité pectorale, humectée continuellement d'une huile jaunâtre. Il hennit. Sa défenſe ſont ſes pieds, ſes dents, ſa ſalive dont il conſpue ſon ennemi. Il eſt laſcif, cherche à s'accoupler dès l'age de trois ans, & ſe livre ſur la fin de l'été à cet acte avec une ſorte de fureur. La femelle, pleine pendant cinq ou ſix mois, met bas un ſeul petit, elle n'a que deux mamelles. Sa charge eſt de cent cinquante livres & il fait pendant trois ou quatre jours de ſuite trois lieues d'Allemagne par jour, alors il ſe couche & ſe repoſe de ſa fatigue l'eſpace d'un jour ; s'il refuſe de marcher, on l'y oblige en lui comprimant les teſticules. Sa chair eſt auſſi bonne que celle de mouton.

IV. Le GUANAQUE. *Camelus huanacus.*

Corps pileux ; dos boſſu ; queue redreſſée.

Molina hiſt. nat. Chil. p. 281. Fernand. anim. p. 11. Laët Americ. p. 406. Ovalle Chil. p. 44. Cieza Peru. p. 233. Ulloa voy. 1. p. 366. t. 24. f. 5. Hawkeſw. ſeer. 1. p. 148.

Il habite la chaine des Cordillières, & fréquente l'hiver les plaines du Perou & du Chili ; il approche du Llama par les mœurs, l'utilité & par divers caractères extérieurs, mais il ne s'accouple jamais avec lui ni dans l'état ſauvage ni appriviſé ; & il en eſt d'ailleurs aſſez diſtingué par le défaut de tubéroſité pectorale, par ſon dos boſſu, les pieds de derrière plus courts, ſa marche plus ſautillante.

Corps jaune en deſſus, gris blanchâtre en deſſous ; long d'environ ſept pieds, haut de quatre pieds trois pouces ; ſa queue reſſemble à celle du cerf, ſes oreilles à celles du cheval. La chair des jeunes individus eſt ſavoureuſe, celle des adultes eſt un peu dure, à moins qu'elle ne ſoit ſalée.

V. Le MOROMORE. *Camelus arcuanus.*

Corps laineux ; point de boffe ; mufeau courbé en deffus ; queue pendante.

Molina hift. nat. Chil. p. 279. Nieremb. hift. nat. p. 182. Ovalle Chil. p. 44. Cieza. Peru. 232. Feuillé journ. 3. p. 23. Frezier voy. 1. p. 264. pl. 22. f. A.

Il habite dans les royaumes du Chili & du Perou ; à l'exception de fon long cou & de fes jambes élevées, il reffemble affez au belier, par la forme de fa tête, fon mufeau, fes oreilles flafques & pendantes, fes yeux, fa queue (plus courte cependant), fa laine (quoique plus fine). Sa longueur eft d'environ fix pieds & fa hauteur ne paffe guères quatre pieds par derrière ; pélage tantôt blanc, tantôt noir, tantôt brun, tantôt cendré. Chair fapide.

On l'employoit autrefois à porter des fardeaux & au labourage, & l'on faifoit des vêtemens avec fa laine ; à préfent on en tiffe des étoffes très-fines, femblables par leur éclat à de la foie.

VI. La VIGOGNE. *Camelus vicugna.*

Corps laineux ; point de boffe ; mufeau camus, obtus ; queue redreffée. (1)

Molina hift. nat. Chil. p. 277. Laët americ. p. 406. Nieremb. hift. nat. p. 184. f. p. 185. Cieza Peru. p. 233. Ulloa voy. 1. p. 506. 525. t. 24. f. 3. Frez. voy. 1. p. 266. Briff. an. p. 57. n. 4. Buff. œuv. compl. 4°. V. v. p. 488. pl. 61.

Elle habite les fommets efcarpés des Cordillières, furtout dans les provinces du Chili, nommées Coquimbo & Copiapo ; elle va en troupe, fupporte très-aifément le froid, elle eft craintive, & court très-vîte ; des morceaux de toile ou de drap liés à une corde l'amufent & l'étonnent ; on l'apprivoife

---

(1) Cette queue eft pendante dans la planche qui repréfente cet animal dans les œuvres compl. de Buff. ed. in-4°. V. v. p. 488. pl. 61.

difficilement; sa chair est savoureuse; sa laine est propre à faire des chapeaux & des étoffes qui approchent de la soie.

Elle ressemble un peu à la chèvre par le port & la queue ; mais elle s'en éloigne par son cou qui est long de vingt pouces, sa tête ronde sans cornes, ses oreilles petites, droites & aiguës, son museau court, ses jambes du double plus hautes, sa laine excellente & très-fine, de couleur de rose , prenant bien le teint. Elle est distinguée de l'espèce suivante par son corps plus effilé, sa laine plus fine & plus courte, ainsi que par son museau qui est aussi plus court; elles ne s'accouplent point ensemble. On trouve du bezoard dans son estomac.

VII. Le PACO. *Camelus paco.*

Point de bosse ; corps laineux, museau oblong.

Raj. quad. 147. Klein quad. p. 42. Hernand. mexic. p. 663. Laët amer. p. 405. Buff. hist. nat. XIII. p. 16. Frez. voy. I. p. 267. Penn. quad. p. 66. n. 53.

Il habite les hautes montagnes du Perou, se rassemble en troupe; il est plus petit que les précédens & ne sauroit porter une charge de plus de cinquante à soixante livres ; sa chair est moins bonne que celle de vigogne ; sa laine quoique plus longue, est aussi moins fine, d'une couleur pourprée en dessus, & blanche en dessous dans l'animal sauvage ; variée de noir, de blanc & de roux dans l'animal domestique. On l'employe à la fabrique d'étoffes qui ressemblent à de la demie soye.

GENRE XXXIII.

MUSC.

Point de cornes.
Huit dents incisives inférieures.
Dents canines supérieures solitaires saillantes.

I. Le MUSC proprement dit. *Moschus moschi-ferus.*

Une follécule ou bourse près du nombril.

Pall. spic. zool. fasc. 13 t. 4-6. Schreb. Saeugth. 5. t. 242.
Schroeck hist. mosch. Vienn. 1682. 4. t. 44. Brun it. 121 t.
121. Nieremb. hist. nat. p. 184. J. G. Gmelin. nov. comm. Petrop. 4. p. 393. Raj. quad. p. 127. Gesn. quad. 786. Thierb. p. 50
f. p. 50.51. Jonst. quad. t. 29. Aldrov. bisulc. p. 743. f. p. 744.
Jonst. quad. 78. Charlet. exerc. p. 10. Klein quad. p. 18.
Briss. regn. an. p. 97. n. 5. Buff. hist. nat. XII. p. 361. Penn.
quad. p. 56. n. 46. t. 10. f. 1.

Il habite les plus hautes montagnes de l'Asie la plus orientale; principalement cette region élevée, entiérement renfer-
mée entre des rochers & des montagnes, située entre les monts
Atlas & ceux qui separent le Thibet des Indes. Il vit solitaire,
& frequente particuliérement les rocs escarpés, les vallons do-
minés par des élévations couvertes de neige, les forêts de
pin qui s'y trouvent, les sommités avancées des glaciers. Deja
au sixième siecle, il étoit méntionné dans Côsme; il est très-
agile au saut, à la course, à la nage ainsi qu'à grimper les
hauteurs, il est très-craintif, il s'apprivoise difficilement. Le
tems du rut est en Novembre & en Décembre, les mâles se
livrent alors pour leurs femelles des combats opiniâtres; dans
d'autres tems cet animal est d'un naturel fort doux. Sa chair
est mangeable, celle des jeunes individus est savoureuse.

Il est de la taille d'un chevreuil de six mois; son poids est
de dix-huit à trente-cinq livres (à douze onces la livre); la longueur de l'animal adulte est rarement moins de deux pieds
trois pouces, & n'excede guere deux pieds onze pouces. Tête
d'une forme très-jolie, presque semblable à celle du chevreuil;

poil plus gros que celui du cerf, mais très liffe, doux, lâche, très fourni, variant en couleur felon l'âge de l'individu & la faifon de l'année, le plus fouvent d'un brun-noirâtre, grifâtre en deffous, rarement blanchâtre ; le pelage des jeunes ou leur livrée, eft marquée de barres & de taches qui s'évanouiffent infenfiblement avec l'âge ; les pelletiers & les tanneurs font ufage de fa peau. Queue très-courte. Près de l'orifice du prépuce ou vers le nombril fe trouve une follicule ou efpèce de bourfe contenant du mufc ; cette bourfe eft de forme prèfque ovale, applatie d'un côté, convexe de l'autre, ayant une ouverture très-fimple ; elle eft vuide dans les jeunes mufcs & contient dans les adultes une drachme & demie, même deux drachmes de matiere ambrée, onctueufe, grumelée, friable, d'un brun-obfcur, beaucoup plus odorante dans les mufcs du Thibet que dans ceux de Sibérie, où il fent un peu le caftoreum.

II. Le MUSC INDIEN. *Mofchus Indicus.*

Roux en deffus, d'un blanchâtre uniforme en deffous ; cornes des pieds fuccenturiées ou refournies ; queue affez longue. Schreb. Saeugth. V. t. 245. Briff. regn. an. p. 95. n. 1.

Il habite dans l'Inde ; il n'eft guere plus grand que le précédent. Sa tête reffemble à celle du cheval ; oreilles droites, oblongues ; jambes effilées.

III. Le CHEVROTAIN. *Mofchus Pygmæus.*

D'un brun roux en deffus, blanc en deffous ; les cornes des pieds non refournies.

Erxleb. mam. p. 322. n. 3. fyft. nat. XII. p. 92. fyft. nat. X. p. 69. Briff. regn. an. p. 96. n. 2. feb. muf. 1. p. 70. 73. t. 43. f. 1. 2. 3. t. 45. f. 1. Klein quad. p. 22. Buff. hift. nat. XII. p. 315. 341. pl. 42. 43. f. 1. 3-8. Penn. quad. p. 59. n. 49.

Il habite dans l'Inde, dans l'île de Java & les autres iles de l'Ocean indien ; fa longueur eft de neuf pouces & demi. Sa queue a un pouce de long ; oreilles longues.

IV. Le MEMINA. *Moſchus Meminna.*

D'un cendré-olivâtre en deſſus, blanc en deſſous; côtés du corps tachés de blanc; cornes des pieds non réfournies.

Erxleb. mam. p. 322. n. 2. Schreb. Saeugth 5. t. 243. Knox Ceyl. p. 21. Buff. hiſt. nat. XII. p. 315. œuv. comp. 4°. V. v. p. 360. pl. 45. Penn. quad. p. 59. n. 48. t. 10. f. 2.

Il habite dans l'île de Ceylan; ſa longueur eſt d'un pied & demi. Oreilles longues. Queue très-courte.

V. Le CHEVROTAIN DE JAVA. *Moſchus Javanicus.* (1)

De couleur ferrugineuſe en deſſus, blanc longitudinalement en deſſous; queue un peu allongée, velue, blanche en deſ-ſous & au ſommet; cornes des pieds refournies, petites.

Pall. ſpicil. zool. XII. p. 18. XIII. p. 28.

Il habite dans l'île de Java; il eſt de la taille du lapin; ſes pieds ſont ceux du chevrotain proprement dit; muſeau & oreilles nues; point de touffes de poil aux genoux, point de larmiers ou enfoncemens au devant des yeux, point de ca-vités au bas ventre; nuque du cou, d'un gris blanc, mêlé de poils bruns. Deux bandes ſur le deſſous du cou auſſi de cou-leur brune & qui ſe joignent en chevron, le cou y eſt blanc au reſte; deux poils longs divergens ſous la gorge; ſommet de la tête longitudinalement noirâtre.

VI. Le VIRREBOCÈRE. *Moſchus Americanus.*

D'un roux brun; bouche noire; gorge blanche.

---

(1) Il paroît que les chevrotains, ces petits quadrupèdes d'une figure ſi élégante, d'une légereté admirable, qui ſe rap-prochent des cerfs, des gazelles, des chevres, mais ne ſont ni l'un ni l'autre, qui n'ont point de dents canines ſupérieu-res ſaillantes ni de follécule de muſc, doivent former un genre à part, & faire la nuance entre ces divers genres. Erxleb.

Erxleb. mam. p. 324. n. 4. Klein. quad. p. 22. Briff. regn. an. p. 96. n. 3. Seb. muf. 1. p. 71. t. 44. f. 2. des March. voy. 3. p. 281. Bancroft Guian. p. 123. Penn. quad. p. 58. n. 47.

Il habite à la Guiane & au Bréfil. Il eft agile, court très-vîte, eft fort craintif; fa taille égale à peine celle d'un chevreuil. Poils courts & doux, ceux de la tête & du cou bruns en deffus, ceux du corps & des cuiffes d'un roux brun. Jambes poftérieures plus longues que les antérieures; queue courte; oreilles longues de quatre pouces. Eft-ce peut-être un jeune baieu ou chevreuil d'Amérique?

GENRE XXXIV.

GIRAFFE.

Cornes très-fimples, couvertes d'une peau, terminées par un faifceau de poils noirs.
Dents incifives inférieures au nombre de huit, fpatulées; la derniere de chaque côté profondement bilobe à l'extérieur.

I La GIRAFFE. *Camelopardalis Giraffa.*

Schreb. Saeugth. 5. t. 255. Plin. hift. nat. VIII. c. 18. Oppian. cyneg. 3. p. 461. Gefn. quad. p. 160. Aldrov. bifulc. p. 927. f. p. 931. Jonft. quad. p. 98. t. 39. 45. Charlet. exerc. p. 13. Raj. quad. p. 90. Pr. Alp. æg. 1. p. 236. t. 14. f. 4. Ludolf æthiop. 1. c. 10. n. 33. comm. p. 149. Syft. nat. XII. p. 92 n. 1. Haffelq. it. Pal. p. 203. act. Ups. 1750. p. 15. Vincent. fpecul. doctr. 19. c. 97. Albert. de anim. p. 223. Nieremb. hift. nat. p. 191. Jonft. quad. t. 40. Bellon. obf. p. 118. f. p. 119. Theven. cofmog. 1. fol. 388. b. f. fol. 389. a. Lobo abiff. 1. p. 292. Buff. hift. nat. XIII. p. 1. Klein quad. p. 22. Briff. quad. p. 61. Gefn. Thierb. p. 236. f. p. 237. 238. Penn. quad. p. 10. n. 12.

La giraffe habite dans le pays de Sennaar; entre l'Egypte fupérieure & l'Ethiopie, même dans cette derniere region où Cofme l'avoit déjà obfervée de fon tems, rarement dans l'Abyffinie, plus rarement encore dans l'Afrique plus méridionale; elle fe tient dans les bois feuillés; fon naturel eft doux, &

Q

craintif; c'eſt un très-bel animal, très leger à la courſe ; il s'accroupit à la manière du chameau ; il paît l'herbe en écartant
ſes longues jambes antérieures, mais il broute le plus ſouvent
les feuilles des arbres.

Grandeur d'un chameau de moyenne taille ; pélage mêlé de
blanchâtre & de roux, marqué de taches nombreuſes couleur
de rouille ; tête ſemblable à celle du cheval ; oreilles aſſez petites ; cou droit, comprimé, très-long, comme celui du chameau ; dos un peu convexe, & garni d'une criniere depuis le
derriere de la tête juſqu'à la queue ; queue ronde terminée par un
floccon, & de la longueur de la moitié des jambes de derrière ;
jambes cylindriques, les antérieures beaucoup plus longues que les
poſtérieures, de façon que l'animal a par devant dix-ſept pieds de
hauteur tandis qu'il n'eſt haut que de neuf pieds par derriere.

GENRE XXXV.

CERF.

*Cornes ſolides, couvertes dans leur jeuneſſe d'u-
ne peau velue, prenant de l'accroiſſement par
leurs extrêmités, ſe dépouillant de leur enveloppe,
annuelles, branchues.*
Dents inciſives inférieures au nombre de huit.
*Point de dents canines (quelquefois des dents ca-
nines ſolitaires à la mâchoire ſupérieure.)*

I. L'AHA. *Cervus pygargus.*

Point de queue, cornes à trois branches.

Pall. it. 1. p. 97. 453. Schreb. Saeugth. V. t. 253. S. G.
Gmelin it. 3. p. 496. t. 56.

Il habite les hautes montagnes de l'Hircanie, de la Ruſſie
& de la Sibérie, ſituées au delà du Volga, & deſcend l'hiver dans les campagnes ; il reſſemble au chevreuil, mais il eſt
plus grand. Son poil eſt très-fourni, jaunâtre en deſſous du
corps & ſur les membres, noir près du muſeau & aux côtés
de la levre inférieure ; l'extrêmité de cette levre & la région

des feffes font de couleur blanche. Cornes tuberculées à leur bafe ; oreilles couvertes en dédans de poils blancs, courts ; orbites des yeux munies de cils & de poils épars, longs& noirs.

II. L'ELAN. *Cervus Alces.*

Cornes fans tige & palmées ; caroncule gutturale.

Faun. fuec. 39. Schreb Saeugth. 5. t. 246. A. B. Miller on various fubj. of nat hift. t. 10 A. Briff. regn. an. p. 93. n. 9. Cæfar bell. gall. 6. c. 27. Gefn. quad p. 1. 2. Scheff. Lap. p. 336. Charlet. exerc. p. 12. Plin. hift. nat. VIII. c. 15. Schwenckf. theriotr. p. 53. Aldr. bif. p. 866. f. p. 869. 870. Jonft. quad. t. 30. 31. Olear. muf. t. 9. f. 2. Bonann. muf. t. 295. muf. Worm. p. 336. Raj quad. p. 86. J. F. Leopold diff. de alce. Bafil. 1700. 4. Laët amer. p. 68. Dudley act Angl. n. 368. p. 165. Dale act. Ang. n. 444. p. 384. Lawfon Carol. p. 123. Penn. quad. p.40. n. 35. t. 7. f. 1. 2. Charlev. nouv. f. 3. p. 126. Buff. hift. nat. XII. p. 79. pl. 7-8. 9.

Il habite le plus fouvent les bois de peupliers, du Nord de l'Amerique, de l'Europe & de l'Afie jufqu'au Japon ; il eft de la taille du cheval ; fon naturel eft doux, finon au tems du rut ; il peut parcourir une cinquantaine de milles par jour ; fes pieds font entendre en courant une forte de craquement ; fon cuir refifte prefqu'à la balle ; il rue. Sa chair eft bonne à manger.

III. Le CERF proprement dit, la Biche, le Faon. *Cervus Elaphus.*

Cornes branchues, rondes, recourbées.

Faun. fuec. 40. Schreb. Saeugth. 5. t. 247. A. B. C. D. E. Briff. regn. an. p. 86. n. 1. Arift. hift. an. II. c. 7. & 18. VI. c. 29 IX. c. 6. Aelian. an. VI. c. 11. 13. VII. c. 39. XII. c. 18. Oppian. cyneg. II. 176. Plin. hift. nat. VIII. c. 32. Gefn. quad. p. 354. Schwenckf. Theriotr. p. 81. Aldrov. bifulc. p. 769. f. p. 774. Jonft. quad. p. 82. t. 32. 35. Mus. Worm. p. 338. Scheff. lap. p. 337. Charlet. exerc. p. 11. Wagn. Helv. p. 173. Sibb. Scot. an. p. 9. Raj. quadr. p. 84. Rzac. pol. p. 216. Buff. hift. nat. VI. p. 63. pl. 9. 10. 12. Penn. quad. p. 49. n. 38. Ridinger jagdb. Th. t. 4. 5.

Q 2

v. b. LE CERF D'ALLEMAGNE. *Cervus Hippelaphus.*

Poils du cou plus longs; taille plus élevée; il parvient à un plus grand âge.

Erxleb. mam. p. 304. Briff. regn. an. p. 87. n. 2. Arift. hift. an. II. c. 5. Plin. hift. nat. VIII. c. 33. Gefn. quad. p. 1101. Charlet. exerc. p. 12. Jonft. quad. t. 35. Gefn. Thierb. p. 199. 210.

v. c. LE CERF DE CORSE. *Cervus Corficanus.*

Pélage brun; taille plus petite.

Erxleb. mam. p. 304. Buff. hift. nat. VI. p. 95. pl. 11.

v. d. LE CERF DU CANADA. *Cervus Canadenfis.*

Cornes très-amples.

Erxleb. mam. p. 305. Briff. regn. an p. 88. n. 3. Brick. North-Carol. p. 109. Dale act. angl. n. 444. p. 384. Lawfon Carol. p. 123. Catesb. Carol. app. p. 28.

Le Cerf habite dans toute l'Europe, dans l'Amerique feptentrionale & en Afie jufqu'au Japon; il va en troupe, fous la conduite d'un mâle. Il nage bien; il ne paffe guere trente ans; il eft d'un caractere doux, finon au tems du rut, en Août & Septembre. Les mâles combattent alors vivement pour leurs femelles; celles ci font rarement munies de cornes; elles portent pendant huit mois, & mettent-bas un feul faon, rarement deux; le mâle dépouille fa tête aux mois de Février & de Mars & la réfait en Juillet. Sa fourrure eft très-belle. Sa chair eft favoureufe.

Ce très-beau quadrupède eft haut de trois pieds & demi; d'un roux brun en deffus, blanchâtre en deffous, rarement tout blanc; la livrée du faon eft tachée de blanc. Il a un latmier ou foffe lachrymale au devant de chaque œil. Ses andouillers augmentent en nombre à chaque année.

Defcr. anat. E. N. C. Cent. 10. app. 448. Graba Eleogr. Gen. 1668. 8, I, G. Agric. cerv. nat. Amberg. 1617. 4.

IV. Le RENNE. *Cervus tarandus.*

Cornes branchues, recourbées, rondes ; à fommités palmées:

Faun. fuec. 41. Amœn. acad. 4. p. 144. t. 1. Muf. ad. fr. 1. p. 11. Schreb. Saeugth. V. t. 248. A. B. C. C. Plin. hift. nat. VIII. c. 34. Aldr. bif. p. 859. f. p. 861. Jonft. quad. p. 90. t. 37. Charlet. ex. p. 12. Scheff. Lap. p. 321. f. p. 327. Aelian. an. 2. c. 16. Gefn. quad. p. 950. Aldr. bif. p. 863. Jonft. quad. t. 37. Muf. Worm. p. 337. Scheff. Lap. p. 338. Charlet. exerc. p. 12. Klein quad. p. 23. t. 1. Raj. quad. p. 88. Olear. Muf. 16. t. 10. f. 3. Buff. hift. nat. XII. p. 79. pl. 10. 11. 12. Penn. quad. p. 46. n. 36. t. 8. f. 1. Briff. regn. an. p. 92. n. 8. Gefn. Thierb. p. 206. 207. 208. 209. Gr. v. Mellin Schr. der berl. naturf. Gef. V. 1. n. 1.

v. *b.* Le Renne du Groenland. *Tarandus groenlandicus.*

Cornes rondes ; couvertes de bas en haut d'une peau velue ; mufeau pileux (même dans cette partie qui d'ordinaire n'eft qu'une peau nue & humide.

Briff. regn. an. p. 88. n. 4. Raj. quad. p. 90. Catesb. Carol. app. p. 28. Edw. av. 1. t. 51.

v. *c.* Le Caribou. *Tarandus caribou.*

Cornes droites, ayant une branche unique à leur bafe ; recourbée en devant.

Briff. regn. an. p. 91. n. 6. Charlev. nouv. Fr. 3. p. 129. Dobbs Hudf. p. 20. 22.

Le Renne habite les hautes montagnes les plus feptentrionales de l'Amérique, de l'Europe & de l'Afie jufqu'au Kamfchatka & au Spitzberg, cependant auffi dans la Ruffie plus auftrale, ainfi qu'en Sardaigne où il eft plus petit de taille , & en Laponie. Pendant l'été il fe tient fur ces hauteurs, mais l'hiver il defcend dans les plaines défertes ; il en eft chaffé au printems par le coufin commun, l'œftre & le taon du renne ; lorfqu'il court (ou même lorfqu'on lui caufe quelque furprife ou crainte en le touchant) fes membres font entendre un craquement ; il fe nourrit du lichen de renne caché fous la neige ; le mâle dépouille fa tête d'abord après le rut vers la fin de Novembre ; la femelle porte un bois comme le mâle mais beaucoup plus petit & qu'elle conferve jufqu'au tems qu'elle doit faire fes petits ; elle porte pendant trente-trois femaines , entre en rut vers la fin de feptembre & met-bas à la mi-mai, fouvent deux faons. La vie du renne, ne s'étend point au delà de feize ans en état de domefticité ; on l'éleve communément en Laponie pour l'emploi qu'on en fait à tirer des traineaux & des voitures (1), pour fon lait , fa viande , fa peau , de laquelle les famoïedes font même des voiles ; étant châtré , il fe dépouille rarement de fa tête avant fa neuvieme année.

Corps de la taille du daim , haut de trois pieds & long de quatre dans l'état de domefticité, plus grand dans l'état fauvage ; brun en deffus, mais grifonnant peu à peu avec l'âge, & devenant enfin entiérement blanc ; en deffous de couleur blanche comme auffi à la bouche , au périnée & à la queue ; poils très-denfes , plus longs au bas du cou ; prépuce du mâle pendant ; fix mamelles à la femelle dont les deux pofterieures font fauffes.

Defcr. anat. Bartholin act. Hafn. 1671. n. 135. Houften. act. Stockh. 1774. v. 25. trim. 2. n. 4.

V. Le DAIM , LA DAINE. *Cervus Dama.*

Cornes branchues récourbées, comprimées , à fommité palmée.

Faun. fuec. p. 42. Schreb. Saeugth. 5. t. 249 A B. Briff. regn. an. p. 91 n. 7. Klein quad. p. 25. Raj. quad. p. 85. Plin. hift. nat. XI. c. 37. Oppien cyneg. II. 293. 296. Gefn. quad. p. 335. f. p. 1100 Schwenckf. Theriotr. p. 87. Aldrov. bif. p. 741. Jonft. quad. p. 77. t. 31. Buff. hift. nat. VI. p. 167. pl. 27. 28. Penn. quad. p. 48. n. 37. Ridinger jagdb. th. t. 7. Gefn. Thierb. p. 202. f. p. 203. Gr. a Mellin Schrb. der berl. naturf. Ges. v. 2. n. 9.

---

(1) Il marche avec bien plus de diligence & de légéreté qu'un cheval , fait aifément trente lieues par jour & court avec aitant d'affurance fur la neige gélée que fur une péloufe. *Buffon.*

Il habite en Europe jufqu'à la Perfe feptentrionale, il eft plus rare que le cerf & ordinairement plus petit. C'eft le jach-mur de l'écriture fainte. Son pélage eft roux brun, taché de blanc, rarement tout-à-fait blanc. Il va en troupe, s'apprivoife aifément, ne vit guere que vingt ans; la femelle n'a point de bois, elle eft pleine pendant huit mois & met bas un, peu fouvent deux, & prefque jamais trois petits. Il s'écarte d'une fi-celle tendue horizontalement. It. Goth. 335. Sa chair eft bonne à manger.

Defcr. anat. d'un daim. hermaphrodite. Journ. encyc. 1776. P. 2.

VI. Le DAIM DE VIRGINIE. *Cervus Vir-ginianus.*

Cornes branchues, tournées en devant, un peu palmées.

Penn. quad. p. 51. n. 39 t. 9 f. 2. Raj. quad. p. 86. Sloan. jam. 2. p. 328. du Pratz Louis. 2. p. 69. Lawf. Carol. p. 123. Catesb. Carol. app. p. 28. Brickell North-carol. p. 109.

Il habite dans la Caroline & la Virginie; il reffemble affez au précedent mais il eft plus haut de jambes, fa queue eft auffi plus longue, & fon pélage plus cendré; il va de même en troupe, il eft agile & s'apprivoife facilement; pendant l'hiver il fe nourrit de mouffe d'arbres; il eft fujet aux vers dans la tête & la gorge; fa chair eft feche; fa fourrure eft excel-lente.

VII L'AXIS. *Cervus Axis.*

Cornes rameufes, rondes, droites, à fommité fourchue; corps taché de blanc.

Erxleb. mam. p. 312. Schreb. Saeugth. 5. t. 250 Plin. hift. nat. VIII. c. 21. Raj. quad. p. 89. Buff. hift. nat. XI. p. 397. pl. 38. 39. Penn. quad. p. 51. n. 40. id. p. 106. n. 48. Où il rapporte une variété de couleur uniforme, à fommité des cornes trifurquée, & p. 52. n. 41. une autre variété à grandes cornes blanchâtres, à fommet trifurqué.

Il habite dans l'Inde & aux iles de l'ocean indien. On l'apprivoife fans peine. Il à l'odorat très-fin. Sa chair eft mangeable étant falée.

Taille du daim; Pélage d'un roux-pâle; queue rouffe en deffus, blanche en deffous.

VIII Le CERF-COCHON. *Cervus Porcinus.*

Cornes minces trifurquées; pélage brun en deffus, cendré en deffous.

Schreb. Saeugth. 5. t. 251. Penn. quad. p. 52. n. 42. t. 8. f. 2.

Il habite dans l'Inde, fa longueur eft de trois pieds fix pouces, fa hauteur de deux pieds quatre pouces. Cornes longues de treize pouces; corps affez gros; queue de huit pouces de long; pieds & fabots menus. (1.)

IX Le BAIEU. *Cervus Mexicanus.*

Cornes trifurquées à leur fommet, récourbées en devant; pélage roux.

Penn. hift. of. quad. p. 110. n. 52. Barrer. Fr. équin. 151. Hernandez an. mexic. 324. Bancr. guin. 122. Buff. hift. nat. VI. p. 210. 243. pl. 37.

Il habite dans la nouvelle Efpagne, la Guiane, & au Brefil. Cornes groffes robuftes, longues de dix pouces; taille du chevreuil; la robe des jeunes individus eft tachée. Tête groffe; yeux grands & brillans. Chair moins bonne que celle du cerf. (comme il paroit douteux fi cet animal eft ou un cerf ou un chevreuil, il vaut mieux lui donner un nom fpécifique propre

---

(2.) Il paroit que c'eft l'efpece décrite dans les œuv. compl. de Buffon 4°. v. IV. p 493. pl. 59. cependant il dit que l'individu qu'il en a vu à l'école vétérinaire avoit la robe femée de taches blanches comme celle de l'axis & qu'on le difoit venir du cap de Bonne-Efpérance, il fe peut donc que le pelage de cet animal varie, & qu'il fe trouve auffi dans cette partie de l'Afrique.

& c'est ce qu'a fait Bancroft en lui imposant celui de *Baieu*, apparemment d'après la couleur de son pelage qui est roux ou rouge-bai. Celui de *Biche de bois* dont l'appelle Barrère *fr. équin. 151.* est un nom vague & qui le détermine aussi peu que ceux de *biche des paletuviers*, de *biche de barallou*.)

X Le CHEVREUIL. LA CHEVRETTE.
Cervus capreolus.

Cornes branchues, rondes, droites, à sommité fourchue; pelage d'un brun roux.

Faun. suec. 43. Schreb. Saeugth. 5. t. 252. A. Bl Erxleb. mam. p. 313. Briss. regn. an. p. 89. n. 5. Plin. hist. nat. VIII. c. 53. 58. X. c. 72. XI. c. 37. Aldr. Bis. p. 738. Jonst. quad. p. 77. t. 31. Raj. quad. p. 89. Gesn. quad. p. 324. 1098. Schwenckf. Theriotr. p. 78. Jonst. quad. t. 33. Mus. Worm. p. 339. Wagn. Helv p. 173. Sibb. Scot. an. p. 9. Klein quad. p. 24. Charlet. exerc. p. 12. Rzacz. Pol. p. 217. Buff. hist. nat. v. VI. p. 198. pl. 32. 33. Penn. quad. p. 53. n. 43. Gesn. Thierb. p. 144. f. p. 144. 145. Ridinger jagdb. Th. t. 9.

Il habite en petites troupes dans les boccages montueux de l'Europe & de l'Asie; il est agile; il dépouille sa tête en automne, & la refait pendant l'hiver; le tems du rut est au commencement de Novembre; la femelle n'a point de bois; elle porte pendant vingt à vingt-deux semaines & met-bas en Avril deux faons. Sa chair est excellente.

Sa longueur est d'environ quatre pieds, sa hauteur de deux pieds & demi. Poils doux, courts pendant l'été, roux en dessus terminés de gris, plus longs pendant l'hiver & grisâtres; noirâtres sur le dos; blancs en dessous. Face noirâtre; cornes longues de six à huit pouces, à trois, rarement à quatre branches ou andouillers. Cuisses grêles; queue longue d'un pouce.

XI. Le MUNTJAC. Cervus Muntjac.

Cornes rondes, pileuses, tournées en arriere, trifurquées; à sommité supérieure recourbée & terminée en pointe.

Schreb. Saeugth. 5. t. 254. Penn. hist. of quad. p. 107. n. 50. Buff. œuv. compl. 4°. v. IV. p. 504. pl. 60.

Il habite en fort petites troupes dans les îles de Java & de Ceylan ; il a le port du Cerf-cochon. Sa taille eſt beaucoup plus petite que celle du Chevreuil. Les cornes s'étendent ſous la peau au devant des yeux par (deux) côtes longitudi-nales , qui la ſoulevent d'une maniere très-ſenſible & qui ont une origine commune à la diſtance de deux pouces du bout du muſeau ; elles ſont couvertes de la peau continuée de la tête juſqu'à la hauteur de trois pouces au deſſus de l'os frontal ; à cette élévation elles ſont ſurmontées par ce qu'on nomme les meules & leurs pierrures dans les cerfs, leſ-quelles couronnent la peau qui finit en deſſous ; elles ſe par-tagent enſuite en andouillers, ſont liſſes & d'un blanc tirant un peu ſur le jaune , ſans perlures ni gouttières. *Voyez Buf-fon à l'endroit cité.* La chair de ce joli animal eſt excellente.

XII. Le CERF DE GUINÉE. *Cervus Gui-nenſis.*

Gris en deſſus , noirâtre en deſſous.

Muſ. ad Fr. 1. p. 12. Penn. quad. p. 55. n. 45.

Il habite en Guinée. Eſt-il réellement de ce genre ?

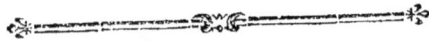

⁂

Les Cerfs n'ont point de véſicule du fiel. Ils frappent de leurs pieds antérieurs. Ils aiment les forêts.

Le *Temamaçame* Hern. mex. p. 325 ; le *Cuguaçu-apara* & le *Cuguaçu-eté.* Marcg. Braſ. 235. Piſ. Ind. p. 97. f. p. 98. La *Biche de bois* & la *Biche des Paletuviers.* Barr. fr. eq. 15 ; les *Mazames* & le *Cariacou.* Buff. hiſt. nat. XII. p. 317. 347. pl. 44. qui tous paroiſſent être de ce genre , ſont-ce des eſpeces diſtinctes de celles ſuſmentionnées ?

GENRE XXXVI.

GAZELLE.

Cornes creuses, tournées en haut, rondes, an-
nelées ou spirales, persistantes.
Huit dents incisives inférieures.
Point de dents canines.

I. La GAZELLE BLEUE. *Antilope Leuco-phœa.*

Cornes recourbées, assez rondes, annelées ; pelage bleuâtre.

Pall. misc. zool. p. 4. spic. zool. I. p. 6. XII. p. 12. Schreb. Saeugth. 5. t. 278. Kolb. Vorgeb. p. 141. Penn. quad. p. 24. n. 13.

Elle habite au Cap de Bonne-Espérance ; elle est plus grande que le Daim, de couleur blanche en dessous ; ligne blanche devant les yeux ; pieds de la même couleur ; queue longue de sept pouces, blanche à son sommet & terminée par un petit floccon ; cornes longues de vingt pouces, à vingt anneaux & à sommet lisse.

II. Le KOB. *Antilope Lerwia.*

Cornes recourbées, ridées ; pelage roussâtre ; nuque barbue.

Pall. spic. zool. 12. p. 12. Erxleb. mam. p. 293. n. 23. Buff. hist. nat. XII. p. 210. 267. pl. 32. f. 1. Shaw it. 1. p. 313 Penn. quad. p. 39. n. 34.

Il habite dans la partie la plus septentrionale de l'Afrique, particuliérement près des fleuves Gambie & Sénégal ; il est de la taille du Daim. Faisceau de poils remarquable sur la nuque & des poils assez longs aux genoux antérieurs. Cornes longues de treize pouces à huit ou neuf anneaux, lisses à leur sommet.

III. Le CHAMOIS. *Antilope Rupicapra.*

Cornes droites, rondes, liffes, crochues en arriere à leur fommet.

Pall. mifc. zool. p. 7. fpic. zool. I. p. 4. XII. p. 12. Schreb. Saeugth. 5. t. 279. Erxleb. mam, p. 268. n. 1. Syft, nat. XII. p. 95. n. 4. Briff. regn. an. p. 66. n. 4. Oppian. Cyneg. II. 338. Plin. hift. nat. VIII. c. 53. XI. c. 37. Gefn. quad. p. 321. f. p. 319. Bellon. obf p. 57. Ald. bif. p. 725. f. p. 727. Jonft. quad. 74. t. 27. 32. Charlet. exerc. p. 9. Wagn. Helv. p. 183. Raj. quad. p. 78. Klein. quad. p. 17. Scheuchz. it. alp. 1. p. 155. Rzacz. pol. 223. Perr. anim. 1. p. 201. t. 29. Buff. hift. nat. XII. p. 136. 177. pl. 16. Penn. quad. p. 17. n. 10. Gefn. Thierb. p. 140. Ridinger jagdb. Tb. t. 12. Bochart hierozoïc. L. III. c. 22.

Il habite dans les Alpes de l'Italie, de la Savoye, du Valais, de la Suiffe, les monts Rhétiens, Noriques, Krapacs, les hautes montagnes de la Grèce, de l'île de Crête, du Dauphiné, les Pyrenées, le Caucafe, le Taurus, & fe tient fur leurs fommités, les plus inacceffibles; il devient de jour en jour plus rare; il va en troupe, fe nourrit de jeunes pouffes d'arbres, d'herbages, de racines, fur-tout de celles de l'Æthufe à feuilles Capillaires, dont on lui trouve quelquefois des égagropiles. *Kram. Auftr.* 320. Il eft très-vite à la courfe; il eft craintif, a la vue, l'ouïe, l'odorat excellens; fa voix reffemble à un fiflement; il fe retire pendant l'hiver dans les cavernes des rochers; il s'accouple en Octobre & Novembre, la femelle met-bas au mois de Mars & d'Avril deux ou trois petits.

Il eft de la taille du bouc, à jambes cependant plus hautes. Poils, fur-tout pendant l'été, affez courts, d'un roux brun; ceux du dos blancs avec une ligne noirâtre; le front, le fommet de la tête, la gorge, la face interne des oreilles auffi de couleur blanche; cornes noires dans les deux fexes, ridées hormis à leur fommet. Une ouverture fous la peau derriere les cornes; levre fuperieure un peu fendue. Genoux barbus. Queue courte, noirâtre même en deffous. Fourrure excellente. Chair favoureufe.

IV. Le NANGUER. *Antilope Dama.*

Cornes courbées en devant; corps blanc en deſſous, dos & une bande près des yeux de couleur fauve.

Pall. miſc. zool. p. 5. ſpic. zool. Faſc. I. p. 8. XII. p. 13. n. 4. Schreb. Saeugth. 5. t. 264. Plin. hiſt. nat. VIII. c. 53. XI. c. 37. Geſn. quad. p. 334. Aldr. biſ. p. 729. Jonſt. quad. p. 75. t. 27. Raj. quad. p. 83. Buff. hiſt. nat. XII. p. 213. pl. 32. f. 3. pl. 34. Penn. quad. p. 30. n. 22.

Il habite au Sénégal; il court avec une grande viteſſe; & s'apprivoiſe aiſément; ſa longueur eſt d'environ quatre pieds, ſa hauteur de deux pieds huit pouces; ſa couleur eſt fauve en deſſus, blanche en deſſous, la poitrine eſt tachée de blanc. Des cornes aux deux ſexes longues de huit pouces; ſeulement ſix dents inciſives à la mâchoire inférieure.

V Le NAGOR. *Antilope Redunca.*

Cornes courbées en devant à leur ſommet; corps rouſſâtre; poil un peu hériſſé.

Pall. miſc. zool. p. 5. ſpic. zool. I. p. 8. XII. p. 13. n. 5. Schreb. Saeugth. 5. t. 265. Ælian. hiſt. an. l. XIV. c. 4. Buff. hiſt. nat. XII. p. 326. pl. 46. Penn. quad. p. 30. n. 23.

Il habite près le fleuve Sénégal; ſon pelage eſt preſque en entier d'un roux pâle; ſa longueur eſt de quatre pieds, ſa hauteur de deux pieds trois pouces; ſes oreilles ſont longues de cinq pouces, ſes cornes de cinq pouces & demi.

VI. Le BIGGEL. *Antilope tragocamelus.*

Cornes courbées en devant; nuque garnie d'une crinière; dos gibbeux; queue longue terminée par un floccon.

Pall. miſc. zool. p. 5. ſpic. zool. 1. p. 9. XII. p. 13. n. 6. Schreb. Saeugth. 5. t. 262. Erxleb. mam. p. 279. n. 9. Mandelſl. it. 1. p. 122. Parſons act. ang. n. 476. p. 465. t. 3. f. 9. Penn. quad. p. 29. n. 20.

Il habite dans l'Inde; il s'accroupit à la manière du chameau , auquel il reſſemble auſſi par le cou; ſa hauteur eſt d'environ cinq pieds. Poils courts ſur le corps & la queue , doux , cendrés , plus longs cependant ſur la queue qui a vingt-deux pouces de longueur. Cornes longues de ſept pouces ; un fanon ſemblable à celui du taureau , garni de poils longs.

VII. Le NILGAUT. *Antilope picta.*

Cornes courbées en devant (1) ; nuque du cou garnie d'une crinière (ainſi que l'épine du dos juſqu'à la partie poſtérieure de la legère élevation qui eſt au deſſus des omoplates) ; queue longue terminée par un floccon ; pieds annelés de blanc & de noir.

Pall. ſpic. zool. XII. p. 14. n. 7. Schreb. Saeugth. 5. t. 263. A. B. Erxleb. mam. p. 280. Penn. quad. p. 29. n. 21. t. 6. f. 1. 2. Hunter act. ang. v. 61. p. 170. Naturf. 7. p. 236. t. 5.

Il habite dans l'Inde ; ſa hauteur eſt d'environ quatre pieds ; ſa couleur eſt d'un gris obſcur, tirant davantage ſur le brun dans la femelle ; elle n'a point de cornes , celles du mâle (ſont longues de ſept pouces). Oreilles grandes , rayées de noir. Crinière noire , & une touffe de longs poils de la même cou-leur en forme de barbe au bas de la gorge au commence-ment de l'arrondiſſement du cou ; trois bandes noires & deux bandes blanches au deſſus du ſabot des pieds.

VIII. Le SAÏGÂ. *Antilope ſaïga.*

Cornes diſtantes , pâles , en forme de lyre , tranſparentes ; nez cartilagineux ventru.

Pall. miſc. zool. p. 6. ſpic. zool. XII. p. 14. n. 8. p. 21. t. 1. & 3. f. 6. 9. 10. 11. S. G. Gmelin it. 2. p. 174. t.

---

(1) Mr. **Hunter** dans ſa deſcription du Nilgaut inſerée dans les œuv. comp. de Buff 4°. vol. V. p. 377. dit en parlant de ſes cornes, qu'elles s'élevent en haut & en avant, for-mant un angle fort obtus avec le front ou la face; qu'elles ſont légérement courbées, la concavité en étant tournée vers l'intérieur & un peu en devant. Leur intervalle à leur origine eſt de trois pouces un quart & à leur ſommet de ſix pouces un quart. Ce ſommet eſt d'une couleur très-foncée.

12. & nov. comm. Petrop. v. 16. P. 1. p. 512. Forster act. ang. 57. p. 344. Pall. spic. zool. 1. p. 9. Erxleb. mam. p. 289. Penn. quad. p. 35. n. 30. syst. nat. XII. p. 97. n. 11. Strab. geogr. L. VII. Gesn. quad. p. 893. Jonst. quad. t. 27. Aldr. bisulc. p. 763. Charlet. exerc. p. 11. Rzacz. Pol. p. 224. auct. p. 320. J. G. Gmelin nov. comm. Petrop. V. p. 345. VII. summ. p. 39. t. 19. it. sib. I. p. 212. Buff. hist. nat. XII. p. 198. pl. 22. f. 2.

Il habite les regions désertes, arides, situées dans la Russie mineure & dans la Pologne, entre les monts Krapacs, ceux voisins du Danube, le Caucase, les monts Cerauniens, les mers Noire, Caspienne & d'Aral, les Alpes altaïques, jusqu'au 55me. dégré de latitude; il va en troupe, surtout en automne. Il est d'une agilité étonnante, mais il se fatigue bientôt; il est craintif, bêle comme un mouton, a l'odorat très-fin; comme il est d'une grande sensibilité, on vient à bout de l'apprivoiser dans sa jeunesse; il s'accouple vers la fin de Novembre, alors les mâles combattent pour leurs femelles, les défendent contre les loups & les renards & ils voyagent ensemble vers le Midi. Celle-ci n'a point de cornes, son poil est plus doux que celui du mâle; elle met bas avant la mi-Mai, ordinairement un seul petit. Le saïga marche la tête haute, son port cependant est peu élégant; il broute l'herbe à ses côtés & souvent en retrogradant; il est sujet à avoir des vers qui se nichent entre la peau charnue & l'épiderme. (On trouve la même chose aux elans, aux rennes, aux biches). Il répand au tems du rut une forte odeur de musc; on en rencontre qui ont trois cornes, mais il est rare d'en voir qui n'en ont qu'une seule. Sa chair rotie est mangeable.

Taille du daim; longueur de plus de quatre pieds; narines très-ouvertes, sans os nasal, ni cloison osseuse; six dents molaires de chaque côté des mâchoires; cou & membres minces; poil d'été court, très-lisse, d'un gris jaunâtre sur le dos & les côtés, plus foncé sur les jambes en dessous des genoux; cou, dessous du corps & intérieur des jambes blancs; dessous des yeux peu-à-peu blanchâtre. Le pelage d'hiver est plus long d'environ deux pouces, un peu hérissé, d'un gris pâle, blanchâtre à l'extrêmité des poils.

IX. La GAZELLE goitrée. *Antilope guttu-rofa.*

Cornes en forme de lyre ; corps rouffâtre ; point de faifceaux de poil aux genoux.

Pall. fpic. zool. fafc. XII. p. 14. n. 9. p. 46. t. 2. & 3. f. 14.-17. Bellon it. 1. p. 311. 319. du Halde chin. 2. p. 253. 278. 290. Mefferfchmid. muf. Petrop. 1. p. 336. n. 12. I. G. Gmelin nov. comm. Petrop. 5. p. 347. t. 9.

Elle habite dans les déferts de la Mongolie & dans ceux qui s'étendent vers le midi entre le Thibet & la Chine ; elle va en troupe, recherche les collines, les paturages fecs, ouverts, les lieux rocailleux, & ne fe nourrit que d'herbes douces ; elle eft prefque infatigable à la courfe & au faut. On l'apprivoife aifément dans fa jeuneffe ; elle entre beaucoup plus tard en rut que le faïga & la femelle met bas feulement au commencement de Juin.

Taille & forme de l'antilope proprement dite ; longueur (du mâle) de quatre pieds quatre pouces ; hauteur au moins de deux pieds fix pouces ; fix dents molaires de chaque côté des mâchoires ; larmiers très-petits ; cornes munies d'environ vingt anneaux ; milieu du côu diftingué par un grand goitre mobile. Des poils à peine plus longs que les autres fur les genoux ; queue courte ; cavités inguinales très-grandes ; pelage de la même teinte à tout âge ; pendant l'été, le plus fouvent, d'un gris-ferrugineux en deffus, blanchâtre en deffous. Le mâle a vers l'orifice du prépuce une follécule ou cavité remarquable, vuide, contenant quelquefois, mais rarement, une forte de cerumen.

X. La GAZELLE à petit goitre. *Antilope fubgutturofa.*

Cornes en forme de lyre ; corps d'un brun-cendré en deffus, d'un blanc de neige en deffous ; bande latérale d'un blanc-jaunâtre.

Schreb. Saeugth. 5. t. 270. B. Gülldenftedt act. Petrop. 1778. I. p. 251. t. 9-12.

Elle

Elle habite en Perfe entre la mer noire & la mer Cafpienne, & reffemble au chevreuil par le port & la grandeur; elle va en troupe, fe nourrit principalement d'armoife pontique; la femelle produit au mois de Mai. Chair favoureufe. Cornes longues de plus de treize pouces, liffes à leur fommet; partie fupérieure du larinx faillant fous la peau; genoux hériffés de touffes de poils.

XI Le TZEIRAN. *Antilope Pygarga.*

Cornes en forme de lyre (1); cou d'un roux-fanguin; croupe d'un roux-grifatre; bande de couleur foncée fur les côtés; feffes blanches.

Pall. fpic. zool. I. p. 10. XII. p. 15. n. 10. Schreb. Saeugth. V. t. 273. Sparmann. act. Stockh. 1780. 3. 4. Pall. mifc. zool. p. 6. Penn. quad. p. 34. f. p. 28. Houttuyn Linn. ed belg. 3. t. 24. f. 1. Ruffell alepp. p. 54. Buff. œuv. comp. 4°. v. V. p. 258. pl. 27.

Il habite en Afrique, peut-être auffi dans la partie de l'Afie qui lui eft voifine; il faute vigoureufement; fa taille paffe celle du bouc & a cinq pieds quatre pouces de hauteur; fa chair eft excellente; fes cornes font longues de feize pouces, annelées au mâle, liffes à la femelle. Oreilles & queue longues de fept pouces; face blanche.

XII. La GAZELLE proprement dite. *Antilope dorcas.*

Cornes en forme de lyre; corps fauve en deffus, blanc en deffous; bande brune fur les côtés.

Pall. mifc. zool. p. 6. n. 7. fpic. zool. I. p. 11. n. 8. XII. p. 15. n. 11. Schreb. Saeugth. 5. t. 269: Sparm. act. Stockh.

---

(1) Selon la figure de cet animal qui fe trouve dans l'hift. nat. de Buffon, les cornes ne font point ainfi conformées; cependant Mr. Pallas, dans la defcription qu'il a faite du Tfeiran, lui donne auffi des cornes lyrées & renvoye ce non obftant pour la figure de cette gazelle à celle publiée par le comte de Buffon. Y auroit-il donc du doute touchant ce caractère?

R

1778. trim. 2. n. 4. fyft. nat. XII. 1. p. 96. n. 10. Briff.
regn. an. p. 69. n. 10. Buff. hift. nat. XII. p. 201. pl. 23.
Raj quad. p. 80. Ælian. hift. nat. XIV. c. 4. Shaw it. p. 152.
357. Penn. qùad. p. 33. n. 26. f. au tit.

Elle habite en Afrique, même dans fa partie feptentrionale,
en Arabie, en Syrie; c'eft le Difchon de Moyfe; elle eft de
moitié plus petite que le daim. Cornes longues de douze pouces, munies près de fa bafe d'environ treize anneaux; genoux heriffés de longs poils; queue noire en deffus, blanche
en deffous.

XIII. Le KEVEL. *Antilope Kevella.*

Cornes en forme de lyre, affez grandes, comprimées; croupe
tirant fur le fauve, à rayes de couleur pâle; bande latérale
noirâtre.

Pall. mifc. zool. p. 7. n. 9. fpic. zool. I. p. 12. n. 9. XII.
p. 15. n. 12. Schreb. Saeugth. 5. t. 270. Kolb. c. I. p. 166.
Kæmpf. amœn. p. 408. Buff. hift. nat. XII. p. 258. pl. 26.
Penn. quad. p. 34. n. 27.

Il habite en Afrique, au fleuve Sénégal & en Perfe; il va
en troupe, s'apprivoife aifément, fent le mufc; fa taille eft celle
d'un petit chevreuil. Des cornes aux deux fexes; ayant quatorze à dix-huit anneaux. Sa chair eft très-favoureufe, comme
dans la plûpart de fes congénères.

XIV. La CORINNE. *Antilope corinna.*

Cornes un peu lyrées, prefque droites, minces, liffes; corps
tirant fur le fauve, blanc en deffous; bande latérale fur la tête
d'un brun blanc.

Pall. mifc. zool. p. 7. n. 10. fpic. zool. I. p. 12. XII. p. 15.
n. 12. B. Schreb. Saeugth. 5. t. 271. Buff. œuv. comp. 4°.
v. V. p. 240. pl. 22.

Elle habite en Afrique; elle eft plus petite qu'un chevreuil.
Cornes minces, longues de fix pouces, annelées de rides cir-
culaires. Eft-ce la femelle du kevel auquel elle reffemble par
fa couleur, fon odeur de mufc, fa grande agilité ?

XV. Le BUBALE. *Antilope bubalis.*

Cornes groffes, lyrées-torfes, ridées, s'étendant en ligne droite à leur fommet ; tête & queue allongées.

Pall. fpic. zool. I. p. 12. n. 10. XII. p. 16. n. 13. Erxleb. mam. p. 291. Pall. mifc. zool. p. 7. Oppian. cyneg. 2. p. 300. Ariftot. de part. anim. L. 3. c. 2. Plin. hift. nat. VIII. c. 15. Gefn. quad. p. 330. Aldrov. bif. p. 363. 365. 735. Jonft. quad. p. 52. Shaw it. p. 151. 358. Gefn. quad. p. 121. Raj. quad. p. 81. Seb. muf. 1. p. 69. t. 42. f. 4. Houttuyn ed Linn. belg. p. 213. t. 24. f. 3. Sparman act. Stockh. 1779. 2. n. 4. t. 5. f. 3. fup. Act. Par. 1. p. 205. Valent. amphith. zoot. p. 88. t. 14. Buff. hift. nat. XII. p. 294. pl. 37. 38. f. 1. 2. Penn. quad. p. 37. n. 32.

Il habite en Afrique, furtout dans fa partie feptentrionale, ainfi qu'en Arabie ; il va en troupe. Sa chair eft tendre mais feche.

Il a quatre pieds de hauteur ; fon port eft moyen entre celui du cerf & de la vache, fa tête tient de celle du bœuf. Cornes robuftes, noires, longues d'environ vingt pouces. Queue d'un pied de longueur, terminée par un floccon, femblable à celle de l'âne.

XVI. Le GNOU. *Antilope gnu.*

Cornes dirigées en avant dès leur bafe jufqu'à leur milieu ; tournées enfuite en arrière ; corps ferrugineux ; nuque du cou garnie d'une crinière ; queue d'un blanc cendré.

Sparrm. act. Stockh. 1779. I. n. 7. t. 3. Penn. hift. p. 62. n. 16.

Il habite les plaines fituées derrière le Cap de Bonne Efpérance & occupées par les grands Namaquas ; il va en troupe ; fon naturel eft farouche, il frappe de fes cornes ; il a le port & la queue du cheval, la tête du bœuf, les cuiffes du cerf, le poil & les larmiers des gazelles.

Sa hauteur eft de trois pieds & demi, fa longueur paffe quelquefois fix pieds & demi. Des cornes dans les deux fexes, noires, ayant un pied cinq pouces de long; pelage d'un brun obſcur; poitrine noire; crinière cendrée. Chair ſapide.

XVII. Le PASAN. *Antilope oryx.*

Cornes très-droites, ſubulées, finement ridées; corps gris, à raye dorſale noirâtre; poil du derrière du corps poſé à contre poil.

Pall. ſpic. zool. XII. p. 16. n. 14. & p. 61. Schreb. Saeugth. 5. t.257. Erxl. mam. p. 272. n. 3. Pall. miſc. p. 8. ſpic. zool. I. p. 14. Pall. nov. comm. Petrop. XIII. p. 468. t. 10. f. 5. ſyſt. nat. XII. I. p. 96. n. 7. Briſſ. quad. 67. Agatharch. peripl. Plin. hiſt. nat. II. c. 40. VIII. c. 53. X. c. 73. Columell. ruſt. 9. c. 1. Martial epig. I. 13. Macrob. ſaturn. l. 3. Raj. quad. p. 79. Haſſelq. it. p. 283. Buff. hiſt. nat. XII. p. 212. pl. 33. f. 3. Penn. quad. p. 25. n. 14.

Il habite dans les plaines au Cap de Bonne-Eſpérance, en Egypte, en Arabie, dans l'Inde; c'eſt le zébi de l'écriture Sainte. Il eſt de la grandeur du daim, de couleur blanche en deſſous; ſes cornes ont trois pieds de longueur; ſa queue eſt longue d'un pied & terminée de noir.

XVIII. L'OREOTRAGE. *Antilope oreotragus.*

Cornes très-droites, ſubulées, un peu ridées à leur baſe; tête rouſſe; corps d'un jaune verdâtre, d'un blanc cendré en deſſous; queue très-courte.

Schreb. Saeugth. 5. t. 259.

Il habite en Afrique.

XIX. L'ALGAZEL. *Antilope gazella.*

Cornes ſubulées, un peu arquées, ridées.

Pall. ſpic. zool. 12. p. 17. n. 15. ſyſt. nat. XII. p. 69. n. 9. Briſſ. quad. 69. n. 10. Aldrov. biſ. p. 756. Major Ephem. N. Cur. Dec. 1. a. 8. p. 1. t. 1. Muſ. Breſl. t. 10. f. 3. 4. Va-

lent. muf. mufeor. ed. all. 1. p. 193. t. 36. f. 2. 4. Raj. quad
80. Bell. obf. 120. Pr. Alp. Ægypt. p. 232. t. 14. Penn. quad'
p. 26. n. 15. Gefn. quad. p. 309. f. p. 308. Buff. hift. nat.
XII. p. 211. pl. 33. f. 1. 2.

Il habite dans l'Inde, dans la Perfe, même feptentrionale,
en Egypte & en Ethiopie ; il monte les collines avec beaucoup
de viteffe, il s'apprivoife aifément ; fa couleur eft rouffe, fa
poitrine blanche ; il ne fe laiffe guère approcher ; il entre en
rut en automne & la femelle met bas au printems. On trouve
affez fouvent dans fon eftomac, mais plus fréquemment dans
celui du mâle & de l'animal adulte, le vrai bezoard oriental,
de couleur verte & bleuâtre, très-odorant fur les lieux, & toujours très-aromatique.

XX. La GAZELLE blanche. *Antilope leuco-ryx.*

Cornes fubulées droites, convexement annelées ; pelage d'un
blanc de lait.

Pall. fpic. zool. 12. p. 17. n. 16. Oppian cyneg. 2. ver?
445. nov. comm. petrop. 13. p. 470. t. 10. f. 5. Penn. hift.
p. 68. t. 20.

Elle habite dans l'ile Gow Bahrein de la baie de Baffora. Sa
couleur eft blanche, à l'exception de la moitié de la face, des
joues & des membres qui font rougeâtres. Nez femblable à
celui de la vache. Cornes longues, aiguës, minces, noires.
Queue un peu terminée en floccon.

XXI. Le COUDOUS. *Antilope orcas.*

Cornes fubulées, droites, carinées-torfes ; corps gris.

Pall. fpic. zool. fafc. 12. p. 17 n. 17. Schreb. Saeugth. 5.
t. 256. Pall. mifc. zool. p. 9. fpic. zool. fafc. 1. p. 15. Seba
muf. 1. p. 69. t. 42. f. 3. Kolb. Vorgeb. der gut. Hofn. 1. p. 145.
t. 3. f. 1. Buff. hift. nat. XII. p. 357. pl. 46. b. 47. Penn. quad.
p. 26. n. 16. Sparm. act. Stockh. 1779. 2. n. 5. t. 5. fig. inf.

Il habite dans les montagnes de l'Inde, du Congo & de
'Afrique méridionale ; il va le plus fouvent en troupe, & n'eft

pas fort léger. Sa chair est très-savoureuse ; les Hottentots font des pipes à fumer avec ses cornes.

Sa hauteur est de cinq à huit pieds ; des cornes aux deux sexes, longues d'environ deux pieds & d'un noir brun ; corps d'un bleuâtre cendré ; crinière du cou & dos noirs ; tête rougeâtre ; queue noire à son sommet, un peu terminée en floccon. Point de larmiers.

XXII. Le GUIB. *Antilope scripta.*

Cornes subulées, droites, torses ; corps marqué de raies blanches croisées.

Pall. misc. zool. p. 8. n. 14. spic. zool. I. p. 15. XII. p. 18. n. 18. Schreb. Saeugth. V. t. 258. Buff. hist. nat. XII. p. 305. 327. pl. 40. 41. f. 1. Penn. quad. p. 27. n. 17.

Il habite les bois & les campagnes des environs du fleuve Sénégal. Il va en troupe. Poil brun marron à bandes blanches disposées en long & en travers comme si c'étoit un harnois. Tache blanche sur les pieds en dessus du sabot. Queue longue de dix pouces ; les cornes de neuf pouces.

XXIII La GRIMME. *Antilope Grimmia.*

Cornes coniques, comprimées, très-droites, ridées-striées ; avec une strie sans rides sur leur face postérieure ; cavité de couleur noire sous les yeux.

Pall. misc. p. 8. 10. t. 1. 3. 4. f. 3. a. b. spic. zool. I. p. 38. t. 3. XII. p. 18. n. 19. Schreb. Saeugth. 5. t. 260. Erxl. man. p. 276. n. 7. Syst. nat. XII. 1. p. 92. n. 2. Briss. regn. an. p. 97. n. 4. Syst. nat. II. p. 51. VI. p. 14. n. 10. X. 1. p. 70. n. 10. Grimm. misc. nat. curios. dec. 2. a. 4. p. 131. f. 13. Raj. quad. p. 80. Klein quad. p. 19. Buff. hist. nat. XII. p. 307. 329. pl. 41. f. 2. 3. Penn. quad. p. 27. n. 18.

Elle habite en Guinée ; sa grandeur est celle d'un faon de daim de deux mois ; brune en dessus mêlée de cendré & de jaune, blanche en dessous. Cornes noires, longues de dix-huit pouces, légérement annelées à leur base dans une longueur de trois pouces. La femelle n'a point de cornes. Queue courte, noire en deſſus.

XXIV Le GUEVEI. *Antilope pygmæa.*

Cornes coniques, courtes, convexes, ridées à leur baſe.

Pall. ſpic. zool. 12. p. 18. n. 20. Boſin, guin. p. 252. Seb. muſ. 1. p. 70. t. 43. f. 3. Adanſon dans Buff. hiſt. nat. XII. pl. 43. f. 2. Penn. quad. p. 28. n. 19.

Il habite dans la zone torride de l'Afrique; il eſt très-agile, très-leſte, ſautant quelquefois à la hauteur de douze pieds; ſon naturel eſt doux; il n'a guere plus de neuf pouces de haut; ſon pelage eſt d'un rouge-brun. Cornes noires, luiſantes comme du jayet, longues de deux pouces. La femelle en eſt depourvue. (Ne doit-il pas être rangé parmi les chevrotains?)

XXV La GAZELLE des Bois. *Antilope ſyl-vatica.*

Cornes un peu en ſpirale, annelées-carinées, liſſes & aiguës à leur ſommet; corps brun en deſſus, taché de blanc par derriere; & pour la plus grande partie blanc en deſſous.

Sparm. act. Stockh. 1780. 3. n. 7. t. 7. Schreb. Saeugth. 5. t. 257. B. Buff. œuv. comp. v. V. p. 276. pl. 33. *Bosbok.*

Elle habite les bois du cap de Bonne Eſperance, reſſemble un peu au Guib, mais elle eſt plus petite & n'a guere que trois pieds de hauteur; elle eſt monogame; (ſa croupe eſt parſemée de petites taches rondes d'un blanc qui ſe fait d'abord remarquer & qui lui ſont particulieres. *Allam.*) Cornes noires, longues de dix pouces & demi à treize pouces; la femelle n'en a point; partie ſupérieure du cou & du dos un peu en criniere. Chair bonne à manger.

XXVI Le CONDOMA. *Antilope Strepſi-ceros.*

Cornes ſpirales, carinées, un peu ridées; corps marqué de

rayes tranfverfales blanches ; une raye femblable fur l'épine
du dos.

Pall. mifc. zool. p. 9. fpic. zool. I. p. 17. XII. p. 19. 67.
Schreb. Sacugth. 5. t. 267. Collini. act. ac. Theod. Palat. 1.
p. 487. Gein. quad. p. 295. 323. f. 31. Jonft. quad. p. 54.
t. 24. Ald. bif. p. 368. f. p. 369. Houttuyn fyft. nat. ed belg.
3. t. 26. f. 1. 2. Buff. hift. nat. XII. p. 301. pl. 39. f. 1. 2.
Penn. quad. p. 31. n. 24. Knorr delic. 2. t. k. 5. f. 1. 4.
k. 11.

Il habite au cap de Bonne Efperance ; fa longueur eft de
neuf pieds ; fa hauteur de quatre pieds ; corps mince, d'un
gris-rouge, gris en deffous ; cou garni deffus & deffous d'une
criniere ; face noirâtre, marquée fous les yeux de deux lignes
blanches. Cornes d'un brun-pâle, longues de trois pieds neuf
pouces ; queue de deux pieds de long, brune en deffus, blanche en deffous, terminée de noir.

XXVII L'ANTILOPE. *Antilope Cervicaprà.*

Cornes fpirales, rondes, annelées ; corps nuancé de fauve.

Pall. mifc. zool. p. 9. fpic. zool. I. p. 18. 19. t. 1. 2. XII.
p. 19. n. 22. Schreb. Saeugth. 5. t. 268. Erxleb. mam. p. 283.
n. 14. Buff. hift. nat XII. p. 215. 217. pl. 35. 36. f. 1. 2.
Syft. nat. II. p. 50. VI. p. 14. n. 7. X. 1. p. 69. n. 8. XII.
1. p. 96. n. 8. Briff. quad. 68. n. 8. Ald. bif. p. 256. Olear.
muf. gott. p. 13. t. 9. f. 7. Plin. hift. nat. XI. c. 37. Jonft
quad. t. 29. Act. Parif. 1. p. 84. Valent. amphit. zoot. p. 105.
t. 19. Scheuchz. bibl. facr. 4. t. 576. Charlet. exerc. p. 67.
Raj. quad. p. 79. n. 4. Grew. muf. p. 24. Klein quad. p. 18.
Shaw trav. p. 243. Penn. quad. p. 32. n. 25.

Il habite dans l'Afrique la plus feptentrionale & dans l'Inde ;
il eft un peu plus petit qu'un daim. Tête noirâtre ; orbites des
yeux blanches ; bouche brune ; queue courte, noire en deffus,
blanche en deffous ; cornes droites, noires, entiérement annelées dans la plûpart, diftantes l'une de l'autre à leur fommet
de feize pouces, longues d'environ quatorze pouces ; la femelle en eft dépourvue ; elle porte pendant neuf mois & mei-
bas un feul petit.

Les gazelles font pour ainfi dire la nuance entre les cerfs &
les chevres ; leur port eft celui du cerf, leurs cornes tiennent
de celles de la chevre. Elles font pourvues de la véficule du
fiel, de larmiers ou finus fous les yeux affez remarquables, de
cavités inguinales terminées par une plicature de la peau, de
touffes de poils aux genoux, de très-beaux yeux noirs ; elles font craintives, agiles & leftes ; leurs jambes font dans
la plupart, fort fines ; elles marchent en troupe, quelquefois de plufieurs milliers ; leur nourriture confifte principalement en petits arbuftes ; elles fréquentent plus communément
les collines que les plaines & les bois ; elles ne fe trouvent
point en Europe, à l'exception du chamois & du faïga,
non plus qu'en Amerique ; leur patrie eft la region la plus
chaude de l'Afrique & de l'Afie. Leur chair eft ordinairement bonne à manger ; dans quelques-unes elle fent le bouc
ou le mufc.

GENRE XXXVII.

CHEVRE.

Cornes creufes, tournées en enhaut, droites, com-
primées, fcabres.
Huit dents incifives inférieures.
Point de dents canines.
Menton barbu.

I La CHEVRE Sauvage. *Capra ægagrus.*

Cornes carinées, arquées ; gorge barbue.

Pall. fpic. zool. XI. p. 45. t. 5. f. 2. 3. S. G. Gmelin it.
3. p. 493. Kæmpf. amœnit. exot. p. 398 t. 4. n. 1. Ridinger
jagdb. Th. t. 11. Tavernier voy. 2. 143. Penn. hift. p. 52.
n. 14.

v. b. LE BOUC, LA CHEVRE DOMESTIQUE. *Ca-*
pra Hircus.

Cornes carinées arquées.

Syft. nat. XII. p. 94. n. 1. Faun fuec. 44. Forfter act. angl.
57. 344. Briff. regn. an. p. 62. n. 1. Klein quad. 15. Sloan.
jam. 2. p. 328. Charlet exerc. p. 9. Jonft. quad. t. 26. Plin.
hift. nat. VIII, c. 50. Gefn. quad. p. 270. 301. f. 302. 314.
Aldrov. bif. p. 619. f. p. 635. Jonft. quad. p. 65. t. 26. 27.
Sibb. Scot. an. p. 8. Raj. quad. p. 77. Rzacz. Pol. 239.
Schwenckf. theriotr. p. 97. 98. 100. 101. Arift. hift. anim.
V. c. 11. VI. c. 15. VIII. c. 13. IX. c. 4. Oppian. cyneg.
2. 326. Buff. hift. nat. V. p. 59. pl. 8. 9. Gefn. Thierb. p.
127. f. p. 128. 135. Penn. quad. p. 14.

v. c. La CHÈVRE D'ANGORA. *Capra Angorenfis.*

Corps entiérement vêtu de poils très-longs & frifés.

Briff. regn. an. p. 64. n. 2. Ælian. an. 16. c. 30. Haffelq.
it. 206. Olear. muf. t. 10. f. 2. Forfter act. Ang. 57. p. 344.
Tournef. Voy. 2. p. 185. Buff. hift. nat. V. p. 71. pl. 10. 11.
Penn. quad. p. 15.

v. d. La CHÈVRE MAMBRINE. *Capra mambrica.*

Cornes inclinées ; oreilles pendantes ; gorge barbue.

Syft. nat. XII. p. 95. num. 3. Briff. regn. an. p. 72. n. 13.
Gefn. quad. p. 1097. 1098. Pr. Alp. Æg. 1. 229. Ald. bif.
p. 769. f. 768. Jonft. quad. p. 81. t. 26. Raj. quad. p. 81.
Rauwolf it. 3. p. 26. Buff. hift. nat XII. p. 152. 154. Ruffel.
aiepp. p. 52. Penn. quad. p. 15. t. 5. f. 1. 2.

v. e. Le BOUC D'AFRIQUE., LA CHÈVRE NAINE.
Capra depreffa.

Cornes rabattues , courbées , très-petites ; couchées fur le
crâne.

Syft. nat. XII. 1. p. 95 , n. 5. Briff. regn. an. p. 65. n. 4.
Buff. hift. nat XII. p. 154. pl. 18. 19. Penn. quad. p. 16.

v. f. Le BOUC DE JUIDA. *Capra reverfa.*

Cornes droites , recourbées à leur fommet.

Syft. nat. XII. 1. p. 95. n. 6. Briff. reg. an. p. 65. n.5. Buff.

hift. nat. XII. p. 154. 186. pl. 20. 21. Penn. quad. p. 16.

v. g. Le CAPRICORNE. *Capra Capricornus.*

Cornes courtes, tournées en devant à leur fommet, anne-lées fur les côtés.

Buff. hift. nat XII. p. 146. pl. 15. Penn. quad. p. 16.

L'efpece fauvage habite particuliérement le mont Caucafe, & le mont Taurus, de même que les montagnes de la Perfe, de l'Inde, du Japon ; peut-être auffi celles de l'île de Candie, de l'Afrique, & les petites Alpes Européennes. Elle reffemble au cerf par l'agilité, un peu auffi par le port ; elle eft plus grande que toutes fes variétés. La femelle n'a point de cornes ou n'en a que de fort petites, mais le mâle en a de beaucoup plus longues, robuftes, ridées, d'un brun-cendré ; cou & membres très-nerveux ; tête groffe, dure ; barbe touffue d'un brun-marron ; point de larmiers au devant des yeux qui font affez petits, & point de cavité inguinale ; queue très-courte, noire ; corps d'un rouffâtre gris ou cendré, à ligne épinière noire ; poil hériffé ; du bezoard dans l'eftomac. La variété *b.* eft domeftique par toute l'Europe & les autres parties de la terre ; elle fe nourrit de petites branches d'arbres, & de divers feuillages, de lichens ; elle broute même impunément de la ciguë, de l'euphorbe & d'autres plantes vénéneufes & médicamenteufes ; elle aime les lieux montueux ; elle varie en couleur blanche ou noire, atteint l'âge de dix u douze ans, eft rarement dépourvu ede cornes, plus rarement à quatre cornes. On dit que dans l'île de Juan Fernandez il s'en trouve qui de domeftiques qu'elles étoient, font redevenués fauvages. C'eft une bête peu fûre, pétulante, aimant à fe battre, à fauter, lafcive ; la chèvre porte pendant cinq mois & met bas un ou deux, rarement trois ou quatre chevreaux. Cet animal a une odeur qui lui eft propre, qu'on appelle *fentir le bouc.* Il craint le froid, il dépouille les arbres de leur écorce ; fon cuir eft tenace ; il porte une laine particuliére, nommée *poil de chevre.* Le lait de chèvre eft très-bon, très-utile ; on en fait du fromage. La variété *c.* eft domeftique dans les environs d'Angora, elle porte une laine très-blanche, pendante jufqu'à fes pieds, & émule de la foie. Les cornes (du mâle) font torfes, dirigées vers les côtés du corps, comme celles du mouton d'Efpagne ; oreilles planes, lanceolées, non droites mais à demi-pendantes & canaliculées ;

La variété *d* habite en Syrie ; elle eft un peu plus grande que le bouc domeftique, à cornes noires, & pelage fauve. La variété *e* habite en Afrique ; on l'éleve aujourd'hui dans l'Amérique méridionale : fa taille eft celle d'un chevreau, à longs poils pendans ; cornes à trois angles, conformées en croiffant, à peine de la longueur du doigt & tellement appliquées au crâne, qu'elles percent prefque la peau. La variété *f*. fe trouve au royaume de Juida en Afrique, elle eft de la grandeur d'un chevreau d'un an, à poils courts femblables à ceux du cerf ; fes cornes ont à peine un doigt de long ; elle s'accouple avec la variété précédente.

II. Le BOUQUETIN. *Capra ibex.*

Cornes noueufes en deffus, dirigées vers le corps ; gorge barbue.

Briff. regn. an. p. 64. n. 3. Erxl. mam. p. 261. n. 2. Girtanner Lichtenb. Magaz. 4. 2. p. 30. Pall. fpic. zool. XI. p. 31. t. 3. & V. f. 4. Plin. hift. nat. VIII. c. 53. Gefn. quad. p. 331. & 1099. Aldrov. bif. p. 730. f. p. 732. Jonft. quad. p. 75. t. 25. 28. Chariet. exerc. p. 10. Wagn. helv. p. 176. Raj. quad. p. 77. Klein quad. p. 16. Bell. obf. p. 20. Buff. hift. nat. XII. p. 136. pl. 13. Penn. quad. p. 13. n. 9. Gefn. Thierb. p. 148. Knorr. del. 2. t. K. 5. f. 2.

Il habite les hautes montagnes, efcarpées, inacceffibles, du Kamtfchatka, de la Sibérie, de l'Arabie, de Crête, d'Italie, les Apennins, les Alpes de la Suiffe, les Alpes Rhétiennes & Noriques, mais plus rarement de jour en jour dans ces dernières. Il va en troupe ; il eft très-agile, très-lefte, très-adroit à fauter. On peut l'apprivoifer dans fa jeuneffe. La femelle met bas un ou deux petits. Il eft plus grand que la chèvre fauvage, le mâle l'eft plus que la femelle ; celle-ci a auffi une barbe & des cornes mais plus petites ; elle a deux mamelles.

Tête courte, à mufeau gros, comprimé ; yeux affez petits ; cornes très-amples, longues quelquefois de trois pieds & pefant huit à dix livres, arrondies en deffous, plus arquées que dans la chèvre fauvage, carinées, d'un gris noirâtre. Jambes minces ; queue courte, nue en deffous, noire en deffus & au fommet. Poils du corps longs, fauves ou gris, d'un gris fâle dans les

jeunes individus, à ligne dorſale noirâtre. Grande tache noire
deſſus & deſſous les genoux antérieurs, qui au reſte ſont blancs.
Peau fine. Le bouquetin de Sibérie eſt-il une eſpèce différente ?

III: Le BOUQUETIN DU CAUCASE. *Capra caucaſica.*

Cornes arquées en arrière & en déhors, à ſommet tourné
en dédans, un peu triangulaires, noueuſes antérieurement.

Güldenſtedt act. Petrop. 1779. P. 2. p. 273. t. 16. 17.

Il habite les plus hautes élévations ſchiſteuſes nues du Caucaſe, près des ſources du Terek & du Cuban, & ſe trouve
auſſi dans la Cachetie & le pays Oſſetin. Il s'accouple en Novembre; (jamais avec la chèvre domeſtique); la femelle
met bas au mois d'Avril.

Cornes du mâle, beaucoup plus grandes que celles du bouc
domeſtique, formant un arc de vingt-huit pouces; celles de
la femelle ſont beaucoup plus petites & d'un gris brun, le mâle
les a d'un noir ſâle. Couleur du corps en deſſus d'un fauve
ſemblable à celui du cerf, blanchâtre en deſſous ; les extrêmités
noires; bande étroite ſur l'épine du dos de couleur brunâtre ;
poils cendrés à leur baſe, aſſez roides, entremêlés d'un duvet
cendré. Taille du bouc domeſtique, plus large cependant &
plus raccourcie.

GENRE XXXVIII.

MOUTON.

Cornes creuſes, dirigées en arriere, tournées en
dedans, ridées.
Huit dents inciſives inférieures.
Point de dents canines.

I. Le BÉLIER, La BREBIS. *Ovis Aries.*

Cornes comprimées, faites en forme de croiſſant;

Faun. fuec. 45. Amœn. ac. 4. p. 169. Briff. regn. an. p.
74. n. 1. Sloan. jam. 2. p. 328. Raj. quad. p. 73. Arift. hift.
anim. V. c. 11. VI. c. 19. VIII. c. 13. IX. c. 4. Ælian. an.
VII. c. 27. Plin. hift. nat. VIII. c. 47. 48. Gefn. quad p. 872.
912. 925. 927. Aldr. bif. p. 370. Jonft. quad. p. 54. t. 22. Charlet. exerc. p. 8. Sibb. Scot. an. p. 8. Rzacz. Pol. p. 242.
Schwenckf. Theriotr. p. 56. 60. Buff. hift. nat. V. p. 1. pl.
1. 2. Penn. quad. p. 10. n. 8. Gefn. Thierb. p. 320. 321,
327. 329.

v. a. LE MOUTON D'ANGLETERRE. *Ovis Anglica.*

Sans cornes ; bourfes pendantes jufqu'au genou des jambes
pofterieures ; queue de la même longueur.

Amœn. ac. 4. p. 174. Penn. hift. p. 34. C.

v. b. LE MOUTON RUSTIQUE. *Ovis Ruftica.*

Des cornes ; laine courte & rude ; queue courte.

Amœn. ac. 4. p. 174. Pall. fpic. zool. XI. p. 59. 61.

v. c. LE MOUTON D'ESPAGNE. *Ovis Hifpanica.*

Des cornes, dont la fpire fe roule en dehors ; laine douce
& bien fournie.

Amœn. ac. 4. p. 174.

v. d. LE MOUTON D'ISLANDE. *Ovis Polycerata.*

Plus de deux cornes.

Pall. fpic. zool. XI. t. 4. f. 1 c. f. 2. b. t. 3. f. 5. Amœn.
ac. 4. p. 174. Aldr. bis. p. 397. Buff. hift. nat. XI p. 354.
387. pl. 31. 32. Penn. quad. t. 3. f. 2. 3.

v. e. LE MOUTON D'AFRIQUE. *Ovis Africana.*

Des poils courts au lieu de laine.

Amœn. ac. 4. p. 173. Raj. quad. p. 75. Briff. regn. an. p.
76. n. 4. Sloane jam. 2. p. 328. Charlet. exerc. p. 9.

v. f. L'ADIMAIN. *Ovis Guineenfis.*

Oreilles pendantes ; fânon lâche pileux ; derriere de la tête prominent.

Syft. nat. XII. 1. p. 98. n. 2. Briff. regn. an. p. 77. n. 5. Marcg. braf. p. 234. Jonft. quad. t. 46. Klein quad. p. 14. Raj. quad. p. 75. Sloan. jam. 2. p. 328. Marmol. afr. 1. p. 59. Adanf. Sen. p. 37. des March. voy. 1. p. 129. Buff. hift. nat. XI. p. 359. 392. pl. 34-36. Shaw. it. p. 241. Penn. quad. p. 12.

v. g. LE MOUTON DE BARBARIE. *Ovis Laticauda.*

Queue large & groffe ;

Ruff. alepp. 51. t. 52. Ælian. an. X. c. 4. Aldrov. bif. p. 404. f. p. 405. Charlet. exerc. p. 9. Ludolf Æthiop. 1. c. 10. n. 14. Raj. quad. p. 74. Klein quad. p. 14. Amœn. ac. 4. p. 173. J. G. Gmelin nov. comm. Petrop. V. p. 343. t. 8. Briff. regn. an. p. 75. n. 2. Pall. fpic. zool. XI. p. 63. t. 4. f. 1. 2. a b. Chardin Voy. 3. p. 37. Buff. hift. nat. XI. p. 355. pl. 33. Shaw it. p. 241. Penn. quad. p. 4. t. 1. Rauwolf it. 3. p. 26. Gefn. Thierb. p. 326. Osb. O. Oftind. p. 188.

v. h. LE MOUTON DE BUCCARIE. *Ovis buchārica.*

Oreilles grandes , pendantes ; queue graiffeufe moins groffe.

Pall. fpic. zool. XI. p. 78.

v. i. LE MOUTON A LONGUE QUEUE. *Ovis Longicauda.*

Queue très-longue.

Raj. quad. p. 74. Jonft. quad. t. 23. Briff. regn. an. p. 76. n. 3. Pall. fpic. zool. XI. p. 60. Olear. it. p. 567. Gefn. Thierb. p. 326.

v. k. LE MOUTON DU CAP. *Ovis Capenfis.*

Oreilles grandes pendantes ; queue longue & épaiffe à peine diftinguée de la graiffe qui l'entoure.

Penn. quad. t. 4. f. 2.

On éléve & nourrit par toute la terre en domesticité cette
précieuse espèce. Le mouton se plaît dans les lieux secs, ouverts & chauds, ceux voisins de la mer, abondans en plantes salées; il est de tous les quadrupèdes le moins rusé & peut-
être le plus stupide; adulte dès sa seconde année, il ne passe
guère quatorze ans. Il change de dents (depuis l'âge d'un an
jusqu'à celui de trois ans qu'elles sont toutes remplacées); il
boit peu, il bêle, il est fort timide, c'est en ruant & en lâ-
chant son urine qu'il menace son ennemi, c'est à coups de tête
qu'il le reçoit. Il broute avec plaisir dans les prés la fétuque
ovine, & dans les champs le tabouret bourse à pasteur. Le pru-
nellier, la prêle, la renoncule particuliérement la flammette ou
la petite douve l'incommodent, comme aussi l'antheric des
marais, la Kalmie, la scorpionne des marais, l'anémone des
bois; il est en butte à la piquure de l'hippobosqne ovine,
de l'œstre du mouton, du ricin; il est sujet aux poux, à la fas-
ciole hépatique, aux hydatides dans le cerveau; il en est
travaillé de vertiges, de maladies du foie, de jaunisse, de
pthysie, d'hydropisie, de galle, de varioles.

Un belier suffit à vingt brébis, lesquelles sont pleines pendant vingt-trois semaines & mettent bas un ou deux, rarement
trois agneaux. La variété a est commune en Angleterre, les
plus beaux individus s'en trouvent dans la province de Lincol-
shire. La variété b est repandue dans toute l'Europe, surtout
dans sa partie septentrionale; sa laine est plus roide, plus courte, moins frisée; ses cornes sont contournées en spirale, au-
guleuses planes en dédans, applaties à leur sommet; quelquefois elle en manque. Ses yeux sont bleuâtres glauques, situées
dans une saillie ovale du devant de la tête, leur prunelle est
oblongue; ils ont une cavité profonde à leur coin antérieur où
se fait une sécrétion de matière gluante; queue ronde, n'atteignant point le genou; la couleur ordinaire de sa toison est blanche, quelquefois noire ou tachée. La variété c est la plus commune en Espagne, d'où elle a été portée dans les autres parties de l'Europe; la spire de ses cornes est tournée en déhors.
La variété d se rencontre souvent en Islande & dans les pays
du Nord & n'est pas rare dans les nombreux troupeaux des
Tartares nomades; elle a trois, quatre, cinq, même six cornes, dont celle ou celles du milieu sont droites, tandis que les
extérieures se roulent en déhors; sa queue est ordinairement
courte ainsi que sa laine, qui est assez rude. La variété e se

trouve

trouve en Afrique. Celle fous *f* fe rencontre dans le défert du Saara & en Guinée, on l'a auffi tranfportée en Amérique. Elle varie en couleur, égale en grandeur le mouton ruftique. Cornes petites, courbées en dehors jufques près des yeux ; queue de la longueur de la cuiffe. La variété *g* eft très-fouvent de couleur blanche, quelquefois noire, brune, tachée, rarement grife ; on l'éleve chez prefque tous les peuples Nomades, particuliérement chez les Kirgifes ; en Perfe, en Chine, dans tout l'Orient, en Syrie, en Arabie, en Egypte ; au lieu de queue dont il ne paroît guère que le coccyx, il a un couffin de graiffe très-gros, pefant quelque fois plus de trente livres. La variété fous *h.* eft domeftique en Buccarie & paroît être métive & produite par l'union des variétés *g* & *i.* Elle a la queue allongée, applatie, graffe, nue en deffous, mince, & laineufe à fon extrémité ; fa toifon eft ou d'un blanc de lait ou noire, ou grife, ou d'un blanc-argenté très-recherché ; elle fe trouve auffi en Perfe, en Syrie, en Paleftine, & dans plufieurs contrées de l'Afrique. La variété *i.* eft cultivée au cap de Bonne Efpérance.

II. Le MOUFLON. *Ovis Ammon.*

Cornes arquées demi-circulaires ; un peu applaties en deffous ; fânon lâche pileux.

Erxleb. mam. p. 250. n. 2. Syft. nat. XII. 1. p. 97. n. 12. Briff. regn. an. p. 71. n. 12. Plin. hift. nat. VIII. c. 49. XXVIII. c. 9 & 15. Gefn. quad. p. 934. Bellon obf. p. 54. Raj. quad. p. 75. 82. Klein quad. p. 20. Steller Kamtfchatk. p. 127. I. G. Gmelin it. fib. 1. p. 368. I. G. Gmelin nov. comm. Petrop. 4. p. 388 fumm. p. 53. t. 8. b. f. 2. 3. Pall. fpic. zool. XI. p. 3. f. 1. 2. Buff. hift. nat. XI. p. 352. pl. 29. Cetti flor. nat. of fard. 1. t. 3. Penn. quad. p. 18. n. 11. Gefn. Thierb. p. 154. 155. S. G. Gmelin it. 3. p. 486. t. 55.

Il habite en petits troupeaux dans les endroits ouverts, rocailleux & deferts des contrées, fituées entre les hautes montagnes de l'Afie moyenne, au Kamtfchatka, aux iles Kuriles, peut être auffi en Californie & dans le refte de l'Amérique occidentale ; plus certainement en Barbarie, en Sardaigne, en Corfe, en Grèce, fur leurs plus grandes élévations. Il eft très-leger à la courfe, très-agile, farouche, portant des coups dangereux avec fes cornes ; il paroît être l'efpèce du belier dans l'état fauvage ; il eft fadulte dès la deuxieme année de fon âge & ne paffe point quatorze ans ; la femelle met bas en Mars un ou deux agneaux ; fa chair & fa graiffe font délicates.

Il eft de la taille d'une petite biche ; fa couleur pendant l'été eft pour la plûpart d'un cendré-brunâtre , mêlé de gris , & d'un cendré-blanchâtre en deffous ; mais pendant l'hiver elle eft en deffus d'un gris-ferrugineux , & en deffous d'un gris-blanchâtre ; queue très-courte , blanche ; brunâtre à fon fommet ; les poils d'hiver ont un pouce & demi de longueur , ils tombent au printems. Oreilles aiguës , droites ; yeux grands , à iris brunes ou bleues ; cornes, paroiffant dejà à la troifième année , blanchâtres , annelées , réfléchies , comprimées , plus petites & plus en forme de faucille dans la femelle;quelquefois elle en eft dépourvue. Jambes poftérieures plus longues que les antérieures.

III. Le POUDOU. *Ovis Pudu.*

Cornes rondes , liffes , divergentes.

Molina hift. nat. Chil. p. 273.

Il habite en troupeaux fur les Cordillieres d'Amérique, & defcend à la faifon des neiges dans les vallons fitués au midi ; on le prend alors facilement & on l'apprivoife fans peine ; il eft docile ; fa taille eft celle d'un chevreau de fix mois ; il reffemble par fon port à la chevre, mais il a les cornes courbées en dehors & petites ; la femelle n'en a point ; il en differe auffi par le defaut de barbe. Sa couleur eft obfcure.

IV. Le STRIPHOCHERE. *Ovis Strepficeros.*

Cornes droites ; carinées , fléchies en fpirale.

Briff. regn. an. p. 73. n. 15. Oppian. cyneg. II. p. 376. Plin. hift. nat. XI. c. 37. Buff. hift. nat. XI. p. 358. Bellon obf. p. 20. f. p. 21. Aldr. bif. p. 406. f. p. 407. Jonft. quad. t. 45. Befch. der berl. Naturf. 4. p. 624. t. 20. Raj. quad. p. 75. Klein quad. p. 14. Penn. quad. p. 11. t. 3. Gefn. Thierb. p. 151. f. p. 152.

Il habite dans l'île de Candie & dans celles de l'Archipel. on l'éléve fréquemment en Hongrie & en Autriche. Est-il de la race du bélier commun, auquel il ressemble par la taille & la figure?

GENRE XXXIX.

BŒUF.

Cornes creuses, tournées en devant, conformées en croissant & lisses.
Huit dents incisives inférieures.
Point de dents canines.

I. Le TAUREAU, La VACHE. *Bos Taurus.*

Cornes rondes, courbées en dehors ; fânon lâche.

Faun. suec. 46.

v. a. 1. L'AUROCHS. *Taurus ferus. Urus.*

Cornes grosses, courtes, recourbées en en-haut ; front crêpu.

Cæs. Gall. VI. c. 28. Gesn. quad. p. 157. Aldr. bis. p. 347. f. p. 348. Jonst. quad. p. 50. t. 20. Raj. quad. p. 70. Klein quad. p. 11. Bell. it. 1. p. 211. Rzacz. Pol. p. 228. Plin. hist. nat. VIII. c. 15. Charlet. exerc. p. 8. Briss. regn. an. p. 80. n. 3. Gesn. Thierb. p. 299. Buff. hist. nat. XI. p. 284. Ridinger wilde Thier. t. 37.

v. a. 2. LE BONASUS. *Taurus bonasus.*

Cornes fléchies en en-bas ; crinière très-longue de la tête aux épaules.

Plin. hist. nat. VIII. c. 15. Gesn. quad. p. 145. Aldr. bis. p. 358. f. p. 361. Jonst. quad. p. 51. t. 18. 19. Charlet. exerc. p. 8. Raj. quad. p. 71. Buff. hist. nat. XI. p. 284. Arist. hist. an. II. c. 5. 7. XI. c. 71. Ælian. anim. VII. c. 3. Briss. ani. 84. syst. nat. XII. 1. p. 99.

v. a. 3. LE BISON. *Taurus bifon.*

Cornes recourbées en en-haut ; crinière & barbes très-longues ; dos boffu.

Plin. hift. nat. VIII. c. 15. Gefn. quad. p. 143. Ald. bif. p. 353. 357. f. p. 355. 356. Jonft. quad. p. 51. t. 16. 17. Charlet. exerc. p. 8. Sibb. Scot. an. p. 7. Raj. quad. p. 71. Rzacz. Pol. p. 214. Buff. hift. nat. XI. p. 284. fyft. nat. XII. 1. p. 99. n. 3. Briff. regn. an. p. 82. n. 5. 6. Oppian. cyneg. 2. p. 159. Gefn. Thierb. p. 296.

v. b. LE BŒUF DOMESTIQUE. *Bos , Taurus , vacca , vitulus domeftici.*

Cornes liffes , rondes, recourbées en en-haut.

Plin. hift. nat. VIII. c. 45. 46. Gefn. quad. p. 24. 25. 103. 124. Schwenckf. Theriotr. p. 63. 65. 70. Ald. bif. p. 13. f. p. 36. Jonft quad. p. 13. 15. Wagn. Helv. p. 167. Sibb. Scot. an. p. 7. Rzacz. Pol. p. 37. Sloan. jam. 2. p. 327. Jonft. quad. p. 36. t. 14. Charlet. exerc. p. 8. Raj. quad. p. 70. Muf. ad. fr. 1. p. 12. Briff. regn. an. p. 78. n. 1. Klein. quad. p. 10. Buff. hift. nat. IV. p. 437. pl. 14.

v. b. 1. LE BŒUF DES INDES. *Bos indicus major.*

Taille haute ; pelage roux ; cornes très-courtes ; boffe graiffeufe fur les épaules.

Penn. hift. of quad. p. 16. n. A. t. 1. fig. inf.

v. b. 2. LE ZEBU. *Bos indicus minor.*

Petit de taille ; cornes prefque droites , tournées en devant ; boffe graiffeufe fur les épaules.

Penn. hift. of quad. p. 17. t. 1. f. fup. fyft. nat. XII. 1. p. 99. n. 6. Charlet. exerc. p. 8. Buff. hift. nat. XI. p. 285. 439. pl. 42. Edw. av. 200. t. 200.

v. b. 3. LE BŒUF d'Abyffinie. *Bos abeffinicus.*

Des boffes fur le dos ; cornes adhérentes à la peau , pendantes.

Penn. hist. of quad. p. 17· n. C.

v. b. 4. LE BŒUF de Madagafcar. *Bos Madagafcariensis.*

De couleur blanche ; de la taille du chameau ; oreilles pendantes ; dos gibbeux.

Penn. hist. of quad. p. 17. n. D.

v. b. 5. LE BŒUF DE TINIAN. *Bos tinianensis.*

De couleur blanche ; oreilles noires.

Penn. hist. of quad. p. 17. n. E.

v. b. 6. LE BŒUF D'AFRIQUE. *Bos Africanus.*

De couleur blanche ; leger à la courfe ; jambes minces ; cornes menues, jolies ; fabots d'un beau noir.

Penn. hist. of quad. p. 17. n. F.

v. b. 7. LE BŒUF D'EUROPE. *Bos Europæus. White aft. litt. & philof. Macul. 1. c. 27.*

Le bœuf habite dans l'état fauvage les bois marécageux de la Pologne, de la Ruffie, de la Lithuanie, des monts Krapacs, du Caucafe, de la terre des Patagons. La variété *a* 3. est élevée partout où le climat le permet, s'éloignant plus ou moins de fon état naturel, felon la nature du pays, la nourriture & le genre de vie. La variété *b* 1. fe trouve dans l'Inde & à l'ile de Madagafcar, la variété *b* 2. dans l'Inde, la Perfe, la Chine ; la variété *b* 3. en Abyffinie & auffi dans l'ile de Madagafcar ; la variété *b* 4. dans le royaume d'Adel en Afrique & à Madagafcar ; celle fous *b.* 5. dans l'ile de Tinian ; celle fous *b* 6. en Afrique nommée *lant* ou *dant.* La variété *b* 7. est de grande taille en Pologne, en Alface, dans la Belgique, de petite taille dans l'Ecoffe feptentrionale, où, comme auffi en Iflande, & communément en Angleterre, les deux fexes font quelquefois dépourvus de cornes. Cet animal est courageux, colère ; étant irrité, il affaillit fon ennemi à coups de cornes. Il a le front de travers, crépu, très-dur. Il est très-propre au labourage ; fon fumier fait un excellent engrais ; fa chair, fon lait, le beurre, le fromage qui en font

S 3

le produit, sa graisse, ses cornes, son cuir, tout en lui est de la plus grande utilité. Il est plus sujet aux maladies contagieuses que les autres animaux domestiques; il est en butte à la piquure de l'œstre du bœuf, des taons, du conops calcitrant, & à la morsure des poux. La ciguë, l'aconit, l'anémone lui sont des plantes pernicieuses. Il vit quatorze ou quinze ans. La vache porte l'espace de neuf mois.

II. Le BISON D'AMÉRIQUE. *Bos Americanus.*

Cornes divergentes; crinière très-longue; dos bossu.

Syst. nat. XII. 1. p. 99. n. 3. b. Briss. regn. an. p. 83. n. 7. Hernand. mexic. p. 587. Fernand. an. p. 10. Laët. amer. p. 303. Nieremb. hist. nat. p. 181. 182. Raj. quad. p. 71. Klein quad. p. 13. Charlev. nouv. fr. 3. p. 131. du Pratz Louis. 2. p. 66. Buff. hist. nat. XI. p. 305. Laws. Carol. p. 115. Brick. North-Car. p. 107. Catesb. Carol. app. p. 27. t. 20. Dobbs Huds. p. 41. Penn. quad. p. 8. n. 6. t. 2. f. 2. Kalm it. 2. p. 350. 425. 3. p. 351.

Il habite dans la Nouvelle Espagne & dans les regions intérieures de l'Amérique septentrionale; il va en troupe, & se tient dans les lieux marécageux couverts de grands roseaux; quoiqu'il soit farouche, on peut l'apprivoiser dans sa jeunesse; son poids est quelquefois de seize cens à deux mille neuf cens livres. Est-ce véritablement une espece distincte du taureau avec lequel il s'accouple, (sur-tout de sa variété *a* 3 ?)

Cornes courtes, noires, rondes, très-distantes à leur base; grande & haute bosse charnue sur le dos; poitrail épais & robuste; train de derriere mince & foible, peu garni de poils pendant l'été. Queue d'un pied de longueur, terminée par un floccon de poil. Poils de la tête & de la bosse très-longs, laineux, ondulés, de couleur ferrugineuse.

III. Le BŒUF MUSQUÉ. *Bos moschatus.*

Cornes rapprochées, très-épaisses à leur base, courbées en dedans & en en-bas, acuminées & tournées en dehors à leur sommet.

Penn. hist. of quad. p. 27. n. 9. t. 2. f. 2. Jeremia dans Charlev. nouv. franc. 3. p. 131. Dobbs. huds. p. 18. 25.

Il habite dans l'Amérique septentrionale depuis le nouveau Mexique jusqu'au pays des Cristinos ; les flots de la mer amènent quelquefois ses ossemens en Sibérie. Il est de la taille d'une biche. Cornes placées au sommet du front, longues de deux pieds, & ayant aussi à leur base deux pieds de tour ; leur poids est d'environ soixante livres. Poils très-longs, soyeux, de couleur obscure. Sa chair sent le musc.

IV· Le BŒUF GROGNANT. *Bos grunniens.*

Cornes rondes, courbées en dehors ; peau du corps pendante ; queue garnie de crins de tous les côtés.

J. G. Gmelin nov. comm. Petrop. V. p. 339. t. 7. Pall. act. Petrop. I. p. II. p. 332. Le Brun Voy. I. p. 120. pl. 129. Buff. hist. nat. XV. p. 136. Bell. trav. p. 1. 212. Penn. quad. p. 5. Pallas nord. beytr. I. p. 1. t. 1.

Il habite au Thibet ; il y est cependant aujourd'hui plus rare ; on en élève & nourrit de nombreuses variétés en grandeur, poil, & couleur, dans la Sibérie, à la Chine, dans l'Inde, & en Perse ; Ælien, Cosme, Guill. de Rubriquez, Marc-Paul & d'autres anciens en on fait mention. Il est féroce, surtout s'il a été blessé, ou irrité. Il ne souffre point la chaleur ; il est ennemi des couleurs éclatantes, principalement de la couleur rouge. Lorsqu'il entre en furie, il se bat le corps, élève la queue, menace des yeux, & s'élance subitement & à l'improviste sur son ennemi. Cependant en domesticité, avec la précaution qu'on prend d'ordinaire de lui couper les cornes, il porte des fardeaux & le joug, tire la charrue & des charriots. Sa voix est un grognement, beaucoup plus fréquent que le beuglement de la vache domestique ; il s'accouple avec elle. Est-il de la même race que le buffle, au quel il ressemble par sa conformation interne ?

Il varie pour la grandeur ; elle est moindre dans l'animal domestique, que dans l'état sauvage. Tête courte, nez large, lèvres grosses & pendantes ; oreilles amples, aiguës inférieurement, hérissées de poils rudes ; cornes courtes, grêles, très-acuminées, distantes à leur base, avec un long faisceau de poils placés entr'elles ; ceux du milieu du front sont disposés en étoile. Haut du cou garni d'une crinière blanche qui s'étend quelquefois jusqu'à la queue ; tête noire ainsi que le reste

du corps ; mais en domesticité l'animal varie aussi beaucoup
en couleur ; poils inférieurs très-longs , les autres semblables
à ceux du bouc ; sabots larges , ainsi que la queue qui est
longue d'environ six pieds , formée de longs poils soyeux , de
couleur blanche ou argentée. Cette queue est très-estimée des
Chinois , des Indiens , des Turcs. On trouve quelquefois
une sorte de bezoard dans son estomac. Sa chair n'est guere
mangeable si non dans la jeunesse de l'animal.

V. Le BUFFLE. *Bos bubalus.*

Cornes couchées , recourbées & torses en en-haut , planes
antérieurement.

Briss. regn. an. p. 81. n. 4. Plin. hist. nat. VIII. c. 45.
Arist. hist. an. L. 2. c. 1. Gesn. quad. p. 139. Jonst. quad. t.20.
Raj. quad. p. 72. Aldr. bis. p. 365. f. p. 366. Jonst. quad. p.
53. Charlet. exerc. p. 8. Klein. quad. p. 10. Pall. nov. comm.
Petrop. 13. p. 460. t. 11. 12. Ludolf. Æthiop. 1. c. 10, n. 1.
Buff. hist. nat. XI. p. 284. pl. 25. Barbot Guin. p. 209. 486.
Penn. quad. p. 7. num. 5. Gesn. thirb. p. 58. Kolb. Vorgeb.
p. 143. t. 5. f. 2.

Il habite en Asie ; on l'éleve dans plusieurs de ses provinces , de même qu'en Afrique, comme aussi en Hongrie & en
Italie. Il a été transporté dans cette derniere contrée sous le
regne d'Agilulfe roi des Lombards. Dans les pays très-chauds
il est presque sans poils. Lorsqu'il est irrité , il beugle très-
fortement. On le conduit au moyen d'un anneau qu'on lui
passe dans le nez ; il porte des fardeaux , tire la charrue & le
charriot. Son lait est moins bon que celui de la vache (mais
la femelle en fournit en plus grande quantité). Il s'accouple
avec la vache domestique (1). Il est plus grand que le Taureau & a le corps plus gros & plus robuste. Sa peau est très-

---

(1) Mr. de Buffon dit le contraire ; voici ce qu'il en écrit :
» Le Busle & le Bœuf , ces deux animaux quoiqu'assez ressem-
blans , quoique domestiques , souvent sous le même toit , &
nourris dans les mêmes paturages , quoique à portée de se
joindre & même excités par leurs conducteurs , ont toujours
refusé de s'unir ; ils ne produisent ni ne s'accouplent ensemble : leur nature est plus éloignée que celle de l'âne ne l'est
de celle du cheval, elle paroît même antipathique ; car on
assure que les vaches ne veulent pas nourrir les petits buf-
fles & que les meres busles refusent de se laisser tetter par
des veaux.

dure, garnie de poils noirs ou rougeâtres. Il a la tête affez petite & le front crêpu. Cornes noires, groffes, un peu comprimées, refléchies en en-haut & un peu couchées.

VI. Le BŒUF CAFFRE. *Bos caffer.*

Cornes très-larges à leur bafe & rapprochées, enfuite écartées en en-bas, puis courbées en en-haut & en dedans à leur fommet ; criniere courte.

Sparrman act. Stockh. 1779. 1. n. 8. t. 3. f. inf. Penn. hift. of quad. p. 28. n. 9. Maffon act. ang. 66. p. 296. Forft. it. 1. p. 83. Briff. regn. an. p. 79. n. 2. Bellon. obf. p. 119. Pr.Alp. Æg. 1. p. 233. t. 14. f. 2. Raj. quad. p. 73. Ald. bif. p. 363. f. p. 364. Jonft. quad. p. 52. t. 18. Klein quad. p. 11. Buff. hift. nat. XI. p. 299. Gefn. Thierb. p. 60. Penn. hift. p. 30. n. 10. t. 2. f. 3.

Il habite par troupeaux en Afrique, fur-tout dans les bois fitués derriere le cap de Bonne-Efpérance vers le Nord, auffi en Guinée. Il eft rufé & très-féroce, ne craignant pas même d'affaillir l'homme. Il court avec vîteffe, quoique cependant il ne puiffe fuivre un cheval en montant. Il eft très-robufte, plus gros de taille & plus ruftique que les autres efpeces ; il fe roule dans la boue. Sa longueur eft d'environ huit pieds, fa hauteur de cinq pieds & demi, fa couleur noire. Cornes noires, féparées à leur bafe par un canal intermédiaire étroit ; larges de treize pouces, de façon qu'elles couvrent une grande partie de la tête, & longues fouvent de plus d'un pied. Leur poids eft de vingt-cinq livres. Oreilles pendantes. Poils longs d'environ un pouce, roides, liffes dans l'animal adulte, ondulés & plus longs aux genoux & fous le corps. Peau tenace, épaiffe ; chair dure, mais fucculente & ayant un goût de venaifon.

Le genre des bœufs eft difficile à décrire ; fes efpèces ne font pas circonfcrites par des limites bien certaines, de forte qu'il eft aifé de prendre des variétés pour des efpèces & réciproquement des efpèces pour des variétés. Les mêmes doutes fe rencontrent dans les genres du mouton & de la chèvre.

ORDRE VI.

LES GRANDS QUADRUPEDES.

Dents incifives tronquées obtufément.
Pieds ongulés.

GENRE XL.

CHEVAL.

Six dents incifives fupérieures, droites-paralleles.
Six dents incifives inférieures, plus avancées.
Dents canines folitaires inclufes, éloignées des
autres dents.
Deux mamelles inguinales,

* *Pieds fourchus.*

I. Le CHEVAL à pieds fourchus. *Equus Bifulcus.*

Molina hift. nat. Chil. p. 284.

Il habite dans l'Amerique méridionale, principalement entre les rocs efcarpés des Cordillieres. Il approche par fes pieds
de l'ordre des beftiaux ; par fes dents, fa taille, fon port du
genre du cheval, faifant ainfi la nuance de l'un à l'autre. Il eft
farouche & court avec vîteffe ; il a le henniffement & les
oreilles du cheval commun, mais il reffemble plus à l'âne,
par fa conformation intérieure, fa figure, fa taille, fon poil,
fa couleur, fon mufeau, fes yeux, fon cou, fon dos, fa queue,
fes pieds, fes parties fexuelles ; il n'a cependant point de croix
noire fur les épaules.

** *Solipèdes.*

I. Le CHEVAL commun. *Equus caballus.*

Sabot des pieds entier ; queue de tous côtés garnie de crins.

Syft. nat. XII. 1. p. 100. n. 1. Briff. regn. an. p. 100.
n. 1. Arift. hift. an. I. c. 5. 7. II. c. 5. 8. 18. III. c. 10. V. c.
11. VI. c. 22. VII. c. 17. VIII. c. 11. IX. c. 5. Ælian. an.
III. c. 2. IV. c. 6. 7. 8. 11. Oppian. cyneg. I. 166. Plin. hift.
nat. VIII. c. 42. X. c. 63. XI. c. 37. XXVIII. c. 10. 11.
Gefn. quad. p. 442. f. p. 443. Schwenckf. Theriotr. p. 89.
Aldr. folidung. p. 2. f. p. 21. Jonft. quad. p. 1. t. 1-4. Charlet. exerc. p. 3. Wagn. Helv. p. 174. Sibb. Scot. an. p. 6.
Raj. quad. p. 62. Rzacz. Pol. p. 217. 240. Sloan. jam. 2. p.
327. Buff. hift. nat. IV. p. 174. pl. 1. Penn. quad. p. 1.
n. 1. Gefn. Thierb. p. 306. f. p. 307.

v. a. LE CHEVAL SAUVAGE. *Equus Ferus.*

Haffelq. Palæft. p. 282. Bell. it. 1. p. 212. I. G. Gmelin voy. I. p. 211. III. 2. p. 510. S. G. Gmelin it. 1. p.
44. t. 9. Pall. it. 1. p. 211. Rytfchk. Orenb. 1. p. 233.

v. b. LE CHEVAL DOMESTIQUE. *Equus Domefticus.*

Klein quad. p. 4.

Le cheval fauvage habite en troupe dans les campagnes de
la Beffarabie, dans les deferts voifins du Tanaïs & dans ceux de
la grande Tartarie. On l'éléve partout comme animal domeftique & ces variétés font pour ainfi dire, innombrables. Les
Efpagnols en ont les prémiers fourni l'Amerique ; on en rencontre même aujourd'hui qui font rédevenus fauvages, fur-tout
dans la Tauride ; ils vont ordinairement en troupe fous la conduite d'un étalon, font de plus petite taille & prefque indomp-
tables.

Ce beau quadrupède eft herbivore, fort rarement carnivore,
courageux, fier, vigoureux à la courfe, tellement qu'il s'eft vû
un cheval qui pendant l'efpace d'une feconde parcouroit quatre-
vingt-deux pieds & demi d'Angleterre, très-fort au trait, à
la charge, très-propre à l'équitation, mais s'emportant quelquefois ; il aime les bois, s'inquiéte de ce qui eft derriere lui,
chaffe avec fa queue les conops & les taons, mord à petites
dents fon compagnon, appelle fa femelle par des henniffemens.
Il combat par des ruades ; fe roule lorfqu'il eft en fueur ; il
pait l'herbe de plus près que le bœuf, & laiffe tomber une partie des grains qu'il mange ; il a l'eftomac petit, fimple, les inteftins colon & cæcum très grands ; il n'a point de veficule

du fiel , & ne vomit jamais. Son fumier entaffé s'échauffe. Le poulain nait les pieds allongés. Un plomb à gibier , tombé dans fon oreille , un corps pointu , une aiguille même entrée dans fon pied , lui caufent une extrême douleur ; on le dompte au moyen d'un caveffon fur le nez ; du fuif dont on lui endui- roît les dents l'expoferoit à mourir de faim ; le feuillage du pru- nier à grappes lui eft pernicieux , comme auffi le charançon du phellandri s'il l'avale ; le conops l'irrite & l'incommode par fes piquures. Il mange impunément de l'aconit. Ses dents canines pouffent à la cinquieme année de fon âge , & il change de dents incifives à la feconde, troifieme & quatrieme années. La jument eft pleine pendant deux cens quatre vingt-dix jours. Les Tartares fe nourriffent de la chair de leurs chevaux, boi- vent le lait de leurs jumens, qu'ils font auffi fermenter & dont ils préparent ainfi une boiffon énivrante ; ils font du cuir avec fa peau.

II. L'HEMIONE. *Equus Hemionus.*

Pelage d'une feule couleur ; fabot des pieds entier ; queue chauve , pileufe à fon extrémité ; point de croix fur les épaules,

Pall. it. p. 217. n. nord. Beytr. II. p. 1. t. 1. nov. comm. Petrop. 19. p. 394. t. 7.

Il habite les deferts fitués entre les fleuves Onon & Argun quoique plus rarement aujourd'hui , & fe trouve auffi en trou- pes dans les deferts Mongols , furtout dans celui de Gobie juf- qu'aux confins de la Chine & du Thibet. Il aime les campagnes ouvertes, unies , falées, herbeufes ; il abhorre les bois & les montagnes couvertes de neige ; il eft craintif & prudent, très- léger à la courfe, on ne l'a point encore apprivoifé ; il a l'ouie & l'odorat excellens ; fon henniffement eft plus fonore que ce- lui du cheval. Il eft attaqué de maladies contagieufes, qu'il communique aux chevaux & aux bœufs ; il mord & rue. La faifon de l'accouplement eft au mois d'Août ; la femelle met bas au printems , ordinairement un feul petit. Les Tartares Mongols, & Tungufes trouvent fa chair delicieufe. On employe fa peau à la conftruction d'une forte de bateaux.

Il approche beaucoup du mulet par la taille & le port ; mais il eft plus beau ; il tient du zèbre par les oreilles & la queue, de l'âne par les fabots & le corps, & reffemble au cheval par les jambes, mais il en différe par la grandeur de la tête, son front plane, retreci en devant, son cou plus mince & plus rond. Son poil d'hiver est long d'un pouce & demi, doux, d'un glauque pâle à sa base, d'une couleur Isabelle dans le reste de sa longueur, & ondulé sur le dos ; le poil d'été est à peine long de trois lignes & demie, & se termine en plusieurs brins. Son poids est d'environ cinq cens soixante livres (à douze onces la livre) ; sa longueur passe cinq pieds, sa queue un peu semblable à celle de la vache, est longue d'un pied douze pouces, terminée par un floccon de poils noirs. Dents au nombre de trente-quatre.

III. L'ANE. *Equus asinus.*

Sabot des pieds entier ; extrêmité de la queue garnie de crins ; croix noire sur les épaules dans le mâle.

Syst. nat. XII. 1. p. 100. n. 2. Faun. suec. 1. n. 35. Briss. quad. 70. Buff. hist. nat. IV. p. 377. pl. 11. Penn. quad. p. 3. n. 3. Gesn. Thierb. p. 91.

v. a. L'ONAGRE, L'ANE SAÜVAGE. *Asinus ferus.*

Plin. hist. nat. VIII. c. 30. 44. & 58. Klein quad. p. 7. Aldrov. solid. p. 352. Jonst. quad. p. 20. t. 7. 8. Raj. quad. p. 63. Pall. act. Petrop. ann. 1777. p. 2. p. 258. n. nord Beytr. 2. p. 22. t. 2. Oppian. cyneg. 3. 183. Gesn. quad. p. 19. Charlet. exerc. p. 4. Briss. regn. an. p. 104. n. 5. Marmol. Afric. p. 53. Bell. it. 1. p. 212. Pall. neue nord. Beytr. 2. p. 22. t. 1. Hablizl n. nord. Beytr. 4. p. 88.

v. b. L'ANE domestique. *Asinus domesticus.*

Plin. hist. nat. VIII. c. 43. Gesn. quad. p. 3. f. p. 4. Schwenckf. theriotr. p. 61. Aldr. solidung. p. 295. Jonst. quad. p. 16. t. 6. Sibb. Scot. an. p. 6. Raj. quad. p. 63. Sloan. jam. 2. p. 327. Klein. quad. p. 6. Arist. hist. an. I. c. 17. II. c. 18. V. c. 11. VI. c. 23. Tavern. voy. 1. p. 344. Chardin voy. 3. p. 33. Osb. Ostind. p. 35.

v. c. LE MULET. *Asinus Mulus.*

Il provient de l'accouplement de l'âne & de la jument ; il est stérile. Oreilles longues, droites ; criniere courte.

Briff. regn. an. p. 103. n. 4. Arift. hift. an. I. c. 7. II.
c. 5. VI. c. 24. Plin. hift. nat. VIII. c. 44. XI. c. 37. Gefn.
quad. p. 793. Schwenckf. theriotr. p. 62. Aldrov. folid. p. 358.
Jonft. quad. p. 21. t. 6. Charlet. exerc. p. 4. Raj. quad. p.
64. Sloan. jam. II. p. 327. Klein. quad. p. 6. Buff. hift. nat.
IV. p. 401. Gefn. thierb. p. 108. Osb. Oftind. p. 35.

v. d. Le Bardeau *Afinus Hinnus.*

Il vient du cheval & de l'âneffe. Il eft fterile.

Arift. hift. an. 1. c. 7. Plin. hift. nat. VIII. c. 44. Gefn.
quad. p. 18. Aldrov. folid. p. 358. Jonft. quad. p. 21.
Charlet. exerc. p. 4. Raj. quad. p. 64. Buff. hift. nat. IV.
p. 401.

L'efpèce fauvage habite en troupes dans les déferts montueux de la grande Tartarie, & fe rend l'hiver, après la faifon de l'accouplement, dans l'Inde méridionale & la Perfe ;
elle eft très-commune aux environs de la ville de Casbin, comme autrefois en Natolie, en Syrie, en Arabie, en Afrique.
On l'éleve, domeftique & dégénéré, prefque partout ; il craint
le froid, mais fupporte la difette & les mauvais traitemens.
Il fe nourrit de chardons, & fe contente des herbes les plus
dures & les plus défagréables ; il eft pareffeux, lent, hum-
ble, patient, ftupide, têtu, lafcif. Ses oreilles font longues,
flafques, fa crinière eft courte ; fa couleur eft cendrée, à ligne noire dorfale & tranfverfale fur les épaules. L'âne fauvage
eft très-leger à la courfe, très-agile, d'une forme plus élégante
& d'une taille plus haute que l'âne domeftique ; il chaffe les
bêtes fauves, ne fauroit cependant vaincre le tigre ; il n'eft
point difficile à apprivoifer, a la vue, l'ouïe, l'odorat d'une
grande fineffe ; il aime l'eau, les plantes falées & amères ; fa
couleur eft blanche, d'un éclat argenté mais le fommet de
la tête, les côtés du cou & du tronc font d'un jaune pâle. Crinière d'un brun noirâtre ; ligne dorfale de couleur caffé ; poils
plus doux que ceux du cheval. Les Kirgifes font grand cas
de fa chair ; fa peau fournit un cuir recherché, granulé au
moyen de l'apprêt qu'on lui donne & vulgairement nommé
chagrin ou *galuchat.* Sa longueur eft de quatre pieds dix pouces. L'âne domeftique eft meilleur dans les pays chauds ; il
n'étoit pas connu en Angleterre avant le regne de la Reine
Elifabeth. Il vit environ trente ans ; l'âneffe eft pleine pendant deux cens quatre-vingt dix jours & met bas un feul pe-

tit. Le mulet eſt très-rarement fécond , celui d'Eſpagne eſt le meilleur, celui de Savoie eſt le plus grand, approchant du cheval par la taille & le port. Le bardeau eſt beaucoup moins bon & de plus petite taille, ſon poil eſt plus rougeâtre ; il a les oreilles du cheval, la crinière & la queue de l'âne.

IV. Le ZEBRE. *Equus zebra.*

Sabot des pieds entier, pelage d'un brun ou jaune clair, rayé de bandes brunes·

Syſt. nat. XII. 1. p. 101. n. 3. Briſſ. regn. an. p. 101. n. 2. Jonſt. quad. t. 5. Jacob. muſ. reg. p. 3. t. 2. f. 1. Laur. muſ. reg. t. 3. f. 18. Klein quad. p. 5. Purch. pilgr. 2. p. 1001. Charlet. exerc. p. 41. Raj. quad. p. 64. Barbot guin. p. 486. Bancr. Guian. p. 486. Penn. quad. p. 2. n. 2. Edw. av. t. 222. Aldrov. ſolidung. p. 416. f. p. 417. Jonſt. quad. p. 21. t. 5. Ludolf. æthiop. 1. c. 10. n. 35. comm. p. 150. Lobo abiſſ. 1. p. 291. Kolbe Vorgeb. p. 146. t. 3. f. 2. Geſn. Thierb. p. 120. Knorr del. II. t. K. 8. Thevenot voy. 2. p. 473. Dampier. voy. 2. p. 250. Buff. hiſt. nat. XII. p. 1. pl. 1. 2.

Il habite en troupes dans les campagnes de l'Afrique méridionale ; il eſt très-beau, très-vîte à la courſe, malin, indocile; on l'apprivoiſe cependant dans ſa jeuneſſe ; il s'accouple avec l'âne. Sa taille eſt celle du mulet. Crinière courte, droite, rayée dans la même direction que la tête & le corps ; jambes auſſi rayées juſqu'aux ſabots mais en travers ; oreilles droites; queue ſemblable à celle de l'âne. La femelle eſt beaucoup moins rayée.

V. Le COUAGGA. *Equus quagga.*

Sabot des pieds entier ; corps brun marron à bandes brunes en deſſus, taché ſur les côtés, blanc en deſſous, comme auſſi les cuiſſes & les jambes.

Penn. hiſt. p. 14. n. 3. Maſſon act. angl. 66, p. 297. Buff. hiſt. nat. XII. p. 1. pl. 2. Edw. av. t. 223.

Il habite par troupes ſéparées dans l'Amérique méridionale ; il eſt plus gros & plus robuſte que le zèbre, & s'apprivoiſe plus aiſément, de ſorte qu'on peut l'employer au trait.

GENRE XLI.

HIPPOPOTAME.

Quatre dents incisives à chaque mâchoire; les supérieures éloignées les unes des autres par paires; les inférieures prominentes, celles du milieu plus longues.

Dents canines solitaires, les inférieures très-longues, tronquées obliquement, recourbées.

Pieds onguiculés en leur bord.

Pieds à quatre lobes.

Syst. nat. X. p. 74. Houttuyn 3. p. 405. t. 28. Job. c. 40. Arist. hist. an. II. c. 7. 12. Ælian. an. V. c. 53. Plin. hist. nat. VIII. c. 25 & 26. XI. c. 12. 37. & 39. XXXII. c. 11. Bel. poiss. p. 47. f. p. 50. & obs. p. 104. Gesn. aquat. p. 494. Column. aq. p. 28. f. p. 30. Aldr. dig. p. 181-185. Jonst. quad. p. 108. t. 49. Charlet exerc. p. 14. Ludolf. Æth. 1. c. 10. n. 1. p. 155. Raj. quad. p. 123. Shaw it. p. 427. Klein. quad. p. 34. t. 3. Briss. quad. p. 122. Hasselq. Palæst. p. 280. Forsk. faun. orient. p. 4. Radzivil it. hierof. 142 Sparrman act. Stockh. 1778. 4. n. 12. Chemniz. Naturf. 21. p. 84. Zerenghi monogr. Theven. voy. 1. p. 49. Marmol. Afr. 1. p. 51. Dampier voy. 3. p. 359. Jussieu act. Par. 1724. p. 209. Lobo Abiss. 1. p. 258. Maillet æg. 2. p. 31. Adanf. Seneg. p. 73. Buff. hist. nat. XII. p. 22. pl. 3 & 6. f. 1-3. Penn. quad. p. 78. n. 59. Pr. Alp. I. V. 245. t. 22-25. Grew. muf. reg. foc. p. 14. t. 1. Barbot Guin. p. 73. 117. Kolbe Vorgeb. p. 168 t. 6. f. 1. Knorr delic. II. tab. K. 12.

Il habite les fleuves d'Afrique depuis le Niger jusqu'au cap de Bonne-Esperance, les lacs d'Ethiopie traversés par le Nil, dans la partie supérieure même du Nil, autrefois aussi dans sa partie inférieure, mais moins fréquemment aux embouchures des fleuves. Cosme l'a observé en Ethiopie & en Egypte. Il a plusieurs femelles, il va en troupe, & s'éloigne quelquefois de six lieues du rivage des eaux; il devaste les plantations des cannes à sucre, de colotase on gouet ombiliqué, de ris, de millet en y cherchant sa nourriture, ce qu'il fait de nuit; il

fe

fe nourrit auffi de racines d'arbre, mais ne mange jamais de
poiffon (1). On peut l'apprivoifer & il eft affez doux à moins
qu'on ne l'ait irrité ou bleffé, car alors il affaillit avec la plus
grande hardieffe, les barques qui font à flot & les hommes qui
les montent. Il marche lentement fur terre, ne franchit point les
obftacles, pas même les petites digues qu'il rencontre fur fon
paffage ; mais il nage avec beaucoup de viteffe & plonge même
au fond de l'eau, quoiqu'il n'y puiffe demeurer longtems. Il
fe livre au fommeil dans des iles entourées de rofeaux, fituées
au milieu des rivières, & la femelle y met bas fon petit, lequel
cependant elle allaite dans l'eau. Sa voix eft moyenne entre
le beuglement du bœuf & le mugiffement de l'éléphant ; on
l'entend de fort loin. Ses dents font très-blanches, & très-
dures, même plus que l'ivoire & ne jauniffent pas fi aifément ;
c'eft pourquoi on en fait des dents poftiches pour l'homme. Sa
chair eft très-bonne à manger. On garnit des boucliers avec
fa peau.

L'hippopotame eft préfque de la grandeur de l'éléphant ;
fon poids eft de quatre à cinq mille livres ; il a quelquefois
dix fept pieds de longueur & environ fept pieds de hauteur.
Quoiqu'il ait la tête très-groffe, il reffemble un peu au bœuf par
le tronc & par le port ; par les pieds à l'ours, par fa peau
très-denfe & très-tenace au rhinoceros, par fes dents canines,
fa queue, fa croupe, fon genre de vie, au cochon. Sa gueule
eft très-large. Oreilles menues & aiguës, ciliées de poils courts
& fins ; yeux petits ainfi que les narines ; des faifceaux de
poils aux levres ; dents canines longues quelquefois de vingt-
fept poucés & péfant fix livres neuf onces ; dents molaires
également très-blanches, au nombre de fix ou huit de chaque côté des mâchoires. Peau de couleur obfcure, garnie de
poils blanchâtres clair fémés, un peu plus épais fur le haut du
cou ; queue chauve, longue d'environ un pied ; jambes courtes, groffes ; lobes des pieds féparés.

---

(1) Mr. de Buffon dit le contraire, d'après la defcription
de l'hippopotame par le capitaine Covent. *Voyage de Dam-
pierre t. 3. p. 360.* Voici le paffage de cette defcription : » l'hippopotame marche affez lentement fur le bord des rivières,
mais il va plus vîte dans l'eau ; il y vit de petits poiffons
& de tout ce qu'il peut attraper. «

T

GENRE XLII.

TAPIR.

Dix dents incisives à chaque mâchoire.
Point de dents canines.
Pieds antérieurs à quatre cornes ou sabots.
Pieds postérieurs à trois cornes ou sabots.

I. Le TAPIR. *Tapir Americanus.*

Briss. regn. an. p. 119. Buff. hist. nat. XI. p. 444. pl. 43.
Penn. quad. p. 82. n. 60. Thevet cosmogr. 2. fol. 937. b.
Marcgr. Braf. p. 229. Pif. Ind. p. 101. Raj. quad. p. 126.
Klein quad. p. 36. syst. nat. X. 1. p. 74. n. 2. Laët. amer.
p. 328. Nieremb. hist. nat. p. 187. Jonst. quad. p. 216. Cieza
Peru. p. 20. Nicah. Braf. p. 23. Gum. Orenoq. 1. p. 300. Dampier. voy. 3. p. 356. Condam. voy. p. 163. Barr. Fr. eq. p.
160. Fermin Surin. 2. p. 80. Erxleb. mam. p. 191. n. 1. Knorr
del. 2. t. K. 13.

Il habite en troupes les bois & les rivières des contrées
orientales de l'Amérique méridionale depuis l'Isthme de Darien
jusqu'au fleuve des Amazones. Il dort pendant le jour dans les
forêts les plus sombres & les plus épaisses ; de nuit, il cherche sa nourriture qui consiste en gramen, cannes à sucre, &
fruits. Il est doux, facile à apprivoiser, craintif, lubrique ; il
nage parfaitement bien, plonge & marche au fond de l'eau.
(Mais il n'a pas la faculté d'y rester plus de tems que tout
autre animal terrestre, aussi le voit-on à tout instant tirer sa
trompe hors de l'eau pour respirer. *Buffon.*) Il se jette à l'eau
lorsqu'il est poursuivi. Sa chair est du goût des Américains.
C'est l'animal le plus grand de ceux qui sont propres au nouveau continent ; il est de la taille d'une petite vache & a le
port du cochon. Sa peau est d'un tissu très-ferme & très-serré,
son pelage est brun à poils courts ; taché de blanc dans les
jeunes individus. Oreilles un peu arrondies, droites, assez grandes ; yeux menus ; mâchoires aiguës ; dents molaires au nombre de cinq de chaque côté. Nez allongé (dans le mâle) en
une trompe mince, extensile, sillonnée sur les côtés, & passant de beaucoup la mâchoire inférieure ; cou gros, court,
arqué, garni sur le haut d'une crinière de poils longs d'un pouce

& demi ; jambes courtes, à fabots noirs, & creux ; queue très-courte, nue.

GENRE XLIII.

COCHON.

Quatre dents incifives fupérieures, convergentes.
Dents incifives inférieures dans la plûpart au nom-
bre de fix, prominentes.
Deux dents canines fupérieures, courtes.
Deux dents canines inférieures, faillantes.
Mufeau tronqué (boutoir ou groin), prominent,
mobile.
Pieds ordinairement fourchûs.

I. Le COCHON proprement dit. *Sus fcrofa.*

Dos garni antérieurement de foies ; queue pileufe.

Faun. fuec. 21. Amœn. ac. V. p. 461.

✻. *a.* LE SANGLIER. *Sus ferus. Aper.*

Oreilles courtes, arrondies ; queue pileufe.

Briff. quad. 75. Arift. hift. an. I. c. 2. II. c. 9. n. 11. V.
c. 13. Oppian. cyneg. III. 364. Ælian. an. V. c. 45. Charlet.
exerc. p. 13. Plin. hift. nat. VIII. c. 51. XVIII. c. 35. Raj.
quad. p. 96. Klein quad. p. 25. Gefn. quad. p. 1039. f. p.
1040. Schwenckf. theriotr. p. 54. Aldr. bif. p. 1013. f. p.
1025. Jonft. quad. p. 105. t. 47. 48. Rzacz. Pol. p. 213. auct.
p. 305. Des March. voy. 3. p. 296. Buff. hift. nat. V. p.
99. t. 14. & 17. pl. 1. Brown Jam. p. 487. Gefn. Thierb. p.
336. Riding. jagdb. Th. t. 6.

✻. *b.* LE COCHON domeftique. *Sus domefticus.*

Oreilles oblongues, aiguës ; queue pileufe.

T 3

Briff. quad. p. 74.

v. b. I. LE COCHON domeftique vulgaire. *Sus domefticus vulgaris.*

Plin. hift. nat. VIII. c. 51. X. c. 63. & 73. XI. c. 37. & 39. Gefn. quad. p. 982. f. p. 983. Schwenckf. theriotr. 123. Aldr. Bif. 937. f. p. 1006. Jonft. quad. p. 99. t. 47. Sihb. Scot. an. p. 9. Arift. hift. an. II. c. 5. & 7. V. c. 13. VI. c. 8. & 28. VIII. c. 9. Ælian. an. III. c. 3. X. c. 16. Raj. quad. p. 92. Sloan. jam. 2. p. 328. Rzacz. Pol. p. 243. auct. p. 333. Buff. hift. nat. V. p. 99. pl. 16. & 17. f. 2. Gefn. Thierb. p. 331.

v. b. 2. LE COCHON à fabot entier. *Sus monongulus.*

Corne du pied entière.

Arift. hift. an. II. c. 7. Plin. hift. nat. XI. c. 46.

v. b. 3. LE COCHON DE LA CHINE. *Sus Sinenfis.*

Dos prefque nud ; ventre pendant jufqu'à terre.

It. Wyoth. 62. It. fcan. 72.

L'efpèce fauvage habite dans l'Europe temperée & méridionale, la Perfe feptentrionale, le Japon, depuis la Syrie jufqu'au lac Baïkal, même dans l'Afrique Boréale. On éleve partout le cochon domeftique, excepté fous la Zone glaciale, car cet animal ne fupporte pas le froid. Il a l'odorat bon, il creufe la terre avec fon groin, fe nourrit de balayures, d'excremens, de chofes fucculentes, de racines, & de toutes fortes d'ordures ; il dévore affez fouvent fa propre progéniture ; il rébute cependant différentes mangeailles. Il devient très-gras, fon lard eft fitué entre la chair & la peau ; il eft ftupide, aime à dormir, court avec lenteur, annonce l'approche de l'orage qu'il craint beaucoup, fe couche volontiers au foleil, fe vautre dans la boue ; il eft mal propre, il accourt à fon ennemi, grognant & criant, montrant les dents & la gueule écumante. Il détruit les ferpens, qu'il avale fans danger. Il eft très-lubrique ; & demeure accouplé plus longtems que la plûpart des quadrupèdes ; fon penis eft lâche & long ; la truie a des mamelles nombreufes, & met bas une vingtaine de pe-

yits, après une geftation de quatre mois. Il ne perd point fes
dents, & atteint l'âge de vingt-cinq à trente ans. Sa chair &
la plûpart de fes parties font de fréquens matériaux de la bonne chère. Il a de la vermine, des hydatides; il eft fujet aux
écrouelles, à la galle; le poivre le fait mourir.

Le fanglier eft d'une couleur noire-grisâtre, marquée dans
fa jeuneffe de raies longitudinales jaunâtres & brunes; il n'y
a point de laine entre les foies profondement enracinées qui le
couvrent; il n'a point de lard; fon mufeau eft allongé, fes dents
canines ou défenfes font faillantes, fes oreilles courtes & arrondies. Il court avec vîteffe; la laie met bas aux mois de Mai
& de Juin. Le cochon vulgaire eft de plus grande taille dans les
climats tempérés; fa couleur eft ordinairement blanchâtre, mais
il y en a auffi de jaunes, de noirs, de cendrés, de rouges, de tachés; il s'en trouve dans la grande Tartarie qui font d'un cendré
argenté. Oreilles longues aiguës, un peu pendantes. La variété
b. 2. eft commune à Upfal & ailleurs; la variété *b*. 3. fe trouve
en Chine & dans les îles de la mer des Indes & de la mer du
fud; on en éléve aujourd'hui affez communément en Europe
une fous-variété plus petite, moins mal-propre, variée de noir
& de blanc, ou d'un noir mêlé de gris, à jambes courtes, à queue
très-courte, & pendante, & dont la chair eft blanche & favoureufe.

II. Le COCHON DE GUINÉE. *Sus Porcus.*

Dos garni poftérieurement de foyes; queue de la longueur des
jambes; nombril cyftifere (c'eft à dire d'où fuinte une humeur
ichoreufe, d'une odeur defagréable.)

Briff. regn. an. p. 109. n. 4. Marcg. braf. p. 230. Jonft.
quad. t. 46. Raj. quad. p. 96. Klein quad. p. 26. Buff. hift. nat.
XV. p. 146. Brown jam. p. 487. Penn. quad. p. 69. Buff. hift.
nat. V. p. 99. pl. 15. *le cochon de Siam.*

Il habite en Guinée d'où il a été tranfporté au Bréfil; il y
en a une variété au royaume de Siam; il reffemble au cochon
proprement dit, n'en eft-ce peut-être qu'une variété? tête &
taille plus petites; queue nue; oreilles allongées, très-acuminées;
pelage roux, à poils courts & brillans, plus longs vers le haut
du cou & fur la croupe.

III. Le PECARI. *Sus Tajaſſu.*

Dos cyſtifère (ayant près de la croupe une fente de deux ou trois lignes de largeur & de plus d'un pouce de profondeur, par laquelle ſuinte une humeur ichoreuſe d'une odeur de caſtoreum, très-deſagréable.) Point de queue.

Briſſ. regn. an. p. iii. n. 6. Ald. biſ. p. 939. Barr. Fr. éq. p. 161. Charlet. exerc. p. 14. Seb. muſ. 1. t. iii. f. 4. Klein quad. p. 25. Hernand. mex. p. 637. Fernand. an. p. 8. Thevet coſmogr. II. p. 936 b. Nieremb. hiſt. nat. p. 170. Jonſt. quad. p. 107. t. 46. Muſ. Worm. p. 340. Marcg. braſ. p. 229. Piſ. Ind. p. 98. Tyſon act. ang. n. 153. p. 359. Raj. quad. p. 97. Rochefort antill. p. 138. Wafer. it. p. 222. des March. it. 3. p. 296. Gumill. Orin. 1. p. 293. Fermin Surin. 2. p. 79. Buff. hiſt. nat. X. p. 21. pl. 3. 4. Bancr. Guian. p. 125. Penn. quad. p. 72. n. 56.

Il habite en troupes dans les bois montueux des contrées les plus chaudes d'Amérique, comme dans la nouvelle Eſpagne, l'iſthme de Panama, au Bréſil, en Guinée, & aux iles Antilles; il eſt farouche, s'apprivoiſe cependant aiſément; il n'aime point à ſe vautrer dans la boue & n'engraiſſe pas comme le cochon; il ſe nourrit de fruits, de racines, de ſerpens, de reptiles; ſa chair eſt bonne à manger, pourvû que d'abord après la mort de l'animal on ait ſoin de couper la follécule de ſon dos.

Sa forme approche de celle du cochon de Chine; ſa longueur eſt d'environ trois pieds. Dents canines ſupérieures preſque point viſibles à muſeau fermé; yeux planes; cou court, épais; ſoyes plus longues que celles du cochon, tenant un peu des epines du heriſſon, d'un noir griſâtre, annelées de blanc, très-longues ſur le haut du cou & le dos.

IV. Le SANGLIER D'AFRIQUE. *Sus Africanus.*

Deux dents inciſives.

Penn. hiſt. of quad. p. 132. n. 63. Buff. hiſt. nat. XIV. p. 409. XV. p. 148.

Il habite en Afrique depuis le Cap-vert jufqu'au Cap de Bonne-Efpérance.

Corps couvert de foyes très-longues & fines; tête allongée; mufeau grêle; dents canines larges, dures comme l'ivoire, les fupérieures groffes, tronquées obliquement; dents molaires au nombre de fix de chaque côté des mâchoires, les antérieures très-grandes; mâchoire inférieure beaucoup plus courte que la mâchoire fupérieure; oreilles étroites, acuminées, droites, garnies à leur extrémité par de très-longues foyes; queue mince, terminée en floccon, & atteignant la prémiere jointure des jambes.

V. Le SANGLIER D'ETHIOPIE. *Sus Æthiopicus.*

Un petit fac mollet fous les yeux.

Syft nat. XII. 3. p. 223. Pall. mifc. zool. p. 16. t. 2. Spic. zool. II. p. 3. t. 1. XI. p. 84. t. 5. f. 7. Meroll. cong. p. 667. Sorrento it. apud Church. I. 667. Barbot guin. p. 487. Flacourt Madag. p. 151. Damp. it. 1. p. 405. Buff. hift. nat. fupp. III. p. 76. pl. 11. Defland. Martyn's mem. acad. V. 386. Penn. quad. p. 70. n. 53.

Il habite à Madagafcar & dans les parties les plus chaudes de l'Afrique intérieure; il eft farouche, fon odeur reffemble à celle du lamion pourpré, il eft lefte, & beaucoup plus agile & moins brut que le cochon commun; ils ne s'accouplent point enfemble. Sa longueur eft de quatre pieds neuf pouces, avant même qu'il foit tout-à-fait adulte.

Corps gros, large, prefque nud, à foies fafciculées d'un brun-noir, plus longues fur le dos, très-longues fur la nuque; tête fort grande, terminée par un ample boutoir d'un diametre prefqu'égal à la largeur de la tête,) & dur à-peu-près comme de la corne; gueule petite; il manque de dents incifives, mais des gencives dures, convexes, liffes, en tiennent lieu. Dents canines inférieures plus petites que les fupérieures, toutes quatre tournées en en-haut; fix dents molaires de chaque côté. Oreilles un peu aiguës; yeux placés vers le haut de la tête, petits, plus rapprochés l'un de l'autre ainfi que des oreilles, que dans le cochon proprement dit. Il a fous les yeux un petit fac mollet, à peau lâche noire, accompagné de chaque côté d'une appendice zygomatique dure. Queue nue.

VI. Le BABIROUSSA. *Sus Babyruffa.*

Les deux dents canines fupérieures, perçant les levres en deffus du mufeau, & s'étendant en courbe jufqu'au deffous des yeux.

Erxleb. mam. p. 188. n. 5. Briff. regn. an. p. 110. n. 5. Ælian. an. 17 c. 10. Plin. hift nat. VIII. c. 52. Calpurn. eclog. 7. v. 58. Seb. muf. 1. p. 80 t. 50. f. 2. Raj. quad. p. 96. Klein quad. p. 25. Purch. Pilgr. II. p. 1695. V. p. 566. Grew muf. reg. foc. p. 27. t. 1. Penn. quad. p. 73. n. 57. t. 11. f. 1. Bont. ind. or. p. 61. Jacob. muf. reg. p. 5. t. 2. f. 5. Lawf. muf. reg. t. 3. f. 28. Valent. Amboin. 3. p. 268. Buff. hift. nat XII. p. 379. pl. 48. Knorr delic. 2. t. k. 7.

Il habite dans l'ile de Java, aux Celebes & dans l'ile de Boëro près de celle d'Amboine ; auffi bien que dans les autres iles de l'Ocean Indien où on l'éléve en domefticité. Il va en troupe, a l'odorat très-fin, & fe nourrit d'herbes & de feuillages ; il nage bien & plonge ; fon cri reffemble à celui du cochon ; fa chair eft bonne à manger, fa taille eft celle du cerf.

Corps plus effilé que dans fes congenères, d'un gris brun, prefque laineux ; dos cependant femé de quelques foies molles. Tête oblongue, étroite ; yeux menus ; oreilles petites, droites, aiguës. Dents molaires au nombre de cinq à chaque côté des machoires. Défenfes ou dents canines fupérieures perforant la peau de la mâchoire fupérieure & récourbées en manierc de cornes, les inférieures moins grandes & moins récourbées. Jambes longues, minces ; queue longue, contournée, terminée par un floccon de poil.

ORDRE VII.

LES CÉTACÉES.

Des évents (propres à rejetter l'eau), placés
fur la partie antérieure du crâne.
Point de pieds.
Des nageoires pectorales depourvues d'ongles.
Queue horizontale.

GENRE XLIV.

NARVHAL.

*Une ou deux dents à la mâchoire fupérieure,
faillantes, très longues, fpirales.
Un évent fur la partie antérieure & fupérieure
du crâne.*

I. Le NARVHAL. *Monodon monoceros.*

Art. gen. 78. fyn. 108. Faun. fuec. 48. Muf. Ad. Fr. I. p.
52. Müller zool. dan. prodr. p. 6. n. 44. Charlet. exerc. pifc.
p. 47. Willughb. pifc. p. 42. app. p. 12. t. A. f. 2. Raj.
pifc. p. 11. Muf. Worm. p. 282. 283. Klein miff. pifc. II. p.
18. t. 2 f. c. Anderf. ifl. p. 225. Cranz Groënl. p. 146. Mart.
Spitzb. p. 94. Egede Groënl. p. 56. (Bonaterre cetol. pl. 5.)

Il habite dans l'Océan feptentrional d'Amérique & d'Europe ; il nage avec grande vélocité, de forte qu'on le prend
peu fréquemment, quoique cependant il ne foit pas rare.

Il eft long de vingt à vingt-deux pieds, & felon quelques
auteurs de quarante à foixante pieds. Sa largeur eft d'environ
douze pieds. Sa peau eft blanche, tachée de noir fur le dos;
elle couvre une grande épaiffeur de lard. Point de nageoire
fur le dos, deux petites nageoires fur la poitrine. Tête menue ; yeux très-petits ; deux dents au jeune animal, vulgairement connues fous le nom de défenfes de Licorne, faillantes horizontalement à travers la levre fupérieure, fpirales

quelquefois liſſes ; les adultes n'en ont ordinairement qu'une, l'autre manquant par accident. Camper a démontré par des raiſonnemens méchaniques & zoologiques que l'exiſtence du Quadrupède nommé *Licorne* eſt fabuleuſe.

GENRE XLV.

BALEINE.

Des lames de corne en place de dents à la mâchoire ſupérieure.
Un évent à double orifice extérieur ſur la tête pour rejetter l'eau.

I. La BALEINE FRANCHE. *Balæna myſticetus.*

Narines flexueuſes ſituées vers le milieu de la partie antérieure de la tête ; point de nageoire ſur le dos.

Faun. ſuec. 49. Art. gen. 76. ſyn. 106. Muſ. Ad. Fr. I. p. 51. Gron. zooph. 139. Briſſ. regn. an. p. 347. n. 1. Raj. piſc. p. 16 & 6.. Klein miſſ. piſ. 2. p. 11. Willughb. piſc. p. 38. 35. Rondelet. piſc. p. 475. Geſn. aquat. p. 132. Charlet. exerc. piſc. p. 46. Muſ. Worm. p. 281. Jonſt. piſc. p. 216. Aldrov. piſc. p. 688. Plin. hiſt. nat. IX. c. 6, 7. 13. Schonev. ichth. p. 24. Aldrov. piſc. p. 675. fig. p. 677-682. Sibb. Scot. an. p. 23. Ariſt. hiſt. an. I. c. 5. III. c. 10-16. Ælian. an. V. c. 4. Egede Groënl. f. p. 48. Anderſ. iſl. p. 212. Cranz Groënl. p. 141. Mart. Spitzb. p. 98. t. Q. f. a. b. Briſſ. regn. an. p. 350. n. 2. Klein miſſ. piſc. 2. p. 12. Egede Groënl. p. 53. Anderſ. iſl. p. 219. Cranz Groënl. p. 145. Raj. piſc. p. 16. (Bonaterre Cetol. pl. 2. f. 1.

Elle habite les mers du pôle arctique ; particuliérement vers le Groënland & le Spitzberg. Cet animal, le plus gros qui exiſte ſur la terre, eſt cependant craintif ; il nage avec beaucoup de viteſſe ; ſa longueur eſt de cinquante à ſoixante pieds, ſelon d'autres de ſoixante-dix à quatrevingt & quelquefois de cent pieds. Il y en a une variété plus petite (qu'on appelle Nord-kaper) mentionnée dans *Briſſ. regn. an. p.350. n. 2.* Sa nourriture conſiſte en certaines eſpeces de petites crabes , en l'argonaute arctique , & la clio bitentaculée ; celle de la variété en méduses & clupes. La femelle porte pendant neuf à dix mois, elle a deux petites mamelles abdominales , & ne produit qu'un , rarement deux baleineaux, dont la longueur est en naissant de dix pieds ; son affection pour sa progéniture est extrême. Sa chair est sèche , celle de la queue cependant est plus succulente , plus tendre & mangeable , quoique peu savoureuse. Les lames ou fanons de corne qui garnissent la mâchoire supérieure , sont d'un très-fréquent usage , elles sont divisées en soyes en leur bord & à leur sommet , & sont dans chaque animal au nombre d'environ sept cens, celle du milieu est longue de dixhuit à vingt pieds. Entre la peau & la chair se trouve une si grande abondance de lard que d'une seule baleine on en obtient soixante-dix à quatre-vingt dix tonneaux, qu'on convertit en huile en le faisant fondre. C'est-ce qui engage à en faire la pêche ; on s'y adonnoit deja dès le douzieme siecle, au témoignage de Guillaume Briton , poëte contemporain , elle étoit alors très-suivie & très-lucrative sur les côtes de France.

La tête de ce monstrueux Cétacée fait à-peu-près le tiers de son corps, elle est un peu plane en dessus & conformée en forme de toit, avec un gros tubercule, au milieu duquel sont placés les évents ; gueule longue, contournée en forme d'*S*, & étendue jusqu'au dessous des yeux ; mâchoire inférieure très-large sur-tout dans son milieu ; langue molle, adhérante à la mâchoire inférieure , blanche , tachée de noir sur les côtés ; yeux de la grandeur de ceux du bœuf, situés latéralement, très-loin du sommet de la tête & près de l'organe de l'ouie. Peau d'un pouce d'épaisseur, couverte d'une épiderme de la grosseur d'une plume à écrire, luisante, rarement tout-à-fait noire ou variée de noire & de jaune, plus rarement encore entiérement blanche. Un angle un peu aigu s'étend sur le milieu de la plus grande division de la queue qui est bifide , & suit la direction du dos. Penis ou balénas , long de six à huit pieds , contenu dans un fourreau ou maniere de gaine.

II. Le GIBBAR. *Balœna physalus.*

Double évent vers le milieu de la partie antérieure de la tête ; une nageoire adipeuse située à l'extrémité du dos.

Faun. suec. 50. Art. gen. 77. syn. 107. Briss. regn. an. p.

352. n. 5. Raj. pifc. 9. Klein miff. pifc. 2. p. 13. Gefn. aquat. p. 851. Flin. hift. nat. IX. c. 4. XXXII. c. 11. Rondel. pifc. p. 485. Aldr. pifc. p. 689. Jonft. pifc. p. 217. Charlet exerc. pifc. p. 47. Sibb. Scot. an. p. 23. Willughb. pifc. p. 41. Egede Groënl. p. 48. Mart. Spitzb. p. 125. t. Q. f. c. Anderf. Ifl. p. 219. Cranz Groënl. p. 145. Bonat. cetol. pl. 2. f. 2.

Il habite dans l'Océan de l'Europe & de l'Amérique. Sa longueur égale celle de la baleine tranche, mais il a moins de graiffe, & fon corps eft trois ou quatre fois plus mince ; l'ouverture de fa gueule eft plus béante ; fes fanons font plus courts & de couleur bleue, fa chair eft plus favoureufe. Il rejette l'eau par fes évents avec beaucoup plus de force, & fe nourrit de clupes & de fcombres. Corps d'un brun luifant, blanc en deffous. Nageoire dorfale droite, aiguë, longue de trois ou quatre pieds.

III. La JUBARTE. *Balæna Boops.*

Double évent fur le mufeau ; protubérance cornée fur l'ex-trêmité du dos.

Art. gen. 77. fyn. 107. Briff. regn. an. p. 355. n. 7. Raj. pifc. 16. Klein miff. pifc. 2. p. 13. Anderf. Ifl. p. 220. Cranz Groënl. p. 146. Bonat. cetol. pl. 3. f. 2.

Elle habite dans l'Océan feptentrional & méridional. Sa longueur eft de quarante fix pieds, fon épaiffeur eft de vingt pieds à l'endroit des nageoires pectorales ; elle eft très-liffe, de couleur noire ; à ventre blanc & pliffé longitudinalement. Tête oblongue, à mufeau un peu aigu ; langue femblable à celle du bœuf, longue de cinq pieds ; yeux placés près des angles de la gueule, de la grandeur de ceux du même qua-drupède.

IV. La BALEINE à boffes. *Balæna gibbofa.*

Dos gibbeux ; point de nageoire dorfale.

y. a. LA BALEINE à fix boffes.

Briff. regn. an. p. 351. n. 4. Erxleb. mam. p. 610. n. 5.

Klein miff. pifc. 2. p. 13. Anderf. Ifl. p. 225. Cranz Groënl. p. 146.

v. b. LA BALEINE de la nouvelle Angleterre.

Une feule boffe fur le bos.

Briff. regn. an. p. 351. n. 3. Klein miff. pifc. 2. p. 12. Anderf. Ifl. p. 224. Cranz Groënl. p. 146.

La variété *b* habite fur les côtes de la nouvelle Angleterre, elle n'a qu'une boffe, fituée vers la queue, & groffe au moins comme une tête humaine. La variété *a* a la forme de la baleine franche; fes fanons font blancs.

V. Le RORQUAL. *Balæna mufculus.*

Double évent fur le front; mâchoire inférieure beaucoup plus large & plus avancée que la mâchoire fupérieure.

Art. gen. 78. fyn. 107. fpec. 106. Briff. regn. an. p. 353. n. 6. Raj. fyn. pifc. p. 17. Bell. aquat. p. 4. 6. Aldr. pifc. p. 676. Bonat. cet. pl. 3. f. 1.

Il habite dans la mer d'Écoffe, & fe nourrit de clupes; fa couleur eft noire en deffus, blanche en deffous; fa longueur eft de foixante dix-huit pieds; il a plus de trente cinq pieds de tour; fa mâchoire inférieure eft demi-circulaire, mais la fupérieure eft plus pointue à fon fommet, (& s'emboîte dans l'inférieure); l'ouverture de la gueule eft prodigieufe. (On dit qu'il y peut tenir quatorze hommes débout en même tems, & Sibbald rapporte qu'on a vu une chaloupe avec fon équipage entrer dans la gueule d'un individu de cette efpèce qui avoit échoué fur le rivage.) Fanons noirs, courts, n'ayant pas trois pieds de long; évent de forme pyramidale, pofé vers le front, divifé en deux ouvertures par une cloifon. Ventre chargé de plis nombreux; une nageoire adipeufe fur le dos (directement oppofée à l'anus.)

VI. La BALEINE à bec. *Balæna roftrata.*

Mufeau en forme de bec; une nageoire adipeufe fur le dos.

Müller zool. dan. prodr. p. 7. n. 48. Chemniz Beſch. det Berl. Naturf. IV. 183. Klein miſſ. piſc. 2. p. 13. Bonat. cet. pl. 4. f. 1.

Elle habite dans la mer de Norvège, & reſſemble aſſez à la jubarte ; elle eſt paſſablement fournie de lard (mais il donne peu d'huile). Sa couleur eſt très-noire ; elle nage avec grande vîteſſe, & à la vue fort bonne. La mâchoire infé-rieure eſt plus épaiſſe que la mâchoire ſupérieure. Chemniz ne lui a point trouvé de fanons, mais il lui a vu à la mâ-choire d'en haut, une dent latérale ſolitaire, ce qui pourroit faire penſer qu'elle eſt d'un autre genre. (Cependant ſelon Otho Fabricius elle a des fanons qui garniſſent la mâchoire ſupé-rieure, mais ils ſont très-courts & d'une couleur blanche. Il ſe peut donc que Chemniz ne les ait point apperçus, trompé par leur couleur & leur pétiteſſe. La baleine à bec eſt la plus petite eſpèce de ſon genre. On en prit une ſur le Doggers-bauck en Angleterre qui n'avoit que dix-ſept pieds de longueur. On la trouve en grand nombre dans les mers du Groënland, elle fréquente même ſouvent les mers de l'Europe.)

GENRE XLVI.

CACHALOT.

Des dents à la mâchoire inférieure ; point de dents à la mâchoire ſupérieure.
Un évent ſur la tête ou ſur le haut du front.

I. Le PETIT CACHALOT. *Phyſéter catodon.*

Point de nageoire ſur le dos ; évent placé ſur le muſeau.

Art. gen. 78. ſyn. 108. Briſſ. regn. an. p. 361. n. 4. Raj. piſc. p. 15.

Il habite dans l'Océan ſeptentrional ; ſa longueur eſt d'envi-ron vingt-quatre pieds ; tête ronde ; ouverture de la gueule petite. Event ſur le muſeau en forme de narine. (Une cal-loſité raboteuſe à la place de la nageoire du dos.)

II. LE GRAND CACHALOT. *Physeter macrocephalus.*

Point de nageoire fur le dos ; évent placé fur le fommet de la tête.

Faun. fuec. 53. Art. gen. 78. fyn. 108.

∗. *a.* LE CACHALOT D'EUROPE.

Noir en deffus ; blanchâtre en deffous.

Briff. regn. an. p. 357. n. 1. Brown jam. p. 459. Raj. pifc. p. 11. 15. Jonft. pifc. p. 152. t. 41. 42. Willughb. pifc. t. A. 1. f. 3. Cluf. exot. p. 131. Willughb. pifc. p. 41. Klein miff. pifc. 2. p. 14. Muf. Worm. p. 280. Charlet. exerc. pifc. p. 47. Sibb. Scot. an. p. 23. Klein miff. pifc. 2. p. 14. Egede Groënl. p. 54. Anderf. Ifl. p. 232. Cranz Groënl. p. 148.

∗. *b.* LE CACHALOT blanc.

D'un blanc jaunâtre.

Briff. regn. an. p. 359. n. 2. Klein miff. pifc. 2. p. 12. Raj. pifc. p. 11. Egede Groënl. p. 55. Mart. Spitzb. p. 94.

∗. *c.* LE CACHALOT DE LA NOUVELLE ANGLETERRE, *Le Trumpo.*

Une boffe fur le dos.

Briff. regn. an. p. 360. n. 3. Klein miff. pifc. 2. p. 15.

La variété *a* habite dans l'Ocean Européen ; la variété *b* fe trouve au detroit de Davis ; celle fous *c* près de la nouvelle Angleterre. La variété *a* a plus de foixante pieds de longueur ; & trente-fix pieds de tour, fa couleur eft noire en deffus & blanche en deffous ; tête très-groffe ; mâchoire inférieure petite, garnie de quarante-fix dents placées en deux rangs, faillantes de deux ou trois pouces hors de la gencive, & reçues dans autant d'alveoles de la mâchoire fupérieure. Mamelles rétractiles. Il fe nourrit principalement de la fèche à huit bras.

Sa tête & fans doute auffi celle de la variété *c* fournit le fpermaceti ou blanc de baleine ; il fe trouve renfermé dans une cavité offeufe particuliere , couverte feulement par la peau. L'ambre gris fe rencontre dans les inteftins de l'animal malade & foible , ce n'eft autre chofe qu'une matiere excrémentale endurcie plus que de coutume. Voyez Schwedianer act angl. an. 1783. P. 1. n. 15.

La variété *b* eft de la figure de la baleine franche, fa tête eft cependant plus pointue. Sa longueur n'eft que de quinze à feize pieds ; fa couleur eft d'un jaune blanchâtre. Dents un peu courbées , comprimées , arrondies à leur fommet.

La variété *c* eft d'un cendré-noirâtre, longue de foixante à foixante dix pieds, en ayant trente ou quarante de tour. Protuberance fur le dos de la groffeur d'un pied ; tête très-grande ; yeux petits. Mâchoire inférieure beaucoup plus étroite que la mâchoire fupérieure, garnie de dents nombreufes, qui s'emboitent dans autant d'alveoles de la mâchoire d'en haut.

III. Le MICROPS. *Phyfeter Microps.*

Nageoire longue fur le dos ; mâchoire fupérieure plus longue que l'inférieure.

Art. gen. 74. fyn. 104. Briff. regn. an. p. 363. n. 6. Raj. pifc. p. 15. Klein miff. pifc. 2. p. 15. Anderf. Ifl. p. 248. Briff. regn. an. p. 362. n. 5. Anderf. Ifl. p. 246.

Il habite dans l'Ocean feptentrional. Tête très-groffe ; mâchoire fupérieure creufée d'autant d'alveoles qu'il y a des dents à la mâchoire inférieure ; yeux petits ; peau très-liffe. Il y a deux variétés de Microps, l'une à dents faites en faucille, l'autre à dents droites. La premiere eft longue d'environ foixante-dix pieds , fa couleur eft d'un brun noirâtre ; elle chaffe & pourfuit les marfouins fouvent prefque fur la côte ; elle a quarante-deux dents, rondes, un peu comprimées, courbées en guife de faucille , plus groffes dans leur milieu ; fon évent eft placé un peu au deffus du milieu du mufeau ; la nageoire du dos eft affez longue, acuminée, & comme faite en épine.

La feconde variété eft de quatre-vingt à cent pieds de long ; noirâtre en deffus, blanchâtre en deffous ; très-haute boffe fur la partie fupérieure du dos ; nageoire dorfale placée vers la queue ;

tête

tête faisant presque la moitié du corps. Yeux brillans jaunâtres; langue petite, pointue; dents grosses, droites, aiguës à leur sommet & rangées en forme de scie; (évent placé au haut & sur le devant de la tête.)

IV. Le MULAR. *Phiseter Tursio*.

Nageoire très-élevée sur le dos; dents planes à leur sommet.

Art. gen. 74. syn. 104. Briss. regn. an. p. 364. n. 7. Raj. pisc. p. 16. Klein miss. pisc. 2. p. 15.

Il habite dans l'Océan septentrional; sa longueur est de cent pieds & plus; la nageoire du dos est droite & élevée, elle peut-être en quelque sorte comparée au mât d'un vaisseau, nommé mât de Mizène. Event placé sur le front; dents peu courbées & planes à leur sommet. Il ressemble d'ailleurs au microps.

GENRE XLVII.

DAUPHIN.

Des dents aux deux mâchoires.
Event placé sur la partie antérieure & supérieure
du crâne.

I. Le MARSOUIN. *Delphinus Phocæna*.

Corps un peu en forme de cône; dos large; museau un peu obtus.

Faun. suec. 51. Art. gen. 75. syn. 104. Briss. regn. an. p. 371. n. 2. Bloch Fisch. Deutschl. 2. p. 119. t. 92. Plin. hist. nat. IX. c. 9. Bellon aq. p. 15. 16. Rondel. pisc. p. 473. 474. Schonev. ichth. p. 77. Klein miss. pisc. 2. p. 26. t. 2. A. B. 3. B. Gesn. aq. p. 837. Aldr. pisc. p. 719. f. p. 720. Jonst. pisc. p. 221. t. 41. Charlet exerc. pisc. p. 48. Sibb. scot. an p. 23. Willughb. pisc. p. 31. t. A. 1. t. 2. Raj. pisc. p. 13. Rzacz. Pol. auct. p. 245. Klein miss. pisc. 1. p. 24. Mart. Spitzberg. p. 92. Anders. Isl. p. 253. Crantz Groënl. p. 151. Egede Groënl. p. 60. Gunner. act. Nidros. 2. p. 237. t. 4.

Il habite dans l'Ocean d'Europe & dans la mer Baltique;

V

sa longueur est de cinq à huit pieds ; d'un noir bleuâtre en dessus, blanc en dessous ; tête assez obtuse ; yeux très-petits ; trou auditif placé à quelque distance derriere les yeux ; évent situé sur le sommet de la tête entre les yeux & formé en croissant, dont les angles sont tournés en devant ; dents petites, pointues, au nombre de quarante-six à chaque mâchoire. Derriere l'ombilic ou sur la partie du ventre qui correspond à la nageoire du dos, il y a une fente lineaire où sont cachées les parties sexuelles ; l'anus est intermédiaire entre les parties de la génération & la queue qui est un peu fourchue.

II. Le DAUPHIN proprement dit. *Delphinus delphis.*

Corps oblong, presque cylindrique ; museau aminci (en forme de bec), & pointu.

Art. gen. 76. syn. 105. Briss. regn. an. p. 369. n. 1. Arist. hist. an. I. c. 5. II. c. 9. III. c. 1. 7. 16. IV. c. 9. 10. IX. c. 74. Ælian. an. I. c. 18. II. c. 6. V. c. 6. VIII. c. 3. X. c. 8. XI. c. 12. 22. XII. c. 6. 45. Plin. hist. nat. IX. c. 7. 8. XI. c. 37. Bellon. aquat. p. 7. f. p. 9. 10. Rondel. pisc. p. 459. Gesn. aquat. p. 380. f. p. 381. Aldr. pisc. p. 701. 703. 704. Jonst. pisc. p. 218. t. 43. Mus. Worm. p. 288. Charlet. exerc. pisc. p. 47. Willughb. pisc. p. 28. t. A. 1. f. 1. Raj. pisc. p. 12. Rzacz. Pol. auct. p. 238. Klein miss. pisc. 2. p. 24. t. 3. f. A. Sibb. Scot. an. p. 23. Anders. Isl. p. 254. Cranz. Groënl. p. 152.

Il habite l'Océan d'Europe & la mer pacifique ; il est de couleur noire en dessus, blanc en dessous ; il est plus grand que le Marsouin, mais plus petit que l'Epaulard ; sa longueur étant de neuf à dix pieds, & son plus grand diamètre de deux pieds ; sa partie antérieure est aussi plus mince, son museau plus long & plus en pointe, & il est ceint en dessus d'une large bande transversale ; dents subulées ; gueule fendue jusqu'à la poitrine ; les parties sexuelles tiennent le milieu entre l'ombilic & l'anus. Reins pelotonnés.

III. L'EPAULARD. *Delphinus orca.*

Museau cambré en dessus ; dents larges, crenelées.

Mantiss. M. 2. p. 523. Faun. suec. 52. Art. gen. 76. Syn.

106. Gunn. act. Nidrof. 4. p. 110. Briff. regn. an. p. 373. n.
4. Raj pifc. p. 15. Plin. hift. nat. IX. c. 6. XXXII. c. 11.
Belon. aq. p. 16. f. p. 18 Rondel pifc. p. 483. Gefn. aquat.
p. 748. Schonev. ichth. p. 53. Aldrov. pifc. p. 697. f. p. 698.
Jonft. pifc. p. 217. Charlet. exerc. pifc. p. 47. Willughb. pifc.
p. 40. Raj. pifc. p. 10. Klein mifl. pifc. 2. p. 22. t. 1. f. 1.
Steller Kamtfchatk p. 104. Muf. Worm. p. 279. Mart. Spitzb.
p. 93. Anderf. Ifl. p. 252. Cranz Groënl. p. 151. Egede
Groënl. p. 56.

v. b. L'ÉPÉE DE MER. *Delphinus gladiator.*

La nageoire du dos amincie à fon fommet & recourbée
vers la queue en forme de fabre ; mufeau comme tronqué.

Briff. regn. an. p. 372. n. 3. Müll. zool. dan. prodr. p. 8.
n. 57. Anderf. Ifl. p. 255. Cranz Groënl. p. 152. Mart. Spitzb.
p. 94.

Cette efpece habite l'Océan Européen, la mer Atlanti-
que, le détroit de Davis, les environs du pôle antarctique ;
elle eft la plus grande de fes congenères, ayant vingt-quatre
ou vingt-cinq pieds de longueur, & douze ou treize de largeur. Sa couleur eft noire en deffus, & blanche en deffous.
Elle eft continuellement en guerre avec les phoques, qu'elle
fait fortir & defcendre des rochers qu'ils occupent, au moyen
de fa nageoire dorfale ; elle les attaque en troupe, comme
auffi les baleines, les tue & en fait fa proie. Le Turbot devient auffi fa victime. Mâchoire inférieure beaucoup plus
grande que la mâchoire fupérieure ; mufeau camus ; dents obtufes au nombre de quarante ; Yeux petits ; évent plane biloculaire ; l'Epée de mer a fa nageoire dorfale en forme de
glaive, vêtue de la peau du corps, plus large à fa bafe,
longue quelquefois de fix pieds.

IV. Le BELUGA. *Delphinus leucas.*

Mufeau conique obtus, incliné en en-bas ; point de nageoire fur le dos.

Pall. it. 3. p. 84. t. 4. Briff. regn. an. p. 374. n. 5. Penn.
quad p. 357. Steller Kamtfchatk p. 106. Anderf. Ifl. p. 251.
Cranz Groënl. p. 150.

Il habite les mers du pôle arctique , & remonte rarement
les fleuves ; il nage en troupe & avec beaucoup de vitesse ;
il est très-glabre & glissant , de couleur blanche , cependant
un peu noirâtre dans sa jeunesse. Sa longueur ne passe jamais
dix-huit pieds ; il est plus gros dans son milieu , aminci vers
ses deux extrêmités. Tête petite , oblongue ; yeux menus ,
ronds , à fleur de tête ; évent sur le front divisé au palais
par une cloison. (Il rejette l'eau avec beaucoup de violence ;
d'où lui est aussi venu le nom de soufleur). Neuf dents courtes & assez obtuses à chaque côté des mâchoires. Nageoires
pectorales grasses , munies de cinq osselets qu'on pourroit
comparer à des doigts. Queue cartilagineuse , à deux lobes.
La femelle a deux mamelles , remplies d'un lait fort blanc.
La verge du mâle est de la grosseur du bras , sans cartilage
ni os , & longue de trois pieds.

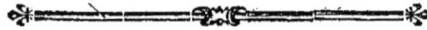

———————

Les *Cétacées* se trouvent rarement dans la mer rouge. Peu
d'especes sont exactement connues. Quelques-unes sont pourvues d'une nageoire dorsale , toutes ont deux nageoires pectorales , & une queue en nageoire ; aucune n'a des nageoires abdominales ni anales.

FIN DES ANIMAUX A MAMELLES.

TABLE ALPHABÉTIQUE

DES

NOMS SPÉCIFIQUES FRANÇOIS.

F I N.

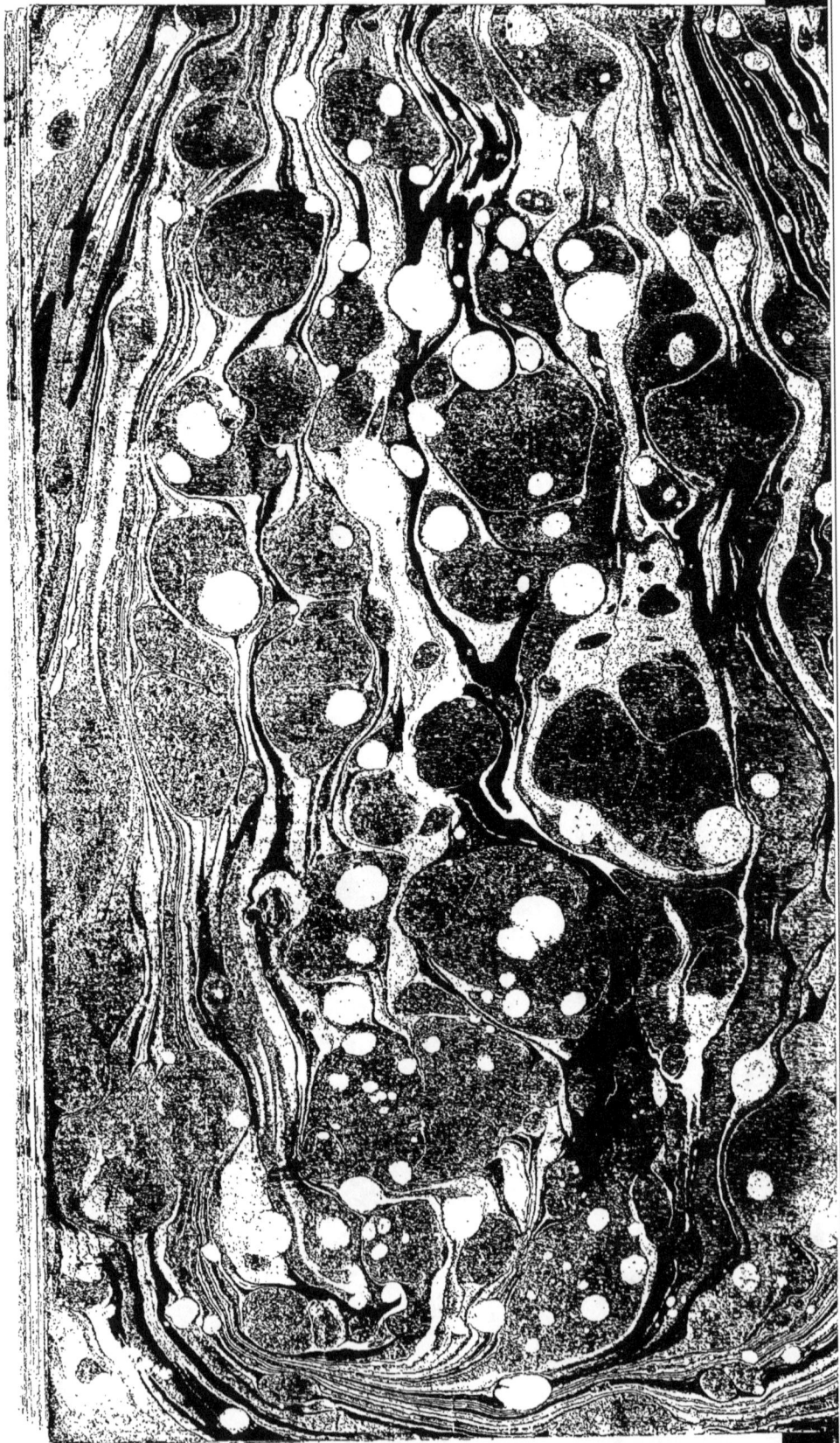

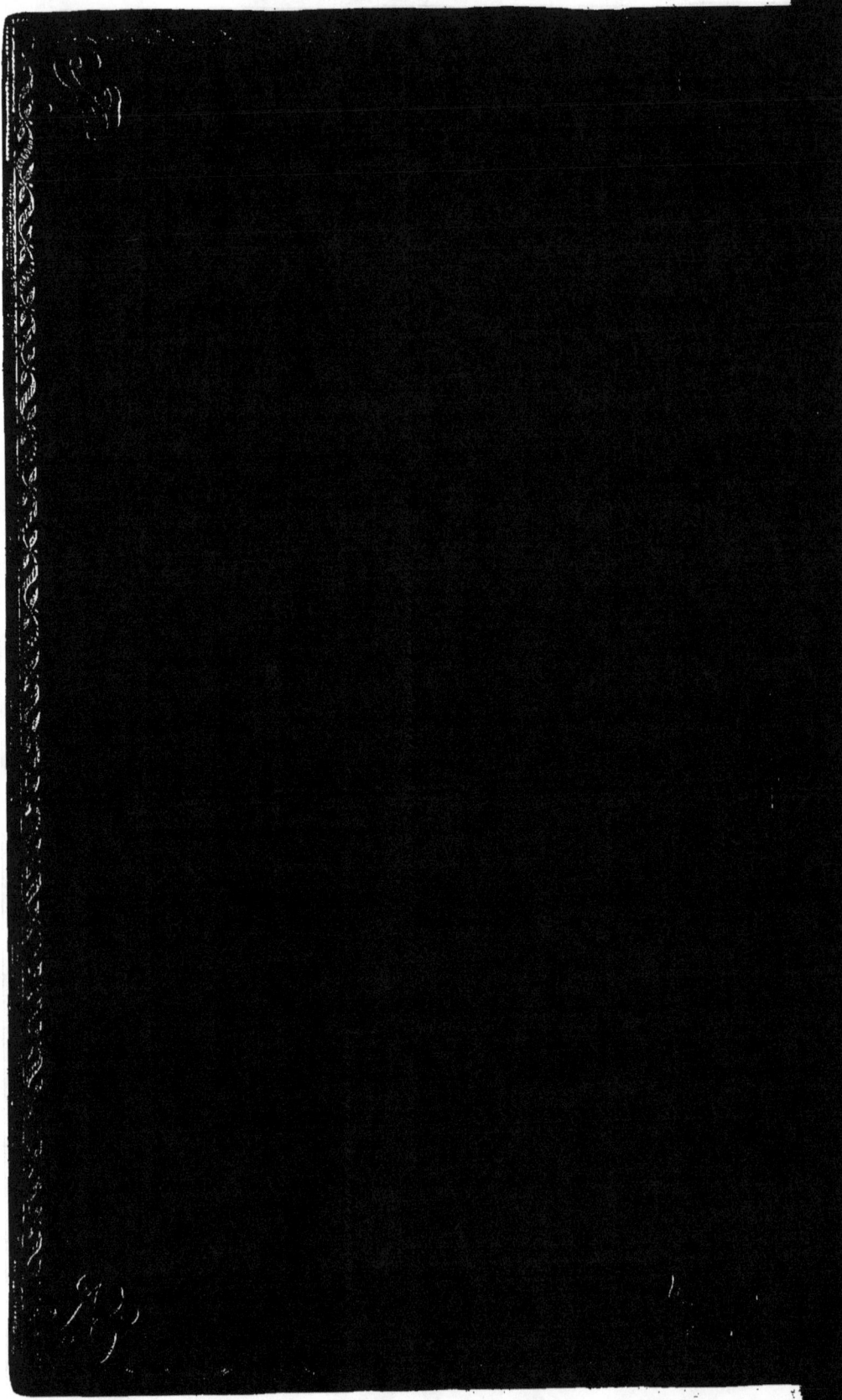